高等教育应用型本科"十四五"规划教材

GONGCHENG LIUTI LIXUE

工 程 流体力学

（第二版）

● 主编　朱俊锋

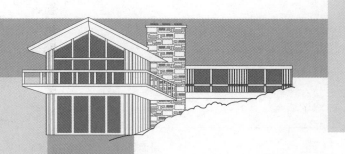

 郑州大学出版社

内容简介

本书是根据高等学校土木工程专业的流体力学课程教学基本要求编写的,适用 50~60 学时讲授,基本覆盖了注册结构工程师流体力学考试大纲的内容。书中系统地阐述了工程流体力学的基本概念、基本理论和基本工程应用,内容包括:绪论,流体静力学,流体运动学,流体动力学基础,流动阻力和水头损失,孔口、管嘴出流和有压管流,明渠流动,堰流和渗流。书后附有习题参考答案和主要专业术语中英文名词对照。本书可以作为高等学校土木工程、给水排水等专业的教材,也可以作为其他相近专业的教材和参考用书。

图书在版编目(CIP)数据

工程流体力学 / 朱俊锋主编. — 2 版. —郑州:郑州大学出版社,2022.7
(2023.6 重印)

　ISBN 978-7-5645-4140-8

　Ⅰ.①工…　Ⅱ.①朱…　Ⅲ.①工程力学:流体力学 – 高等学校 – 教材
Ⅳ.①TB126

中国版本图书馆 CIP 数据核字(2017)第 321805 号

工程流体力学
GONGCHENG LIUTI LIXUE

策划编辑	祁小冬	封面设计	苏永生
责任编辑	杨飞飞	版式设计	凌　青
责任校对	刘永静	责任监制	凌　青　李瑞卿

出版发行	郑州大学出版社	地　　址	郑州市大学路 40 号(450052)
出 版 人	孙保营	网　　址	http://www.zzup.cn
经　　销	全国新华书店	发行电话	0371-66966070
印　　刷	河南大美印刷有限公司	印　张	20
开　　本	787 mm×1 092 mm　1 / 16	字　数	449 千字
版　　次	2011 年 9 月第 1 版	印　次	2023 年 6 月第 4 次印刷
	2022 年 7 月第 2 版		

书　　号	ISBN 978-7-5645-4140-8	定　价	49.00 元

本书如有印装质量问题,请与本社联系调换。

本书作者
Authors

....

主　　编　朱俊锋

副 主 编　李一帆　梅　群

编　　委　（以姓氏笔画为序）

　　　　　韦晓娅　朱俊锋　李一帆　梅　群

前　言（第二版）
Preface

．．．

　　本书是高等教育应用型本科"十四五"规划教材，是普通高等教育土木类专业"十二五"规划教材的修订版。

　　第一版是依据教育部高等学校土木工程专业教学指导委员会关于土木工程专业培养方案，结合当前教学实际情况为普通高等学校土木工程专业流体力学课程编写的教材，适用于 50~60 学时，也可以作为给排水工程、建筑环境与设备工程等相关专业的教材，教材内容基本覆盖了全国注册结构工程师流体力学考试大纲内容。

　　第二版在保持第一版的体系和特点的基础上，力求有所创新和提高，改写了第一版中的部分例题和习题，纠正了一些文字、图表、符号中的差错，对正文中的一些文字进行了重新加工。

　　本教材修订工作得到河南科技大学土木工程学院领导和郑州大学出版社的大力支持，在此表示诚挚的谢意。

　　参加本书修订工作的有：河南科技大学朱俊锋（第4、6、8章）、李一帆（第3、5章）、梅群（第1、9章）、韦晓娅（第2、7章）。全书由朱俊锋修改定稿。

　　由于编者水平有限，书中不妥之处恳请读者批评指正。

编者

前 言
Preface

．．．

工程流体力学是普通高等学校土木工程等专业的一门重要技术基础课。本书是依据教育部高等学校土木工程专业教学指导委员会关于土木工程专业培养方案,结合当前教学实际情况为普通高等学校土木工程专业流体力学课程编写的教材,适用于 50~60 学时,也可以作为给排水工程、建筑环境与设备工程等相关专业的教材,教材内容基本覆盖了全国注册结构工程师流体力学考试大纲内容。

本书根据土木工程专业的需要,系统地介绍了工程流体力学的基本概念、基本理论和基本工程应用。在编写过程中注意加强理论基础,注重能力培养,力求做到思路清晰、物理概念明确、重点突出和理论联系实际。为了便于读者自学,巩固基础理论和提高分析解决实际问题的能力,各章都精选了一定数量的例题、思考题和习题,其中习题包括单项选择题和计算题。为了便于应用,书后附有各章计算题的参考答案。本书在编写过程中参考了有关书籍,从主要参考文献中引用了部分习题,在此向有关作者和出版社表示衷心的感谢。

全书共 9 章,主编朱俊锋,副主编李一帆、梅群。具体编写分工如下:第 4 章、第 6 章、第 8 章由朱俊锋编写,第 3 章、第 5 章由李一帆编写,第 2 章、第 7 章韦晓娅编写,第 1 章、第 9 章由梅群编写。全书由朱俊锋统稿。

由于编者水平有限,书中不妥之处恳请读者批评指正。

编者
2010 年 12 月于河南科技大学

目录 CONTENTS

第 1 章 绪 论

要点提示 本章是工程流体力学的开篇,主要概述有关工程流体力学的研究对象和研究方法等一些基本知识,重点内容包括流体的流动性,连续介质模型,作用在流体上的力,以及流体的主要物理性质等。这些基本知识是学习工程流体力学的理论基础,要求重点掌握。

1.1 工程流体力学的任务及其发展简史

1.1.1 工程流体力学的任务

工程流体力学是力学的一个分支,是研究流体的平衡和宏观机械运动规律及其在工程实际中应用的一门科学。该定义概括了以下 3 方面的内容。

1.1.1.1 工程流体力学的研究对象

工程流体力学的研究对象是流体,包括液体和气体。流体最基本特征是具有流动性,所谓流动性是指流体受切向力作用发生连续变形的性质。流体在静止时不能承受切向力作用以抵抗剪切变形,任何微小的切向力作用,都会使流体产生连续不断的变形,这种连续不断的变形从宏观上看即为流动。流体的流动性是流体区别于固体的根本标志。

固体与流体相比,其区别主要在于:①固体有一定的体积和形状,而流体不能保持固定的形状,其形状随容器形状的改变而改变;②固体能够承受一定数量的拉力、压力和切向力作用,而流体几乎不能承受拉力和抵抗拉伸变形。其原因在于固体的分子间距离非常小,而内聚力很大,因此固体能够保持固定的形状和体积,当外力作用在固体上时,固体将产生一定量的变形,当变形至一定程度时,其内部的变形将阻止继续变形。而流体由于分子间距离较大,内聚力很小,几乎不能承受拉力和抵抗拉伸变形,在任何微小切向力作用下,流体都会产生连续不断的变形,因此流体不能保持固定的形状,其形状随容器形状的改变而改变。

液体与气体相比,其区别主要在于:①液体有一定的体积,存在一个自由液面;而气体能充满任意形状的容器,没有固定的体积,不存在自由液面。②气体易于压缩,而液体难于压缩。其原因在于液体分子间的内聚力要比气体分子间的内聚力大,液体分子间的距离相对较小,液体虽然不能保持固定的形状,但是能够保持比较固定的体积。另外,液体的压缩性和膨胀性都很小,在很大的压力作用下,其体积变化很小。而气体既没有固定的形状,也没有固定的体积,非常容易压缩和膨胀,能够任意扩散直到充满其所占据的有限空间。

1.1.1.2　工程流体力学的研究内容

工程流体力学所研究的基本内容主要包括三大部分:一是关于流体平衡的规律,它研究流体处于静止状态时,作用于流体上的各种力之间的关系,各种受力平衡规律及其在实际工程中的应用,这一部分称为流体静力学;二是关于流体运动的规律,它研究流体在运动状态时作用于流体上的力与运动要素之间的关系,以及流体的运动特性与能量转换等,这一部分称为流体动力学;三是关于流体静力学与流体动力学在工程中的应用,如孔口与管嘴出流、管道恒定流动、明渠恒定流、堰流、渗流等。

1.1.1.3　工程流体力学的研究目的

工程流体力学研究目的在于工程应用。工程流体力学作为力学的一个分支,已经广泛应用于土木工程的各个领域。例如在建筑工程中,研究风对高耸建筑物的荷载作用时需要以工程流体力学为理论基础,进行基坑排水、地基抗渗稳定处理时有赖于水力的分析和计算;在公路和桥梁工程中,路基的沉陷、崩塌、滑坡、排水,桥梁、涵洞等的修建都与流体密切相关;在给排水工程中,给排水系统的设计和运行控制有赖于工程流体力学;在建筑环境与设备工程中,供热、通风、空调设计和设备选用也有赖于工程流体力学。

1.1.2　工程流体力学发展简史

同其他自然科学一样,工程流体力学也是随着生产实践而发展起来的,它一方面依赖于长期的生产实践和科学检验,另一方面又受到科技的发展和社会等因素的影响与制约。其发展经历了最初的古典流体力学与实验流体力学两个体系并存但互不联系的阶段,逐步发展到理论与实验相结合的阶段。目前已经是理论分析、实验模拟与数值计算相结合的新发展阶段。

(1)第一阶段(16世纪以前)　工程流体力学形成的萌芽阶段。

人类对流体力学的认识是从治水、灌溉、航行等方面开始的。

公元前2286年~公元前2278年,大禹治水采用疏壅导滞,表明当时人们已经认识到,治水必须"顺水之性"。

春秋战国和秦朝时代,为了灌溉的需要,公元前256年~公元前210年间修建了都江堰、郑国渠和灵渠三大灌溉渠道;特别是公元前250年左右,在四川成都开始修建的都江堰工程中,设置了平水池和飞沙堰,并总结了"深淘滩,低作堰"。所有这些都反映了当时人们对明渠水流和堰流流动规律等已有一定的认识,并居于世界领先水平。

公元前485年开始修建的京杭大运河,形成于隋代,发展于唐宋,最终在元代成为沟通海河、黄河、淮河、长江、钱塘江五大水系、纵贯南北的水上交通要道,极大改善了我国南北运输的条件,运河多处使用的船闸,充分表明了我国劳动人民在建设水利工程方面的聪明才智。

东汉初年(约公元31年)杜诗发明了水排,利用山溪水流带动鼓风机转动,进行鼓风炼铁,其水力装置原理即是近代水轮机的先驱,早于欧洲一千多年。

古代的计时工具——铜壶滴漏,就是利用孔口出流使铜壶的水位发生变化来计算时间的,说明当时人们对孔口出流的规律已有一定的认识。

明朝水利专家潘季驯(1521~1595)提出了"筑堤防溢流,建坝减水,以堤束水,以水攻沙"和"借清刷黄"的治黄原则。

清朝雍正年间,何梦瑶在《算迪》一书中提出流量等于过水断面面积乘以断面平均流速的计算方法。

最早从事流体力学现象系统研究并使之成为学科的是古希腊的哲学家和物理学家阿基米德(Archimedes,前287~前212),他在公元前250年左右写的《论浮体》一书中首次提出了著名的浮力定律,奠定了流体静力学的基础。此后,直到15世纪的文艺复兴时期以前,没有形成系统的流体力学理论。15世纪末以后,在城市建设、航海和机械工业发展需求的推动下,人们对流体运动规律的认识不断深入。

(2)第二阶段(16世纪文艺复兴以后~18世纪中叶)　流体力学成为一门独立学科的基础阶段。

15世纪末16世纪初,由意大利开始的文艺复兴,使工程流体力学长期停滞不前的局面有所改变。16世纪初,意大利物理学家达·芬奇(Leonardo da Vinci,1452~1519)在观察和实验的基础上写了《论水的流动和水的测量》一文,探讨了孔口泄流和不可压缩流体恒定流的质量守恒连续性原理。

1650年,法国数学家、物理学家帕斯卡(Pascal,1623~1662)通过现场测量,提出了流体静力学的基本关系式,建立了流体中压强传递的帕斯卡定律。

1686年,牛顿(Newton,1642~1727)通过分析和实验,在《自然哲学的数学原理》一书中提出了牛顿内摩擦定律,为建立黏性流体运动方程组创造了条件。

1738年,瑞士物理学家、数学家伯努利(Bernoulli,1700~1782)对孔口出流和变截面管流进行了细致的观测,在名著《流体动力学》中提出了不可压缩理想流体运动的能量方程——伯努利方程。

1753年,瑞士数学家、物理学家欧拉(Euler,1707~1783)提出了流体力学中一个带根本性的假设,即把流体视为连续介质;1755年,又提出了描述流体运动的方法——欧拉方法和理想流体运动方程——欧拉运动方程,首先用微积分的数学分析方法来研究流体力学的问题,为理论流体力学的发展开辟了新的途径,奠定了古典流体力学的基础。

(3)第三阶段(18世纪中叶~19世纪末)　流体力学沿着理论与实验并重两个方向发展阶段。

1783年,法国数学家、天文学家拉格朗日(Lagrange,1736~1813)在总结前人工作的基础上,提出了另外一种描述流体运动的方法——拉格朗日法,首先引进流函数的概念,并首先获得理想流体无旋流动所应满足的动力学条件,提出求解这类流体运动的方法,进一步完善了理想流体无旋流动的基本理论。

1823年,法国工程师纳维(Navier,1785~1836)和1845年,英国数学家、物理学家斯托克斯(Stokes,1819~1903)分别用不同的假设和方法,建立了不可压缩黏性流体的运动方程——纳维-斯托克斯运动方程(简称N-S方程),提供了研究实际流体运动的基础。

1847 年,英国物理学家、生理学家亥姆霍兹(Helmholtz,1821~1894)用数学形式表达出一般的能量守恒原理;1858 年,他将流体质点的运动分解为平动、变形和旋转,提出了亥姆霍兹速度分解定律,推广了理想流体的研究范围,对工程流体力学的发展有很大影响。

与此同时,为了解决生产实际问题,实验流体力学逐步发展起来。在这方面做出代表性研究成果的学者主要有毕托(Pitot,1695~1771)、文丘里(Venturi,1746~1822)、谢才(Chezy,1718~1798)和曼宁(Manning,1816~879)等人。他们主要是从大量实验和实际观测数据中总结一些实用的经验关系式,并利用简化的基本方程进行数学分析,建立各运动要素之间的定量关系。

1883 年,英国工程师、物理学家雷诺(Reynolds,1842~1912)在圆管中进行了一系列的流体流动实验,发现流体流动有两种形态:层流和紊流及其判别准则。1895 年,雷诺又引入紊流应力的概念,建立了不可压缩实际流体的紊流运动方程,又称雷诺方程,为紊流的理论研究提供了基础。

(4)第四阶段(20 世纪初~   ) 流体力学飞跃发展阶段。

19 世纪末到 20 世纪中叶,随着生产和科技的迅速发展,所遇到的工程流体力学问题越来越复杂,不能单靠理论或实验来解决问题,要求理论和实验相结合,这导致了古典流体力学和实验流体力学相结合,形成了现代流体力学。

1904 年,德国工程师、力学家普朗特(Prandtl,1878~1953)将实验与理论流体力学很好地结合起来,创立了边界层理论。这一基本理论建立了理想流体研究和实际流体研究之间的内在联系,对流体力学的发展具有划时代的意义。

1912 年,匈牙利工程师卡门(Karman,1881~1963)发现了卡门涡街现象,研究了卡门涡街的稳定性。

1933 年,德国工程师尼古拉兹(Nikuradze,1894~1979)对采用人工粗糙的管道进行了系统的测定工作,为补充边界层理论,推导紊流的半经验公式提供了可靠的依据。

1947 年,美国研制出第一台电子计算机,以计算机为工具的数值计算方法得到迅速发展,成为流体力学的第三种研究方法。

目前,数值计算方法和数值模拟在工程流体力学中得到了广泛的应用,对工程流体力学的发展起着日益重要的作用。

1.1.3 工程流体力学的研究方法

工程流体力学与其他学科一样,其研究方法一般有理论分析方法、实验研究方法和数值模拟方法。

1.1.3.1 理论分析方法

理论分析方法是根据工程实际中流动现象的特点和物质机械运动的普遍规律,提出合理的理论模型,建立流体运动的基本方程和定解条件,然后运用各种数学方法求出方程的解。理论分析方法的关键在于提出理论模型,并且能够运用数学方法求出揭示流体运动规律的理论结果。理论分析方法的优点在于能够明确给出各种物理量和运动要素之间的变化关系,有较好的普遍适用性。缺点在于因为数学上的困难,许多实际流动问题还难以精确求解,能得出解析解的数量有限。

1.1.3.2　实验研究方法

实验研究方法是通过对具体流动的观察和测量,来认识流体运动的规律。实验研究在工程流体力学中占有极为重要的地位,它是理论分析结果正确与否的最终判决。工程流体力学的实验研究主要包括以下三个方面。

(1)原型观测　对工程实践中的流体运动,直接进行观测。

(2)系统实验　在实验室内对人工流动现象进行系统的观测研究,从中找出规律性。

(3)模型实验　是在实验室内,以流动相似理论为指导,将实际工程缩小为模型,通过在模型上预演相应的流体运动,得出在模型中的流体运动规律。然后,再根据相似关系换算为原型的结果,以满足工程实践的需要。

实验研究方法的优点在于能够直接解决实际当中的复杂问题,并能发现新现象和新问题,它的结果可以作为检验其他方法是否正确的依据。缺点在于对于不同情况,需要做不同的实验,所得结果的普遍适用性差。

1.1.3.3　数值模拟方法

数值模拟方法是在计算机应用的基础上,采用各种离散化方法(有限差分法、有限单元法、有限分析法、边界元法等)将流体力学中一些难以用解析方法求解的理论模型离散为各种数值模型,通过计算机进行数值计算和数值实验,求得定量描述流体运动规律的数值解。

数值模拟方法的优点在于许多采用分析法无法求解的问题,通过数值模拟方法可以得出它的数值解。近几十年来,这一方法得到很大发展,已经形成另外一门学科——计算流体力学。

1.2　流体质点和连续介质模型

1.2.1　问题的提出

流体力学的研究对象是流体,从微观角度来看:流体是由大量的分子构成的,这些分子都在做无规则的热运动,分子间是离散的,存在空隙,流体的物理量(比如密度、压强和速度等)在空间的分布是不连续的。又由于分子运动的随机性,在空间任一点上,流体的物理量随时间的变化也是不连续的,因此以分子作为流动的基本单元来研究流体的运动是非常困难的。

现代物理学的研究表明:在标准状态下,1 cm^3 的水中,大约有 $3.3×10^{22}$ 个水分子,相邻分子间的距离约为 $3×10^{-8}$ cm;1 cm^3 气体大约有 $2.7×10^{19}$ 个分子,相邻分子间的距离约为 $3.2×10^{-7}$ cm。可见,分子间的距离是非常微小的,在很小的体积当中,就包含有大量的分子。

宏观上,一般工程中所研究的流体的空间尺度要比分子距离大得多,工程流体力学主要是研究流体的宏观机械运动规律,也就是大量分子统计平均的规律性。

1.2.2　流体质点

所谓流体质点是指尺度大小同一切流动空间相比微不足道,但又含有大量分子,具有一定质量的流体微元体。流体质点具有以下特点。

(1)宏观尺寸非常小　流体质点可以小到肉眼无法观察、工程仪器无法量测的程度,用数学用语来表述即流体质点所占据的宏观体积极限为零,简记为 $\lim \Delta V \to 0$。远小于所研究问题的特征尺度,使得其平均物理量可以看成是均匀的。

(2)微观尺寸足够大　流体质点的体积远大于流体分子之间的间距,在流体质点内任何时刻都包含有大量、足够多的分子,使得在统计平均后能够得到其物理量的确定值,个别分子运动参数的变化不会影响质点总体的统计平均特性。

1.2.3　连续介质模型

连续介质模型是工程流体力学中第一个具有根本性的假说,是由瑞士数学家和力学家欧拉在1753年首先提出来的。该模型将流体看作连续介质,认为流体是由无数个彼此间没有孔隙,完全充满所占空间的流体质点所组成的连续体。

一方面,提出连续介质模型是有必要的,根据连续介质模型,流体运动的物理量在流体中的分布是连续的,可以将流体的各物理量看作空间坐标和时间变量的连续函数,这样就能够运用数学分析中的连续函数分析法来研究流体运动问题。

另外一方面,提出连续介质模型也是合理的,因为流体分子间的间隙极其微小,可以把它看作连续介质。

实践证明,连续介质模型的提出,给研究分析流体力学问题带来极大的方便,解决一般工程中的流体力学问题具有足够的精度。经过长期实践检验,证明该模型是合理的、正确的,在工程流体力学的发展史上起了非常重要的作用。

需要指出的是,连续介质模型并不是适用于任何情况,也有一定的适用范围。连续介质模型对于一般的流动是合理和有效的,但对于某些特殊问题,例如研究导弹、卫星等在高空稀薄气体中飞行时,由于稀薄气体分子之间的距离非常大,已经能够和飞行器的特征尺寸相比拟,连续介质模型不再适用。本书只讨论符合连续介质模型的流体。

其实连续介质模型对于学过固体力学的读者来说并不陌生,在材料力学和弹塑性力学中,都是把受力构件看作是连续介质来研究其应力与应变规律的。可以说,连续介质模型是固体力学和流体力学等许多分支学科共同的理论基础。

1.3　作用在流体上的力

力是造成物体机械运动的原因,流体无论处于静止状态还是运动状态,都是由于承受各种力作用的结果。因此,要研究流体机械运动的规律,需要分析作用在流体上的各种力。作用在流体上的力,按其作用方式可以将其分为表面力和质量力两大类。

1.3.1　表面力

　　表面力是通过直接接触,作用在所取流体表面上,其大小与受作用的流体表面积成正比的力。它是流体内部相邻流体之间或者其他物体与流体之间相互作用的结果。压力、切向力、摩擦力等都是表面力。

　　因为流体不能够承受拉力,所以表面力可以分解为垂直于作用面的压力和平行于作用面的切向力。

　　在静止流体中任取一隔离体,如图 1.1 所示,设 A 为隔离体表面上任一点,在隔离体表面上包含 A 点取一微小面积 ΔA 。假定作用在 ΔA 上的总表面力为 ΔF_s ,它可以分解为与作用面垂直的法向压力 ΔP 和与作用面平行的切向力 ΔT ,则作用在微元面积 ΔA 上的平均压应力 $\bar{p}$ 和平均切应力 $\bar{\tau}$ 分别为

$$\bar{p} = \frac{\Delta P}{\Delta A} \tag{1.1}$$

$$\bar{\tau} = \frac{\Delta T}{\Delta A} \tag{1.2}$$

　　根据连续介质模型,如果微元面积 ΔA 无限缩小到中心点 A ,则 A 点的压应力和切应力分别为

$$p_A = \lim_{\Delta A \to 0} \frac{\Delta P}{\Delta A} \tag{1.3}$$

$$\tau_A = \lim_{\Delta A \to 0} \frac{\Delta T}{\Delta A} \tag{1.4}$$

　　在国际单位制(SI)中,压应力、切应力的单位均为 Pa,1 Pa＝1 N/m^2。

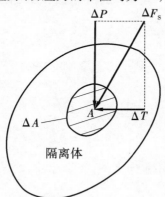

图 1.1　隔离体表面受力分析

1.3.2　质量力

　　质量力是指作用于所取流体体积内每个质点上,其大小与受作用的流体质量成正比

的力。对于均质流体,质量力与受作用的流体体积成正比,所以质量力又称为体积力。在工程流体力学中,最常见的质量力有两种:重力和惯性力。

在工程流体力学中,质量力的大小用单位质量力来表示。所谓单位质量力是指单位质量流体所受到的质量力。单位质量力的单位是 m/s^2,与加速度单位一致。

设某一均质流体的质量为 m,所受的质量力为 F,则单位质量力为

$$f = \frac{F}{m} \tag{1.5}$$

假定质量力 F 在直角坐标系中各坐标轴的投影分别为 F_x、F_y、F_z,则单位质量力在相应坐标轴上的投影分别为

$$X = \frac{F_x}{m} , \ Y = \frac{F_y}{m} , \ Z = \frac{F_z}{m} \tag{1.6}$$

则单位质量力的矢量可以表示为

$$f = X\,\boldsymbol{i} + Y\,\boldsymbol{j} + Z\,\boldsymbol{k} \tag{1.7}$$

式中　$\boldsymbol{i}$、$\boldsymbol{j}$、$\boldsymbol{k}$ 分别为 x、y、z 三个坐标轴方向的单位矢量。

如果作用在流体上的质量力只有重力,如图 1.2 所示,则质量力在三个坐标轴上的投影分别为

$$F_x = 0 , \ F_y = 0 , \ F_z = -mg \tag{1.8}$$

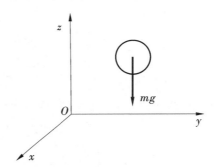

图 1.2　质量力仅有重力

相应地,在质量力只有重力作用时,单位质量力在相应坐标轴上的投影分别为

$$X = \frac{F_x}{m} = 0 , \ Y = \frac{F_y}{m} = 0 , \ Z = \frac{F_z}{m} = -g \tag{1.9}$$

式中　负号表示重力的方向是铅垂向下的,与坐标轴 z 的方向相反。

1.4　流体的主要物理性质

流体运动的形态和规律,除了与外部因素(例如边界条件、动力条件等)有关外,还取决于流体本身的物理性质。流体的物理性质是决定流体流动状态的内在因素,是研究流体机械运动的基本出发点和依据。在工程流体力学中,与流体运动有关的主要物理性质主要有以下几个方面。

1.4.1　惯性

惯性是物体保持其原有运动状态的性质。流体与其他任何物体一样具有惯性。质量是惯性大小的度量,质量越大,惯性就越大,其运动状态就越难改变。

1.4.1.1　密度

单位体积所具有的流体质量称为流体的密度,用符号 ρ 来表示。

对于均质流体,设其体积为 V,质量为 m,则它的密度定义为

$$\rho = \frac{m}{V} \tag{1.10}$$

式中　ρ ——流体的密度,kg/m^3;

　　　m ——体积为 V 的流体质量,kg;

　　　V ——质量为 m 的流体体积,m^3。

对于非均质流体,各点的密度不一样,要确定空间某点流体的密度,可以在该点周围取一微元体积 ΔV,假定它的质量为 Δm。根据连续介质模型,有

$$\rho = \lim_{\Delta V \to 0} \frac{\Delta m}{\Delta V} \tag{1.11}$$

式中　Δm——包含该点微小体积 ΔV 中的流体质量,kg;

　　　ΔV——质量 Δm 所占体积,m^3。

流体的密度随温度和压强的变化而变化。实验表明,液体的密度随温度和压强的变化很小,一般情况下可以视为常数,例如在工程计算中,通常取水的密度为 $1\,000\ kg/m^3$,水银的密度为 $13\,600\ kg/m^3$。

在一个标准大气压($101\,325\ Pa$)条件下,不同温度下水的密度见表 1.1,几种常见的流体密度见表 1.2。

表 1.1　在标准大气压时不同温度下水的密度　　　　单位:kg/m^3

温度/℃	0	4	10	20	30	40
密度	999.87	1 000.00	999.73	998.23	995.67	992.24
温度/℃	50	60	70	80	90	100
密度	988.07	983.24	977.78	971.83	965.28	958.38

表 1.2　在标准大气压下几种常见流体的密度　　　　单位:kg/m^3

流体名称	空气	水银	酒精	汽油	四氯化碳	海水
温度/℃	20	20	20	15	20	15
密度	1.20	13 550	799	700 ~ 750	1590	1 020 ~ 1 030

1.4.1.2　容重

单位体积流体所受的重力称为流体的容重,用符号 γ 表示,单位是 N/m^3。

对于均质流体,设其体积为 V,重力为 G,则其容重为

$$\gamma = \frac{G}{V} \tag{1.12}$$

式中　γ ——流体的容重,N/m^3;

　　　G ——体积为 V 的流体所受的重力,N;

　　　V ——重力为 G 的流体体积,m^3。

对于非均质流体,根据连续介质模型,任一点处的容重可以表示为

$$\gamma = \lim_{\Delta V \to 0} \frac{\Delta G}{\Delta V} \tag{1.13}$$

式中　ΔG ——作用在微小体积 ΔV 的流体重力,N;

　　　ΔV ——包含该点在内的流体体积,m^3。

流体的容重随压强和温度的变化而变化,但液体的容重变化很小,一般情况下可以视为是常数。例如,水的容重通常采用 9 800 N/m^3 或者 9.8 kN/m^3。

1.4.1.3　密度与容重的关系

在地球引力场中,密度与容重之间具有下列关系式:

$$\gamma = \rho g \tag{1.14}$$

公式适用范围:对均质流体和非均质流体都适用。

【例1.1】　求在一个大气压下,温度 $t = 4$ ℃时,500 L 水的质量和重量。

【解】　水的体积 $V = 500$ L $= 0.5$ m^3,密度 $\rho = 1\ 000$ kg/m^3,容重 $\gamma = 9\ 800$ N/m^3。

由 $m = \rho V$ 得到,水的质量为

$$m = \rho V = 1\ 000 \times 0.5 = 500 \text{ kg}$$

由 $G = \gamma V$ 得到,水的重量为

$$G = \gamma V = 9\ 800 \times 0.5 = 4\ 900 \text{ N}$$

1.4.2　压缩性与膨胀性

流体的压缩性是指流体受外界压力作用后,分子间距减小,体积缩小,密度增大,除去外力作用后能够恢复原状的性质。

流体的膨胀性是指流体受热后,分子间距增大,体积膨胀,密度减小,温度下降至原有状态后,流体能够恢复原状的性质。

液体和气体虽然都属于流体,但是液体和气体的压缩性和膨胀性却有很大的差别,下面分别加以说明。

1.4.2.1　液体的压缩性和膨胀性

(1)液体压缩性　液体的压缩性通常可以用体积压缩系数 κ 来表示,它表示在一定

的温度下,压强增加一个单位,液体体积的相对缩小率,或者说单位压强的增加所引起的液体体积的相对减小值。设液体压缩前的体积为 V,当压强增加 $\mathrm{d}p$ 后,相应的体积减小量为 $\mathrm{d}V$,则体积压缩系数为

$$\kappa = -\frac{\dfrac{\mathrm{d}V}{V}}{\mathrm{d}p} = -\frac{1}{V}\frac{\mathrm{d}V}{\mathrm{d}p} \tag{1.15}$$

式中　　V——液体原体积,m^3;

　　　　$\mathrm{d}V$——液体体积变化量,m^3;

　　　　$\mathrm{d}p$——作用在液体上的压强增量,Pa。

因为液体的体积是随压强的增大而减小的,所以 $\mathrm{d}V$ 和 $\mathrm{d}p$ 恒为异号,故上式右端加一负号,以保证 κ 为正值。κ 值越大,表示液体的压缩性越大,液体越容易压缩,κ 的单位为 Pa^{-1}(或者 m^2/N)。

根据质量守恒原理,液体增压前后质量无变化,即

$$\mathrm{d}m = \mathrm{d}(\rho V) = \rho \mathrm{d}V + V\mathrm{d}\rho = 0$$

得到

$$-\frac{\mathrm{d}V}{V} = \frac{\mathrm{d}\rho}{\rho} \tag{1.16}$$

所以,体积压缩系数 κ 也可以表示为

$$\kappa = \frac{1}{\rho}\frac{\mathrm{d}\rho}{\mathrm{d}p} \tag{1.17}$$

液体的体积压缩系数很小,工程上常使用其倒数来衡量液体的压缩性,液体的体积压缩系数的倒数称为液体的体积弹性模量,简称体积模量,用 K 表示,即

$$K = \frac{1}{\kappa} = -V\frac{\mathrm{d}p}{\mathrm{d}V} = \rho\frac{\mathrm{d}p}{\mathrm{d}\rho} \tag{1.18}$$

式中　　ρ——液体原密度,$\mathrm{kg/m}^3$;

　　　　$\mathrm{d}\rho$——液体密度变化量,$\mathrm{kg/m}^3$。

K 值越大,表示液体越不容易压缩,$K \to \infty$,表示绝对不可压缩,K 的单位是 Pa。液体的体积压缩系数 κ 和体积弹性模量 K 都是随液体种类、温度和压强的变化而变化的。

水在 0 ℃,不同压强下的体积压缩系数见表 1.3,表中压强单位为工程大气压,$1\ \mathrm{at} = 9.8 \times 10^4\ \mathrm{Pa}$。

表 1.3　水的体积压缩系数

压强/at	5	10	20	40	80
κ (×10⁻⁹ Pa)	0.538	0.536	0.531	0.528	0.515

(2)液体膨胀性　液体的膨胀性用体积膨胀系数 α_V 表示,它表示在一定的压强下,温度增加 1 ℃,液体体积的相对增加值或者液体密度的相对减小值。设在压强一定的条件下,液体的原体积为 V,温度增加 $\mathrm{d}T$ 后,体积增加 $\mathrm{d}V$,则体积膨胀系数为

$$\alpha_V = \frac{1}{V}\frac{\mathrm{d}V}{\mathrm{d}T} = -\frac{1}{\rho}\frac{\mathrm{d}\rho}{\mathrm{d}T} \qquad (1.19)$$

α_V 值越大,表示液体的膨胀性越大,则液体越容易膨胀。α_V 的单位是 $1/\mathrm{K}$ 或 $1/\mathrm{℃}$。

液体的体积膨胀系数也是随液体的种类、压强和温度的变化而变化的。水在一个标准大气压作用下,不同温度时的体积膨胀系数见表1.4。

表 1.4 水的体积膨胀系数

压强/at	温度/℃				
	1~10	10~20	40~50	60~70	90~100
1	0.14	1.50	4.22	5.56	7.19
100	0.43	1.65	4.22	5.48	7.04

1.4.2.2 气体的压缩性和膨胀性

气体与液体相比,气体具有显著的压缩性和膨胀性,通常将气体称为可压缩流体。气体的压缩和膨胀,不仅与压强有关,还与温度有关。在一般情况下,常见气体(例如空气、氧气、氮气、二氧化碳等)的密度、压强和温度三者之间的关系,符合理想气体状态方程,即

$$\frac{p}{\rho} = RT \qquad (1.20)$$

式中　p ——气体的绝对压强,Pa;

　　　ρ ——气体的密度,$\mathrm{kg/m^3}$;

　　　T ——气体的热力学温度,K;

　　　R ——气体常数,在标准状态下,$R = \dfrac{8\,314}{n}$ [J/(kg·K)],n 为气体的相对分子质量。

当气体处于很高的压强、很低的温度下,或者接近液态时,就不能当作理想气体看待,上面的公式不再适用。

1.4.2.3 不可压缩流体

所谓不可压缩流体是指流动的每一个流体质点在运动的全过程中,密度不因压强、温度的改变而发生变化的流体,即

$$\frac{\mathrm{d}\rho}{\mathrm{d}t} = 0$$

对于均质的不可压缩流体,各点的密度时时处处都不发生变化,也就是说,密度 $\rho =$ 常数。

不可压缩流体是工程流体力学中又一个简化的力学模型,是对流体物理、力学性质的

一种简化。(注:$\dfrac{\mathrm{d}\rho}{\mathrm{d}t}=0$ 表示每一个质点的密度在它的运动全过程中保持不变,不可压缩流体的密度不一定处处都是常数,只有既为不可压缩流体同时又是均质时,密度 $\rho=$ 常数。)

　　严格地说,不存在完全不可压缩流体,实际流体都是可压缩的。对于液体压缩系数很小,在相当大的压强变化范围内,密度几乎不变,可以近似视为常数。在实际工程中,一般的液体平衡和运动问题,都可按不可压缩流体来进行理论分析。对于某些特殊的流动,例如有压管道中的水击、水中爆炸波的传播等,压缩性起着关键作用,需要考虑水的压缩性。

　　气体的压缩性比较大,远大于液体,是可压缩流体。但在土木工程中常见的气流运动,例如通风管道,管道的长度不是很长,气流的速度不是很大,远小于声速(约340 m/s),气体在流动过程中,密度没有明显的变化,气体的压缩性对气流运动的影响很小,可以忽略不计,这种情况下仍可以视为不可压缩流体处理,其结果具有足够的精度。对于某些情况,例如燃气的远距离输送等,则需要考虑气体的压缩性。

　　【例 1.2】　已知 20 ℃时体积 $V=10$ m^3 水,当温度升至 80 ℃时,其体积增加多少?

　　【解】　查表 1.1 可知,20 ℃时水的密度为 $\rho_1=998.2$ $\mathrm{kg/m}^3$,80 ℃时水的密度为 $\rho_2=971.8$ $\mathrm{kg/m}^3$。

　　由 $\mathrm{d}m=\mathrm{d}(\rho V)=\rho\mathrm{d}V+V\mathrm{d}\rho=0$ 得到

$$-\dfrac{\mathrm{d}V}{V}=\dfrac{\mathrm{d}\rho}{\rho}$$

即

$$\mathrm{d}V=-\dfrac{\mathrm{d}\rho}{\rho}V=-\dfrac{971.8-998.2}{998.2}\times10=0.264\ \mathrm{m}^3$$

则

$$\dfrac{\mathrm{d}V}{V}=\dfrac{0.264}{10}\times100\%=2.64\%$$

1.4.3　黏滞性

　　流体在运动状态下,内部质点间或流层间因相对运动所产生的抵抗剪切变形的性质称为黏滞性,简称黏性。黏滞性是流体中发生机械能损失的根源,是流体固有的物理性质。

　　流体在运动状态下,相对运动的相邻流层间成对出现的切向力称为黏滞力,又称为内摩擦力。其特点是内摩擦力总是成对出现的,其大小相等,方向相反,分别作用在相邻的两个不同的流层上。

1.4.3.1　牛顿平板实验

　　牛顿通过著名的平板实验,说明了流体的黏性。实验装置如图 1.3 所示,两个平行放置的平板,间距为 h,图示 y 方向为法线方向,其间充满静止的流体,假设平板的面积足够大,可以忽略边缘对流体的影响。下平板固定不动,上平板受一拉力作用沿所在平面以速度 U 向右匀速运动。因为流体质点黏附于板壁上,黏附于上平板下表面的一层流体随上

平板一起以速度 U 向右运动,该层流体的运动会影响到相邻的下一层流体,并带动其运动,这种影响会一层一层地向下传递,使各层都相继流动,直到黏附于下平板上表面的一层流体,其速度为零。

当 U 和 h 都不是很大的情况下,沿 y 轴方向,流速由零变化至 U,各流层的速度沿法线方向可以视为呈线性分布,即 $u(y) = \dfrac{U}{h}y$。

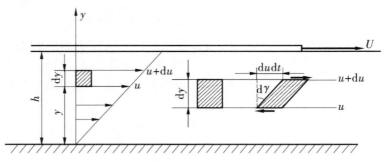

图 1.3 牛顿平板实验

上述实验表明,处于静止状态下的流体不能承受切向力作用,不能抵抗剪切变形,但在运动状态下,流体内部质点间或流层间出现相对运动,由于流体具有黏性,流层之间出现成对的内摩擦力,其作用是阻碍流层间的相对运动,抵抗剪切变形,从而影响流体的运动状况和变形的速度。相接触的流层,下面一层的流速小,对上面一层作用一个与流速方向相反的摩擦力,有将上层流体流速减缓的趋势,而上面一层的流速大,对下层流体作用有一个与流速方向一致的摩擦力,有使其加速的趋势。

流体中的摩擦力之所以称为内摩擦力,是由于处于运动状态的流体,与壁面接触的流层黏附在壁面上,同壁面无相对运动,流体与壁面之间不存在摩擦力,这样流体中的摩擦力均表现为流体内各流层之间的摩擦力,故称之为流体内摩擦力。对比固体间的滑动摩擦,当两块固体沿接触面滑动时,只在接触面上产生滑动摩擦力。从这个意义上说,固体间的滑动摩擦是外摩擦。

1.4.3.2 牛顿内摩擦定律

牛顿在 1687 年所著的《自然哲学的数学原理》一书中,提出了经后人验证的流体内摩擦定律,又称为牛顿内摩擦定律,该定律可以表述为:处于相对运动的相邻两层流体之间的内摩擦力 T 的大小与流速梯度 $\dfrac{\mathrm{d}u}{\mathrm{d}y}$ 成正比;与流层的接触面积 A 成正比;与流体的性质有关,而与接触面上的压力无关,即

$$T = \mu A \frac{\mathrm{d}u}{\mathrm{d}y} \tag{1.21}$$

用 τ 表示单位面积上的内摩擦力,即黏滞切应力,则有

$$\tau = \frac{T}{A} = \mu \frac{\mathrm{d}u}{\mathrm{d}y} \tag{1.22}$$

式中 μ ——比例系数,表征流体的黏滞性,Pa·S;

       A ——流层间的接触面积,m^2;

       $\dfrac{du}{dy}$ ——流速沿流层法线方向的变化率,称为流速梯度,S^{-1}。

1.4.3.3 流速梯度 $\dfrac{du}{dy}$ 的物理意义

为了进一步说明 $\dfrac{du}{dy}$ 的物理意义,如图 1.4 所示,在相距为 dy 的上、下两流层之间取矩形流体微团 $abcd$,该微团经 dt 时间后运动到新的位移 $a'b'c'd'$,因为微团上下层的速度相差 du ,微团除了平移之外,还伴随着形状的改变,由原来的矩形变成了平行四边形,原微团中的直角 dab 变成了角 $d'a'b'$,直角减小了角度 $d\theta$,也就是产生了剪切变形 $d\theta$ 。在 dt 时段内, d 点比 a 点多移动的距离为 $du\cdot dt$,由于 dt 是一个微小时段,因此转角 $d\theta$ 很小,可以近似认为:

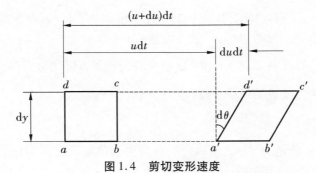

图 1.4　剪切变形速度

$$d\theta \approx \tan(d\theta) = \frac{du\cdot dt}{dy}$$

得到

$$\frac{d\theta}{dt} = \frac{du}{dy} \tag{1.23}$$

由此可见,流速梯度 $\dfrac{du}{dy}$ 实际上是流体微团的剪切变形速度 $\dfrac{d\theta}{dt}$ (剪切应变率)。所以,牛顿内摩擦定律也可以理解为流体内摩擦力 T 或者黏滞切应力 τ 与流体的剪切变形速度 $\dfrac{d\theta}{dt}$ 成正比,用公式表示为

$$T = \mu A \frac{d\theta}{dt} \tag{1.24}$$

$$\tau = \mu \frac{d\theta}{dt} \tag{1.25}$$

1.4.3.4 动力黏度 μ 及其影响因素

(1)动力黏度 μ 比例系数 μ 称为动力黏度,又称为绝对黏度、动力黏滞系数,简称

黏度,单位是 Pa·s,其中

$$1 \ \text{Pa} \cdot \text{s} = 1 \ \text{N} \cdot \text{s/m}^2 = 1 \ \text{J} \cdot \text{s/m}^3 = 1 \ \text{kg/(s} \cdot \text{m)}$$

动力黏度 μ 是流体黏滞性大小的度量。μ 值越大,流体越黏,流动性越差,流得越慢。

（2）动力黏度 μ 的影响因素　动力黏度 μ 值的大小与流体的种类、温度和压强有关:

1）流体种类　流体的种类不同,其黏性也各不相同。一般地,相同条件下,液体的黏度大于气体的黏度。

2）温度　温度是影响流体黏性的主要因素。液体的黏度随温度的升高而减小,气体的黏度随温度的升高而增大。其原因是,流体的黏性是分子间的吸引力和分子不规律的热运动产生动量交换的结果。温度升高,分子间的吸引力降低,分子间的热运动增强,动量增大;温度降低时则相反。对于液体,分子间的吸引力即内聚力是形成黏性的主要因素,温度升高,分子间的吸引力降低,液体黏性减小,所以液体的黏性随温度的升高而减小。对于气体,气体分子间的距离远大于液体,分子热运动引起的动量交换是形成黏性的主要因素,温度升高,分子热运动加剧,动量交换加大,气体黏度随之增大,所以气体的黏性随温度的升高而增大。

3）压强　在低压(通常压强小于 100 个大气压)情况下,动力黏度随压强的变化不大,压强对流体的黏度 μ 影响很小,一般可以忽略不计。

（3）运动黏度　在工程流体力学中,μ 值经常与密度 ρ 以比值 $\dfrac{\mu}{\rho}$ 的形式出现,将其定义为流体的运动黏度,或运动黏滞系数,即

$$\nu = \frac{\mu}{\rho} \tag{1.26}$$

运动黏度 ν 的单位是 m^2/s,之所以把 ν 称为运动黏度原因在于它的单位中只包含了运动学的量,即长度量和时间量。

常压下不同温度时水的动力黏度和运动黏度见表 1.5,一个标准大气压下空气的动力黏度与运动黏度见表 1.6。

表 1.5　常压下不同温度时水的动力黏度和运动黏度

$t/$ $^\circ\text{C}$	$\mu/$ 10^{-3} Pa·s	$\nu/$ 10^{-6} m^2/s	$t/$ $^\circ\text{C}$	$\mu/$ 10^{-3} Pa·s	$\nu/$ 10^{-6} m^2/s
0	1.792	1.792	40	0.654	0.659
5	1.519	1.519	45	0.597	0.603
10	1.310	1.310	50	0.549	0.556
15	1.145	1.146	60	0.469	0.478
20	1.009	1.011	70	0.406	0.415
25	0.895	0.897	80	0.357	0.367
30	0.800	0.803	90	0.317	0.328
35	0.721	0.725	100	0.282	0.296

表1.6　一个大气压下空气的动力黏度和运动黏度

$t /$ ℃	$\mu /$ 10^{-3} Pa·s	$v /$ 10^{-6} m²/s	$t /$ ℃	$\mu /$ 10^{-3} Pa·s	$v /$ 10^{-6} m²/s
0	0.017 2	13.7	90	0.021 6	22.9
10	0.017 8	14.7	100	0.021 8	23.6
20	0.018 3	15.7	120	0.022 8	26.2
30	0.018 7	16.6	140	0.023 6	28.5
40	0.019 2	17.6	160	0.024 2	30.6
50	0.019 6	18.6	180	0.025 1	33.2
60	0.020 1	19.6	200	0.025 9	35.8
70	0.020 4	20.5	250	0.028 0	42.8
80	0.021 0	21.7	300	0.029 8	49.9

1.4.3.5　理想流体

　　所谓理想流体是指没有黏性且绝对不可压缩的流体。实际当中的流体,无论是液体还是气体,都是具有一定黏性的。黏性的存在,给流体运动规律的研究带来很大的困难。为了使问题简化,引入理想流体这个概念。理想流体实际上是不存在的,它只是一种对流体的物理性质进行简化的力学模型。

　　因为理想流体不考虑流体的黏性,对流动的分析大为简化,从而容易得出理论分析的结果。对于某些黏性影响很小的流动或者黏性作用表现不出来的情况下,可以将黏性流体视为理想流体来处理,能够较好地符合实际;对于黏性影响不能忽略的黏性流体的流动,可以先将其视为理想流体的运动,得出主要结论,然后对黏性的影响进行专门研究,再对原有的结论进行适当的修正。

1.4.3.6　牛顿流体与非牛顿流体

　　牛顿内摩擦定律给出了流体在简单剪切流动条件下切应力与剪切变形速度之间的关系,这种关系称为流变性,表示流变关系的曲线称为流变曲线,如图1.5所示。

　　(1)牛顿流体　常见的流体例如水和空气等,其流变性符合牛顿内摩擦定律,这样的流体称为牛顿流体。牛顿流体的流变曲线是一条通过坐标原点的直线,其斜率即为牛顿流体的动力黏度,如图1.5a所示。牛顿流体的动力黏度 μ 值在一定温度和压力下是一个常数,切应力与剪切变形速度呈线性关系。常见的牛顿流体有水、空气、汽油、酒精、水银等。

　　(2)非牛顿流体　自然界和工程实际中除了牛顿流体之外,还有许多流体,例如原油、沥青、水泥砂浆等,其流变性不符合牛顿内摩擦定律,其流变曲线不是通过坐标原点的直线,这样的流体称为非牛顿流体。

　　对于非牛顿流体,类似于牛顿流体,把切应力与相应的剪切变形速度之比定义为非牛顿流体在这一剪切变形速度时的表观黏度。表观黏度一般随剪切变形速度和剪切持续时间而变化。

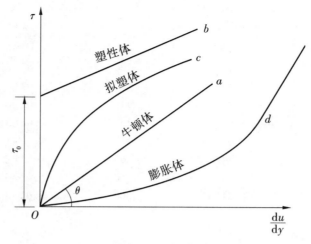

图 1.5　流变曲线

工程实际当中常见的非牛顿流体有以下几种。

1) 塑性流体　其流变方程为

$$\tau = \tau_0 + \eta \frac{\mathrm{d}u}{\mathrm{d}y} \tag{1.27}$$

式中　τ_0——屈服应力，Pa；

　　　η——塑性黏度，Pa·s。

塑性流体的流变曲线是有初始屈服应力的直线，其流动特点是当切应力 τ 超过屈服切应力 τ_0 时才开始流动，而在流动过程中，切应力和剪切变形速度呈线性关系，如图1.5b 所示。常见的塑性流体有血浆、泥浆、牙膏等。

2) 拟塑性流体　其流变方程为

$$\tau = k \left(\frac{\mathrm{d}u}{\mathrm{d}y} \right)^n \qquad n < 1 \tag{1.28}$$

式中　k——稠度系数，N·s^n/m²；

　　　n——流变指数。

拟塑性流体的流变曲线，大体上是通过坐标原点，并向上凸的曲线，如图 1.5c 所示。其流动特点是随着剪切变形速度的增大，表观黏度降低，流动性增大，表现出流体变稀。常见的拟塑性流体有油漆、高分子聚合物溶液、人的血液等。

3) 膨胀流体　其流变方程为：

$$\tau = k \left(\frac{\mathrm{d}u}{\mathrm{d}y} \right)^n \qquad n > 1 \tag{1.29}$$

式中　k——稠度系数，N·s^n/m²；

　　　n——流变指数。

膨胀流体的流变曲线大体上是通过坐标原点并向下凹的曲线，如图 1.5d 所示。其流动特点是随着剪切变形速度的增大,表观黏度增大,流动性降低,表现出流体变稠。常见的膨胀流体有浓淀粉糊、高浓度的挟沙水流等。

【例 1.3】　如图 1.6 所示,一平板在油面上做水平运动,已知平板的运动速度 $U = 15\ cm/s$,油层厚度 $\delta = 5\ mm$,油的动力黏度 $\mu = 0.1\ Pa \cdot s$。试求作用在平板单位面积上的黏滞阻力。

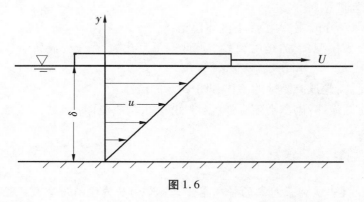

图 1.6

【解】　由题意知,与平板直接接触的油层黏附在平板上随平板一起运动,下面与之相邻的油层作用在该层上的切应力等于作用在平板单位面积上的黏滞阻力。由牛顿内摩擦定律,可以得到:

$$\tau = \mu \frac{du}{dy}$$

因为油层内流速按直线分布 $\frac{du}{dy} = \frac{U}{\delta}$,故

$$\tau = \mu \frac{du}{dy} = 0.1 \times \frac{0.15}{0.005} = 3\ N/m^2$$

本章小结

本章是工程流体力学的开篇,主要概述了有关工程流体力学研究对象、发展简史和研究方法,并建立了有关工程流体力学的一些基本概念。

1. 流体的基本特征是具有流动性。

流体在静止时不能承受切向力作用,任何微小的切向力作用,都会使流体产生连续不断的变形,即产生流动,这是流体流动性的力学解释。

2. 介绍了作用在流体上的力。

(1)表面力:以应力表示,压应力为 p,切应力为 τ。

(2)质量力:以单位质量力表示,对应坐标轴上的投影为 X、Y、Z。

3. 介绍了流体的主要物理力学性质。

(1)惯性:流体保持其原有运动状态的性质,密度 $\rho = \frac{m}{V}$。

（2）黏性：是流体的内摩擦特性，或者说是流体阻抗剪切变形的特性。在简单剪切流动的条件下，流体的内摩擦力符合牛顿内摩擦定律：$\tau = \mu \dfrac{\mathrm{d}u}{\mathrm{d}y}$。

（3）压缩性和膨胀性：液体的压缩性和膨胀性分别由体积压缩系数 κ 和体膨胀系数 α_V 表示。

4. 流体力学模型。

为了简化理论分析，引入了以下流体模型：

（1）连续介质模型：流体是由无数个彼此间没有孔隙，完全充满所占空间的质点所构成的连续体。

（2）理想流体：是没有黏性的流体，即 $\mu = 0$ 的流体。

（3）不可压缩流体：体积不随压强、温度而变化，均质流体 $\rho = c$。

思考题

1. 什么是流体？流体最基本的特征是什么？如何从力学的角度去解释它？流体与固体之间、液体与气体之间的主要区别是什么？

2. 什么是流体质点？什么是流体的连续介质模型？引入连续介质模型有什么实际意义？

3. 什么是流体的黏性？什么是黏滞力？流体黏性的大小用什么度量？它与哪些因素有关？液体与气体的黏性有何不同？原因何在？

4. 为什么说流体黏性引起的摩擦力是内摩擦力？它与固体运动的摩擦力有何不同？

5. 牛顿内摩擦定律的内容是什么？其适用条件是什么？

6. 什么是流体的压缩性和膨胀性？液体和气体的压缩性有何异同？压缩性的大小用什么度量？

7. 什么是理想流体？什么是不可压缩流体？

8. 什么是表面力？什么是质量力？什么是单位质量力？当质量力只有重力时，单位质量力如何表达？

习　题

一、单项选择题

1. 从力学角度分析，一般流体和固体的区别在于流体：_____ 。

A. 能承受拉力，平衡时不能承受切向力

B. 不能承受拉力，平衡时能承受切向力

C. 不能承受拉力，平衡时不能承受切向力

D. 能承受拉力，平衡时也能承受切向力

2. 静止流体_____ 切应力。

A. 可以承受　　　　　　　　　　B. 不能承受

C. 能承受很小的　　　　　　　　　D. 具有黏性时可以承受

3. 按连续介质的概念,流体质点是指:_____。

A. 流体的分子　　　　　　　　　　B. 几何的点

C. 流体内的固体颗粒

D. 几何尺寸同流动空间相比是极小量,又含有大量分子的微元体

4. 在连续介质假设下,流体的物理量_____。

A. 只是时间的连续函数　　　　　　B. 只是空间坐标的连续函数

C. 与时间无关　　　　　　　　　　D. 是空间坐标和时间的连续函数

5. 与牛顿内摩擦定律直接有关的因素是_____。

A. 切应力与速度　　　　　　　　　B. 切应力与压强

C. 切应力与剪切变形速度　　　　　D. 切应力与剪切变形速度

6. 理想流体的特征是_____。

A. 不可压缩　　　　　　　　　　　B. 动力黏度为常数

C. 无黏性　　　　　　　　　　　　D. 符合牛顿内摩擦定律

7. 连续介质和理想液体的关系是_____。

A. 连续介质一定是理想液体　　　　B. 理想液体一定是连续介质

C. 连续介质不一定是理想液体,理想液体也不一定是连续介质

D. 两者物理意义相同,但名称不同

8. 一般而言,液体的黏度随温度的升高而_____。

A. 减小　　　　　　　　　　　　　B. 增大

C. 不变　　　　　　　　　　　　　D. 无法确定

9. 一般而言,气体的黏度随温度的升高而_____。

A. 减小　　　　　　　　　　　　　B. 增大

C. 不变　　　　　　　　　　　　　D. 无法确定

10. 不可压缩流体的特征是_____。

A. 温度不变　　　　　　　　　　　B. 密度不变

C. 压强不变　　　　　　　　　　　D. 黏度不变

11. 单位质量力是指作用在单位_____流体上的质量力。

A. 面积　　　　　　　　　　　　　B. 体积

C. 质量　　　　　　　　　　　　　D. 重量

二、计算题

12. 体积 $V = 2.5\ \mathrm{m}^3$ 的油料,其重量为 $G = 22\ 050\ \mathrm{N}$,试求该油料的密度 ρ?

13. 若水的体积模量 $K = 2.2 \times 10^9\ \mathrm{Pa}$,欲减小其体积的 0.5%,则需增加多大的压强?

14. 水在常温下,由 5 个大气压增加到 20 个大气压,其密度将改变多少?

15. 容积为 $V = 10\ \mathrm{m}^3$ 的容器装满某种液体,当压强增加 5 个大气压时体积减小 $0.1\ \mathrm{m}^3$,试求该液体的体积压缩系数。

16. 如题 16 图所示为一水暖系统,为了防止水温升高时,水体积膨胀将水管胀裂,在系统顶部设置一膨胀水箱,使水有自由膨胀的余地,若系统内水的总体积为 $8\ \mathrm{m}^3$,加热前

后温差为 50 ℃,水的热膨胀系数 $\alpha_V = 0.000\ 5/℃$,试求膨胀水箱的最小容积。

17. 如题 17 图所示为压力表校正器,器内充满压缩系数 $\kappa = 4.75 \times 10^{-10}\ \mathrm{m^2/N}$ 的液压油,由手轮丝杠推进活塞加压,已知活塞直径为 $d = 1\ \mathrm{cm}$,丝杠螺距为 2 mm,加压前油的体积为 $V = 200\ \mathrm{mL}$,为使油压达到 $p = 20\ \mathrm{MPa}$,试求手轮需要多少转?

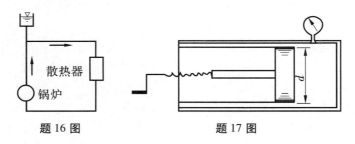

| 题 16 图 | 题 17 图 |

18. 某液体的动力黏度为 $\mu = 0.005\ \mathrm{Pa \cdot s}$,其密度为 $\rho = 850\ \mathrm{kg/m^3}$,试求其运动黏度 ν。

19. 两平行平板相距 $h = 0.5\ \mathrm{mm}$,其间充满流体,下板固定,上板在 $\tau = 2\ \mathrm{N/m^2}$ 的力作用下以 $U = 0.25\ \mathrm{m/s}$ 的速度匀速运动,试求该流体的动力黏度 μ。

20. 如题 20 图所示,一底面积为 $A = 40 \times 45\ \mathrm{cm^2}$,高为 1 cm 的木块,质量 $m = 5\ \mathrm{kg}$,沿着涂有润滑油的斜面向下做等速运动,已知木块运动速度 $U = 1\ \mathrm{m/s}$,油层厚度 $\delta = 1\ \mathrm{mm}$,斜面倾角 $\alpha = 30°$,由木块所带动的油层的运动速度呈直线分布,试求该油的动力黏度 μ。

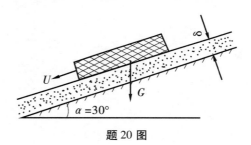

题 20 图

21. 黏度 $\mu = 3.92 \times 10^{-2}\ \mathrm{Pa \cdot s}$ 的黏性流体沿壁面流动,距壁面 y 处的流速为 $u = 3y + y^2\ (\mathrm{m/s})$,试求壁面的切应力 τ_0。

第 2 章　流体静力学

要点提示　　流体静力学是研究流体在外力作用下处于静止状态下的受力平衡规律及其在实际工程中的应用。由于静止状态下,流体中只存在压应力——压强,因此,流体静力学这一章以压强为中心,主要阐述静压强的特性、静压强的分布规律、欧拉平衡微分方程、等压面等概念,以及作用在平面或曲面上总压力的计算方法。

在这里,流体的静止状态是指流体质点相对于参考坐标系没有运动,流体质点与质点之间不存在相对运动,处于相对平衡的状态。它包含两种情况:一是相对于地球而言,流体质点没有运动,这种静止称为绝对静止;二是流体质点相对于地球有运动,但流体质点之间并没有相对运动,这种静止称为相对静止或者相对平衡。

无论流体是处于绝对静止状态还是相对静止状态,由于流体质点间没有相对运动,流体的黏性不起作用,内摩擦切应力 $\tau = 0$。又由于处于静止状态的流体几乎不能承受拉力,所以处于静止状态的流体质点间的相互作用只能是通过压应力的形式表现出来。

将静止流体作用在与之接触的表面上的压应力称为流体的静压强,表示一点上流体静压力的强度。而处于运动状态的流体,其内部的压强称为流体的动压强。在许多情况下,流体动压强的分布规律与流体静压强的分布规律是相同的或者相近的。因此,流体静力学也是研究流体运动规律的基础。

2.1　流体静压强的特性

处于静止状态的流体,其压强具有以下两个特性。

2.1.1　垂直性

流体静压强的方向与受压面垂直并指向受压面,即流体静压强的方向只能沿作用面的内法线方向,与作用面的内法线方向一致。

证明:在静止流体中任取一截面 ab,将其分为 Ⅰ、Ⅱ 两部分。取 Ⅱ 为隔离体,Ⅰ 对 Ⅱ 的作用由 ab 面上连续分布的应力所代替,如图 2.1 所示。假设 ab 面上任一点的应力 p 的方向不是沿着作用面的法线方向,则 p 可以分解为法向应力 p_n 和切向应力 τ。

假设切向应力 $\tau \neq 0$,则在切向应力 τ 的作用下,流体将发生相对运动,产生流动,这与流体处于静止状态的前提条件不符,所以静止流体中切向应力 τ 必为零。

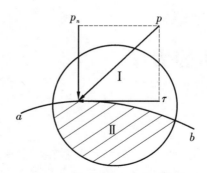

图 2.1 流体静压强的方向

假设法向应力 p_n 是沿法线的外法线方向,则流体将受到一个拉力的作用,这与流体不能承受拉力的特性不符。

由此可以得出,流体静压强的方向是唯一的:沿作用面的内法线方向,或者说,流体静压强的方向与受压面垂直并指向受压面。

2.1.2 各向等值性

静止流体中任一点上流体静压强的大小与作用面的方位无关,即同一点上各个方向的流体静压强大小相等。

证明:设在静止流体中任取一点 O ,包含 O 点作一微小直角四面体 $OABC$,如图 2.2 所示。为方便起见,取三个正交面与坐标平面方向一致,正交的三个边长分别为 $\mathrm{d}x$, $\mathrm{d}y$, $\mathrm{d}z$ 。

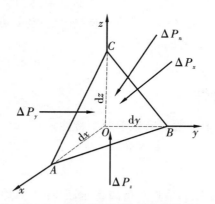

图 2.2 流体静压强的各向等值性

分析作用在四面体上的力,包括如下内容。

(1)表面力 作用于流体的表面力只有四个面上的压力 ΔP_x 、 ΔP_y 、 ΔP_z 、 ΔP_n ,设各面上的平均静压强分别为 p_x 、 p_y 、 p_z 、 p_n ,则有

$$\Delta P_x = p_x \cdot \frac{1}{2}dydz \ , \ \Delta P_y = p_y \cdot \frac{1}{2}dxdz \ , \ \Delta P_z = p_z \cdot \frac{1}{2}dxdy \ , \ \Delta P_n = p_n \cdot \Delta A_n$$

（2）质量力　设单位质量力在 x、y、z 轴上的投影分别为 X、Y、Z，四面体的体积 $V = \frac{1}{6}dxdydz$，四面体内流体的质量 $m = \rho \cdot \frac{1}{6}dxdydz$，它所受的质量力 F 在各坐标轴方向的投影可以表示为

$$F_x = \left(\rho \cdot \frac{1}{6}dxdydz\right) \cdot X \ , \ F_y = \left(\rho \cdot \frac{1}{6}dxdydz\right) \cdot Y \ , \ F_z = \left(\rho \cdot \frac{1}{6}dxdydz\right) \cdot Z$$

根据平衡条件，四面体处于静止状态，各个方向的作用力应平衡

$$\sum F_x = 0 \ , \ \sum F_y = 0 \ , \ \sum F_z = 0$$

由 $\sum F_x = 0$，得到

$$\Delta P_x - \Delta P_n \cdot \cos(n,x) + F_x = 0$$

式中　(n,x) ——倾斜平面 ABC 的外法线方向与 x 轴的夹角。

将 ΔP_x、ΔP_n 和 F_x 的表达式代入上式得到

$$p_x \cdot \frac{1}{2}dydz - p_n \cdot \Delta A_n \cdot \cos(n,x) + \left(\rho \cdot \frac{1}{6}dxdydz\right) \cdot X = 0$$

将 $\Delta A_n \cdot \cos(n,x) = \frac{1}{2}dydz$ 代入上面的表达式得到

$$p_x \cdot \frac{1}{2}dydz - p_n \cdot \frac{1}{2}dydz + \left(\rho \cdot \frac{1}{6}dxdydz\right) \cdot X = 0$$

方程两边同除以 $\frac{1}{2}dydz$，则有

$$p_x - p_n + \rho \cdot \frac{1}{3}dx \cdot X = 0$$

当微元四面体无限缩小到顶点 O 时，$dx \to 0$，则有

$$p_x = p_n$$

同理：

由 $\sum F_y = 0$，可以得到

$$p_y = p_n$$

由 $\sum F_z = 0$，可以得到

$$p_z = p_n$$

所以

$$p_x = p_y = p_z = p_n \tag{2.1}$$

因为在上面对微元体的分析中，倾斜面的方向 n 是任意选取的，上式表明：静止流体中，沿各个方向作用于同一点的静压强的大小是相等的，与作用面的方位无关，只是该点空间坐标的连续函数。因此，静止流体中，任一点的应力状态可以用流体静压强 p 来表示，p 只是该点坐标的连续函数，即

$$p = p(x,y,z) \tag{2.2}$$

需要指出的是,流体静压力和流体静压强是两个完全不同的概念,流体静压力是流体作用在受压面上的总作用力,是矢量,它的大小和方向均与受压面有关,没有受压面也就谈不上流体静压力,单位是牛顿。流体静压强是一点上的流体静压力的强度,流体静压强没有方向性,流体静压强 p 是一个标量,在对静压强方向的讨论中,提到的"压强的方向"应被理解成作用面上流体压强产生的压力(矢量)方向。

2.2 流体平衡微分方程

根据静止流体的受力平衡条件和流体静压强的基本特性,可以建立流体平衡的基本关系式,研究流体静压强的空间分布规律。

2.2.1 流体平衡微分方程的推导

在静止的流体内,任取一点 $O'(x,y,z)$,设该点的压强为 $p = p(x,y,z)$,以 O' 为中心作一个微元直角六面体,正交的各边分别与坐标轴平行,边长分别为 $\mathrm{d}x$,$\mathrm{d}y$,$\mathrm{d}z$,如图 2.3 所示。下面研究它的平衡条件,首先分析作用于此流体微元六面体的力。

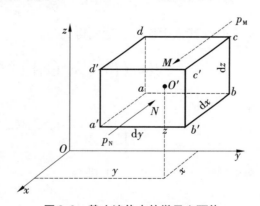

图 2.3　静止流体中的微元六面体

(1)表面力　根据连续介质模型,压强 p 是坐标的连续函数,当坐标有微小变化时,压强也发生变化,并且可以用泰勒级数表示为

$$p(x + \Delta x, y + \Delta y, z + \Delta z) = p(x,y,z) + \left(\frac{\partial p}{\partial x}\Delta x + \frac{\partial p}{\partial y}\Delta y + \frac{\partial p}{\partial z}\Delta z \right) +$$

$$\frac{1}{2!}\left(\begin{array}{l} \dfrac{\partial^2 p}{\partial x^2}\Delta x^2 + \dfrac{\partial^2 p}{\partial y^2}\Delta y^2 + \dfrac{\partial^2 p}{\partial z^2}\Delta z^2 + 2\dfrac{\partial^2 p}{\partial x \partial y}\Delta x \Delta y + \\ 2\dfrac{\partial^2 p}{\partial y \partial z}\Delta y \Delta z + 2\dfrac{\partial^2 p}{\partial z \partial x}\Delta z \Delta x \end{array} \right) + \cdots$$

忽略二阶以上的各项,取泰勒级数的前两项,可以得到:

$$p(x + \Delta x, y + \Delta y, z + \Delta z) = p(x,y,z) + \left(\frac{\partial p}{\partial x}\Delta x + \frac{\partial p}{\partial y}\Delta y + \frac{\partial p}{\partial z}\Delta z \right)$$

以 x 方向为例,过 O' 作平行于 x 轴的直线,与平面 $abcd$ 和 $a'b'c'd'$ 分别交于 M , N 。

$$p_M = p\left(x - \frac{\mathrm{d}x}{2}, y, z\right) = p - \frac{1}{2} \frac{\partial p}{\partial x} \mathrm{d}x , \quad p_N = p\left(x + \frac{\mathrm{d}x}{2}, y, z\right) = p + \frac{1}{2} \frac{\partial p}{\partial x} \mathrm{d}x$$

因为受压面是微小平面,可以认为平面各点所受的压强为均匀分布, p_M 、p_N 可以代表作用在相应两个平面上的平均压强,由此,可以推出平面 $abcd$ 和 $a'b'c'd'$ 上的表面力分别为

$$P_M = \left(p - \frac{1}{2} \frac{\partial p}{\partial x} \mathrm{d}x\right) \cdot \mathrm{d}y\mathrm{d}z , \quad P_N = \left(p + \frac{1}{2} \frac{\partial p}{\partial x} \mathrm{d}x\right) \cdot \mathrm{d}y\mathrm{d}z$$

(2)质量力　以 X , Y , Z 分别表示单位质量力在 x , y , z 轴方向上的投影,六面体的质量为 $m = \rho \cdot \mathrm{d}x\mathrm{d}y\mathrm{d}z$, x 、y 、z 轴方向的质量力投影分别为

$$F_x = X \cdot \rho\mathrm{d}x\mathrm{d}y\mathrm{d}z , \quad F_y = Y \cdot \rho\mathrm{d}x\mathrm{d}y\mathrm{d}z , \quad F_z = Z \cdot \rho\mathrm{d}x\mathrm{d}y\mathrm{d}z$$

根据流体的平衡条件, x 方向的表面力与质量力相平衡,因此有

$$X \cdot \rho\mathrm{d}x\mathrm{d}y\mathrm{d}z + \left(p - \frac{1}{2} \frac{\partial p}{\partial x} \mathrm{d}x\right) \cdot \mathrm{d}y\mathrm{d}z - \left(p + \frac{1}{2} \frac{\partial p}{\partial x} \mathrm{d}x\right) \cdot \mathrm{d}y\mathrm{d}z = 0$$

上式除以微元六面体的质量 $\rho\mathrm{d}x\mathrm{d}y\mathrm{d}z$,化简之后可以得到

$$X - \frac{1}{\rho} \frac{\partial p}{\partial x} = 0 \tag{2.3a}$$

同理,对 y 方向,可以得到

$$Y - \frac{1}{\rho} \frac{\partial p}{\partial y} = 0 \tag{2.3b}$$

对 z 方向,可以得到

$$Z - \frac{1}{\rho} \frac{\partial p}{\partial z} = 0 \tag{2.3c}$$

即

$$\left. \begin{array}{l} X - \dfrac{1}{\rho} \dfrac{\partial p}{\partial x} = 0 \\[2mm] Y - \dfrac{1}{\rho} \dfrac{\partial p}{\partial y} = 0 \\[2mm] Z - \dfrac{1}{\rho} \dfrac{\partial p}{\partial z} = 0 \end{array} \right\} \tag{2.4}$$

方程(2.4)称为流体平衡微分方程,是由瑞士学者欧拉在 1775 年得出的,因此方程(2.4)又称为欧拉平衡微分方程,它给出了处于平衡状态的流体中压强的空间变化率与单位质量力之间的关系。方程表明:流体处于平衡状态时,单位质量流体所受的表面力与质量力相平衡。方程(2.4)适用于静止或相对静止状态下的可压缩与不可压缩流体。

2.2.2　流体平衡微分方程的积分

为了便于应用,可以将流体平衡微分方程改写成用全微分表示的标量形式,将上面三式分别乘以 $\mathrm{d}x$, $\mathrm{d}y$, $\mathrm{d}z$ 后相加,可以得到:

$$\frac{\partial p}{\partial x}\mathrm{d}x + \frac{\partial p}{\partial y}\mathrm{d}y + \frac{\partial p}{\partial z}\mathrm{d}z = \rho(X\mathrm{d}x + Y\mathrm{d}y + Z\mathrm{d}z) \tag{2.5}$$

因为平衡流体中压强是坐标的连续函数 $p = p(x,y,z)$，所以上式的左边是压强 p 的全微分 $\mathrm{d}p$，即

$$\mathrm{d}p = \rho(X\mathrm{d}x + Y\mathrm{d}y + Z\mathrm{d}z) \tag{2.6}$$

方程（2.6）是流体平衡微分方程的另一种形式。它既适用于不可压缩流体，也适用于可压缩流体；既适用于绝对静止的流体，也适用于相对静止的流体。

因为公式（2.6）的左边是压强的全微分 $\mathrm{d}p$，根据数学分析理论可知，右边也必须是某一函数 $W(x,y,z)$ 的全微分，才能保证静压强积分结果的唯一性。

对方程（2.4）中的三个分式交叉求偏导数（ρ 为常数），可以得到：

$$\frac{\partial X}{\partial y} - \frac{1}{\rho}\frac{\partial^2 p}{\partial x \partial y} = 0 \ , \quad \frac{\partial X}{\partial z} - \frac{1}{\rho}\frac{\partial^2 p}{\partial x \partial z} = 0$$

$$\frac{\partial Y}{\partial x} - \frac{1}{\rho}\frac{\partial^2 p}{\partial x \partial y} = 0 \ , \quad \frac{\partial Y}{\partial z} - \frac{1}{\rho}\frac{\partial^2 p}{\partial y \partial z} = 0$$

$$\frac{\partial Z}{\partial x} - \frac{1}{\rho}\frac{\partial^2 p}{\partial z \partial x} = 0 \ , \quad \frac{\partial Z}{\partial y} - \frac{1}{\rho}\frac{\partial^2 p}{\partial y \partial z} = 0$$

由此可以得到

$$\frac{\partial X}{\partial y} = \frac{\partial Y}{\partial x} \ , \quad \frac{\partial Y}{\partial z} = \frac{\partial Z}{\partial y} \ , \quad \frac{\partial Z}{\partial x} = \frac{\partial X}{\partial z} \tag{2.7}$$

由高等数学的曲线积分定理知道，式（2.7）是表达式 $X\mathrm{d}x + Y\mathrm{d}y + Z\mathrm{d}z$ 为某一函数 $W(x,y,z)$ 的全微分的充分必要条件，即

$$\mathrm{d}W = X\mathrm{d}x + Y\mathrm{d}y + Z\mathrm{d}z \tag{2.8}$$

又因为

$$\mathrm{d}W = \frac{\partial W}{\partial x}\mathrm{d}x + \frac{\partial W}{\partial y}\mathrm{d}y + \frac{\partial W}{\partial z}\mathrm{d}z \tag{2.9}$$

所以

$$X = \frac{\partial W}{\partial x} \ , \quad Y = \frac{\partial W}{\partial y} \ , \quad Z = \frac{\partial W}{\partial z} \tag{2.10}$$

式（2.10）表明：函数 $W(x,y,z)$ 对某坐标轴的偏导数等于单位质量力在该坐标轴上的投影。由理论力学概念可知：若某一坐标函数存在，它对各坐标的偏导数分别等于力场的力在对应坐标轴上的投影，则这个函数称为势函数，具有这样势函数的力称为有势力或者保守力。重力、惯性力都是有势力，有势力所做的功与路径无关，只与起点和终点的坐标有关。

由式（2.10）可以知道，函数 $W(x,y,z)$ 即为力的势函数。不可压缩流体只有在有势的质量力作用下才能平衡，质量力有势是流体处于静止状态的必要条件。不可压缩流体要维持平衡，只有在有势的质量力作用下才有可能实现。

将式（2.8）代入式（2.6）可以得到

$$\mathrm{d}p = \rho \cdot \mathrm{d}W \tag{2.11}$$

在给定质量力的作用下，对式（2.11）进行积分，可以得到平衡流体压强的分布规律

$$p = \rho W + C \tag{2.12}$$

式中　C ——积分常数，由已知边界条件确定。

当流体某一点的压强 p_0，力的势函数 W_0 已知时，可以得到

$$C = p_0 - \rho W_0 \tag{2.13}$$

所以

$$p = p_0 + \rho(W - W_0) \tag{2.14}$$

式(2.14)即为在具有势函数 $W(x,y,z)$ 的某一质量力系的作用下，静止流体内任一点压强 p 的表达式，它表明了平衡流体压强的分布规律：不可压缩均质流体任一点上的压强等于外压强 p_0 与有势的质量力所产生的压强之和。

2.2.3 等压面

2.2.3.1 等压面方程

静止流体中压强相等的各点所组成的面(平面或曲面)称为等压面。

根据流体平衡微分方程 $\mathrm{d}p = \rho(X\mathrm{d}x + Y\mathrm{d}y + Z\mathrm{d}z)$，在等压面上各点的压强相等，则有：

$$\mathrm{d}p = 0$$

又因为 $\rho \neq 0$，则等压面微分方程为

$$X\mathrm{d}x + Y\mathrm{d}y + Z\mathrm{d}z = 0 \tag{2.15}$$

2.2.3.2 等压面性质

等压面具有下列性质：

(1)在静止不可压缩均质流体中，等压面同时也是等势面。

在等压面上，$p = $ 常数，则

$$\mathrm{d}p = 0$$

由 $\mathrm{d}p = \rho\mathrm{d}W$ 可以得到

$$\rho\mathrm{d}W = 0$$

因为 $\rho \neq 0$，所以有

$$\mathrm{d}W = 0$$

即

$$W = 常数$$

由此得到：在静止流体中，等压面同时也就是等势面，在等压面上力势函数值一定相等。

(2)等压面与质量力正交 在等压面上，满足等压面方程

$$X\mathrm{d}x + Y\mathrm{d}y + Z\mathrm{d}z = \boldsymbol{f} \cdot \mathrm{d}\boldsymbol{r} = 0$$

其中 $\mathrm{d}\boldsymbol{r}$ 是等压面的切平面上沿任意方向的微小位移矢量，$\mathrm{d}\boldsymbol{r} = (\mathrm{d}x, \mathrm{d}y, \mathrm{d}z)$。$\boldsymbol{f}$ 是单位质量力，$\boldsymbol{f} = (X, Y, Z)$。根据矢量运算法则，如果 $\boldsymbol{f} \cdot \mathrm{d}\boldsymbol{r} = 0$，则必定有 $\boldsymbol{f} \perp \mathrm{d}\boldsymbol{r}$，也就是说，等压面与质量力正交。

(3)等压面不能相交 两个等压面如果相交，则在相交处液体将同时有两个静压强

值,这是不可能的。

静止流体中,质量力只有重力时,则单位质量力的投影为 $X = 0, Y = 0, Z = -g$。

代入等压面方程

$$Xdx + Ydy + Zdz = -gdz = 0$$

因为 $g \neq 0$,所以 $dz = 0$

即

$$z = 常数$$

它表明:静止流体中,质量力只有重力时,等压面是一系列的水平面,都与重力方向垂直。如果静止流体中,质量力除了重力之外,还有其他质量力作用时,则等压面是与质量力的合力正交的非水平面。

2.2.3.3 水平面是等压面的条件

质量力只有重力时,静止流体中的等压面是一系列的水平面,但静止流体中的水平面不一定都是等压面。静止流体中水平面是等压面必须同时满足以下条件:①流体处于静止状态;②流体是同种流体;③流体互相连通。这三个条件缺一不可,必须同时满足。

图2.4(a)中,1、2、3、4点都处于同一水平面上,满足上述3个条件,1、2、3和4点的压强相等,是等压面。图2.4(b)中5和6虽然属于静止、同种液体,但不连续,中间被阀门隔开,5、6两点压强不相等,5-6水平面不是等压面。图2.4(c)中 a、b 两点,虽然静止、连通,但不同种,a、b 两点压强也不相等,$a-b$ 水平面也不是等压面,但7、8两点满足等压面条件,压强相等,7-8平面是等压面。

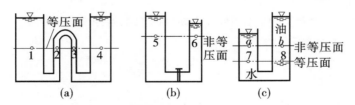

图2.4 重力场中静止液体的等压面

2.3 重力场中液体静压强的分布规律

在实际工程当中,作用在流体上的质量力只有重力,因此,在流体平衡一般规律的基础上,研究重力作用下液体静压强的分布规律更具有实际意义。本节我们重点研究重力场下,静止液体的压强分布规律。

2.3.1 液体静力学基本方程

设重力作用下的静止液体如图2.5所示,建立直角坐标系 $Oxyz$,z 轴铅直向上。自由液面(液体与气体的交界面)的位置高度为 z_0,自由液面的压强为 p_0。

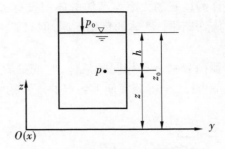

图 2.5　重力场中液体的静压强

液体中任一点的压强可以表示为

$$dp = \rho(X dx + Y dy + Z dz)$$

当质量力只有重力时,单位质量力在各坐标轴的分量为

$$X = 0 , Y = 0 , Z = -g$$

代入上式,可以得到

$$dp = -\rho g dz$$

对于不可压缩的均质液体来说,密度 ρ 为常数,对上面的式子进行积分,可以得到:

$$p = -\rho g z + C$$

式中　C 为积分常数,由边界条件确定。

由 $z = z_0$ 时 $p = p_0$ 可以求得

$$C = p_0 + \rho g z_0$$

回代公式得到

$$p = p_0 + \rho g z_0 - \rho g z = p_0 + \rho g(z_0 - z)$$

令 $h = z_0 - z$,可以得到

$$p = p_0 + \rho g h \tag{2.16}$$

式中　p ——静止液体中某点的压强,kPa;

　　　p_0 ——液体表面压强,对于液面通大气的开口容器,p_0 即为大气压强;

　　　h ——液体中某点到液面的距离,称为淹没深度,$h = z_0 - z$,m;

　　　ρ ——液体的密度,kg/m^3;

　　　g ——重力加速度,kg/m^3。

式(2.16)就是重力作用下的液体平衡方程,称为液体静力学基本方程。它表明静止液体中任一点的静压强 p 由两部分组成:一部分是液体自由表面上的压强 p_0;另一部分是 $\rho g h$,相当于单位面积上高度为 h 的液柱的重量。液体静力学基本方程适用于在重力作用下的连续均质平衡液体。

2.3.2　液体静力学基本方程推论

由液体静力学基本方程式 $p = p_0 + \rho g h$,可以得到以下推论。

(1)在重力作用下的静止液体中,压强 p 随深度 h 按线性规律变化,如图 2.6 所示。

（2）在重力作用下，液体静压强的大小与液体的体积没有直接关系。也就是说，盛有相同液体的容器，各容器的容积不同，液体的重量不同，但只要深度 h 相同，则容器底面上各点的压强就相同。

如图2.7所示，3个容器内分别装有相同的液体，它们的容积不相等，所装液体的体积也不相同，但液体的深度相同，3个容器底面上各点的压强相同。

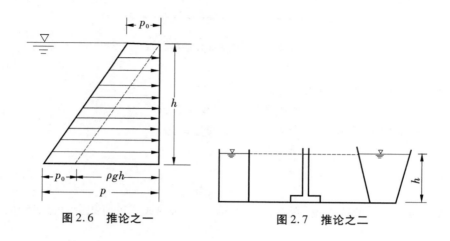

图2.6 推论之一   图2.7 推论之二

（3）在重力作用下的静止液体中，任意两点的压强差等于这两点间单位面积垂直液柱的重量。

如图2.8所示，A、B 是静止液体内任意两点，根据液体静力学基本方程 $p = p_0 + \rho g h$，A 点、B 点的压强可以分别表示为

$$p_A = p_0 + \rho g h_A$$
$$p_B = p_0 + \rho g h_B$$

则

$$p_B - p_A = \rho g h_B - \rho g h_A = \rho g (h_B - h_A) = \rho g h_{AB}$$

（4）在平衡状态下，液体内（包括边界上）任意点压强的变化，都会等值地传递到液体的其他各点。

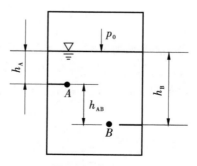

图2.8 推论之三

图 2.8 中,液体内任意点 B 的压强用 A 的压强可以表示为

$$p_B = p_A + \rho g h_{AB}$$

在平衡状态下,设 A 点的压强增加了 Δp,变为 $p_A + \Delta p$,相应地 B 点的压强变为

$$p'_B = (p_A + \Delta p) + \rho g h_{AB} = p_A + \rho g h_{AB} + \Delta p = p_B + \Delta p \tag{2.17}$$

式 2.17 表明:在平衡状态下,液体内某点压强的变化,都会等值地传递到液体的其他各点。该结论称为帕斯卡定理,该原理在水压机、水力起重机和液压传动设备中得到了广泛的应用。

【例 2.1】　如图 2.9 所示,自由锻造水压机小活塞的面积 $A_1 = 2 \text{ cm}^2$,大活塞的面积 $A_2 = 2 \text{ m}^2$。在平衡状态下,在小活塞上施加 $P_1 = 200 \text{ N}$ 的压力,试问大活塞产生的总压力 P_2 是多少?

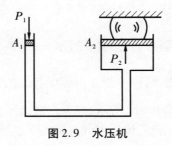

图 2.9　水压机

【解】　因小活塞加压,在小活塞与工作液体的接触面上增加的压强为

$$\Delta p = \frac{P_1}{A_1} = \frac{200}{2 \times 10^{-4}} = 1\,000 \text{ kPa}$$

根据帕斯卡原理,Δp 将等值地传到大活塞上,故大活塞产生的总压力

$$P_2 = \Delta p A_2 = 1\,000 \times 2 = 2\,000 \text{ kN}$$

2.3.3　液体静力学基本方程的能量形式及其物理意义

在重力场中,液体的平衡微分方程可以表示为 $\mathrm{d}p = -\rho g \mathrm{d}z$,它可以改写为

$$\mathrm{d}z + \frac{\mathrm{d}p}{\rho g} = 0$$

对上面的式子进行积分,可以得到液体静力学基本方程的另外一种形式

$$z + \frac{p}{\rho g} = C \tag{2.18}$$

式中　C——积分常数,由边界条件确定。

式(2.18)说明:在重力作用下,静止液体中任一点的 $z + \dfrac{p}{\rho g}$ 值总是一个常数。

对于静止液体内部任意两点 1、2,则有

$$z_1 + \frac{p_1}{\rho g} = z_2 + \frac{p_2}{\rho g} \tag{2.19}$$

式(2.18)也称为液体静力学基本方程,它是以能量的形式表示的,方程中的各项都具有一定的几何意义和物理意义。

2.3.3.1 几何意义

在工程流体力学中,通常用水头来表示液柱的高度。

在一个容器侧壁上开一个小孔,然后接一根上端与大气相通的玻璃管,这样就形成一根测压管。如果容器是开口的,如图 2.10(a)所示,容器内静止液体的表面受大气压作用,则测压管内液面与容器内液面是齐平的。设基准面为 0—0,则测压管液面到基准面高度由 z 和 $\dfrac{p}{\rho g}$ 两部分组成:

z ——某点在基准面上的位置高度,称为位置水头;

$\dfrac{p}{\rho g}$ ——该点压强的液柱高度,称为压强水头;

$z + \dfrac{p}{\rho g}$ ——测压管液面的高程,称为测压管水头;

$z + \dfrac{p}{\rho g} = C$ ——在重力作用下,同一静止液体中各点的测压管水头相等,是一个常数。

如果容器是封闭的,如图 2.10(b)所示,容器内液面压强 p_0 大于或小于大气压 p_a,则测压管液面会高于或低于容器液面,但是不同点的测压管水头仍是常数。

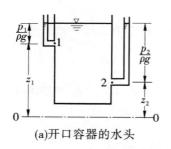
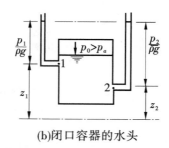

(a)开口容器的水头　　　　　　(b)闭口容器的水头

图 2.10　测压管水头

2.3.3.2 物理意义

z ——单位重量液体所具有的、相对于基准面的位置势能,简称位能。设物体的重量为 G,把该物体从基准面移到高度 z 后,该物体所具有的位能是 $G \cdot z$。对于单位重量而言,位能则为 $\dfrac{G \cdot z}{G} = z$,它具有长度单位,基准面不同,z 值也不同。

$\dfrac{p}{\rho g}$ ——单位重量液体以大气压为基准算起所具有的压强势能,简称压能。压能也是一种势能。如果液体中某点的压强为 p,在该处安装测压管后,在压强 p 作用下,液面上升高度为 $\dfrac{p}{\rho g}$。对于重量为 G,压强为 p 的液体,在测压管中上升 $\dfrac{p}{\rho g}$ 后,位置势能的增量 $G \cdot \dfrac{p}{\rho g}$ 就是原来液体所具有的压强势能,对于单位重量而言,压强势能就是 $\dfrac{p}{\rho g}$。

$z + \dfrac{p}{\rho g}$ ——单位重量液体所具有的总势能,即位能与压能之和。

$z + \dfrac{p}{\rho g} = C$ ——在静止液体中各点单位重量液体具有的总势能相等。

2.4　流体压强的量测

2.4.1　压强的表示方法

流体压强的大小可以从不同的基准面(压强值为零的参考状态)算起,根据所选取计量基准面的不同,压强的大小可以分别用绝对压强、相对压强和真空压强来表示。

(1)绝对压强与相对压强　绝对压强是以没有气体存在绝对真空状态(无任何分子存在的极限低压状态)作为基准点起算的压强,用 p_{abs} 表示。

相对压强是以当地大气压强为基准起算的压强,用 p 表示。设当地的大气压强为 p_a ,则绝对压强和相对压强之间具有下列关系式

$$p_{abs} = p_a + p \tag{2.20}$$

$$p = p_{abs} - p_a \tag{2.21}$$

公式表明:绝对压强和相对压强之间,相差一个当地大气压强。

工程中使用的测量压强的仪表——压力表,因为测量元件处于大气压作用之下,测得的压强值是该点的绝对压强超过当地大气压强的部分,即相对压强,因此相对压强又称为表压强、计示压强。

在实际工程中,建筑物表面和自由液面多与大气相接触,受到大气压强 p_a 的作用,所以对建筑物起作用的压强仅是相对压强。

(2)真空压强　实际情况下的压强不可能低于绝对真空状态下的压强,因此绝对压强 p_{abs} 的数值总是正的。而相对压强 p 的数值可正可负,取决于所计量的压强相对于当地大气压强的高低。当绝对压强 p_{abs} 高出当地大气压强 p_a 时,相对压强 p 为正,称为正压状态。当绝对压强 p_{abs} 低于当地大气压强 p_a 时,相对压强 p 为负,称为负压状态或真空状态。

在真空状态下,当地大气压强 p_a 与绝对压强 p_{abs} 的差值 $p_a - p_{abs}$ 称为真空压强,用 p_v 来表示。

$$p_v = p_a - p_{abs} = - p \tag{2.22}$$

真空压强反映了接近绝对真空状态的程度, p_v 值越大,表示压强越低,越接近绝对真空状态。真空压强是随着绝对压强的减小而增大的,当 $p_{abs} = 0$ 时,达到最大, $p_{vmax} = p_a$;当 $p_{abs} = p_a$ 时, $p_{vmin} = 0$,因此,真空压强恒为正。

真空压强的大小也可以用真空高度 h_v 来表示,即

$$h_v = \dfrac{p_v}{\rho g} \tag{2.23}$$

(3)绝对压强、相对压强与真空压强的关系　绝对压强、相对压强与真空压强的关系

如图 2.11 所示。

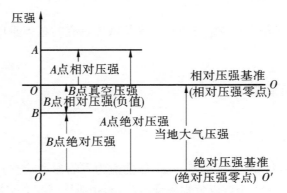

图 2.11　绝对压强、相对压强与真空压强的关系

2.4.2　压强的量度单位

常用的压强量度单位有 3 种。

(1)应力单位　从压强的基本定义出发,用单位面积上的流体所承受的压力来表示。国际单位为牛/米²或者帕斯卡。

$$1 \text{ N/m}^2 = 1 \text{ Pa}$$

(2)液柱高度　根据流体静力学基本方程可知:$\gamma = \rho g$ 一定时,某点的压强大小取决于该点的淹没深度 h,即液柱的高度,所以压强也可以用液柱高度 $h = \dfrac{p}{\rho g}$ 来表示。常用的液柱高度有水柱高度和汞柱高度,压强单位分别为米水柱(mH_2O)和毫米汞柱(mmHg)。

(3)以大气压为单位　大气压也是工程中常用的计量单位。在物理学上,通常把北纬45°海平面上、气温为 0 ℃时的大气压强称为标准大气压,用 atm 表示。一个标准大气压的大小相当于 760 mm 水银柱对其柱底所产生的压强,或相当于 10.336 m 水柱对其柱底所产生的压强,即

$$1 \text{ atm} = 1.01325 \times 10^5 \text{ Pa} = 760 \text{ mmHg} = 10.336 \text{ mH}_2\text{O}$$

工程上为计算方便,常以工程大气压作为压强的单位。一个工程大气压的大小规定为相当于 736 mmHg 或 10 mH_2O 对其柱底所产生的压强,即

$$1 \text{ 个工程大气压(at)} = 9.8 \times 10^4 \text{ Pa} = 10 \text{ mH}_2\text{O} = 736 \text{ mmHg}$$

需要说明的是:液柱高度单位和大气压单位在国家标准中不是压强的法定计量单位,压强的法定计量单位是 Pa。大气压是计量压强的一种单位,它的值是固定的,而大气压强是指某地大气产生的压强,其值是变化的,随当地的地势和温度而变,因此,大气压和大气压强是两个不同的概念。

(4)换算关系　表 2.1 列出了压强度量单位之间的换算关系。

表 2.1　压强度量单位之间的换算关系

压强度量方法	单位名称	单位	单位换算关系
应力单位法	帕	Pa	$1\ Pa = 1\ N/m^2$
液柱高度法	米水柱	mH_2O	$1\ mH_2O = 9.8 \times 10^3\ Pa$
	毫米汞柱	mmHg	$1\ mmHg = 1.333 \times 10^2\ Pa$
大气压法	标准大气压	atm	$1\,atm = 1.01325 \times 10^5\ Pa$
	工程大气压	at	$1\,at = 9.8 \times 10^4\ Pa$

2.4.3　流体压强的量测

　　测量流体静压强的大小是流体力学实验的重要内容,也是土木工程、水利工程等的基本测试工作。测量压强的仪器主要有 3 种:金属式、电测式和液柱式。我们重点介绍液柱式测压计,液柱式测压计是根据流体静力学的压强分布规律与等压面原理,利用液柱高度的变化来测量流体的压强或压差的仪器。这类仪器具有构造简单,方便可靠,测量精度高等优点,缺点是量程小,只能测量较小的压强,一般用于低压实验场所。常见的液柱式测压计主要有以下几种。

　　(1)测压管　测压管是直接用同种液体的液柱高度来测量液体中静压强的仪器,如图 2.12 所示。简单的测压管是一支两端开口的玻璃管,一端连接在与待测点 A 等高的容器壁上,另一端与大气相通。

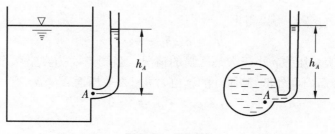

图 2.12　测压管

　　在 A 点压强 p_A 的作用下,测压管中的液面将上升直到维持平衡,此时测压管中的液面高度 $h_A = \dfrac{p_A}{\rho g}$。因此,要测量 A 点的压强,只要测量出测压管液面的高度 h_A,就可以算出 A 点的相对压强 $p_A = \rho g h_A$。

　　需要说明的是:测压管只能测出 A 点的压强,液体中其他不同深度处的压强可以按静止液体压强的分布规律和等压面的原理求得。

　　(2)U 形水银测压计　U 形水银测压计是一个 U 形测压管,如图 2.13 所示,管内装有水银,管的一端与待测点相连,另一端开口与大气相通。

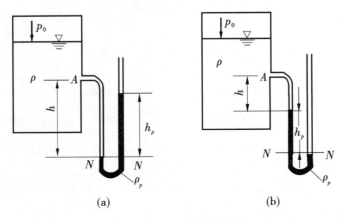

图 2.13　U 形水银测压计

图 2.13(a)表示压强 p 大于大气压强的情况。在 A 点的压强 p_A 作用下,U 形管内左管的水银面将下降,右管的水银面将上升,一直到平衡时为止,形成 U 形管水银面内低外高,右管的水银面将比左管的水银面高出 h_p。设容器中液体的密度为 ρ,水银的密度为 ρ_p,容器内液面压强为 p_0。由于 U 形管底部充满水银,水平面 $N-N$ 是一个等压面,在 $N-N$ 面上:

U 形管的左边

$$p_N = p_A + \rho g h$$

U 形管的右边

$$p_N = \rho_p g h_p$$

由 $p_A + \rho g h = \rho_p g h_p$ 可以得出

$$p_A = \rho_p g h_p - \rho g h \qquad (2.24)$$

图 2.13(b)表示压强 p 小于大气压强的情况。当测点 A 为真空状态时,在大气压作用下,U 形管水银面内高外低,测压计的读值为 h_p,由等压面 $N-N$,有

$$p_A + \rho g h + \rho_p g h_p = 0$$

则有

$$p_A = -\rho_p g h_p - \rho g h \qquad (2.25)$$

A 点的真空压强

$$p_v = -p_A = \rho g h + \rho_p g h_p \qquad (2.26)$$

(3)压差计　在实际工程中,有时候并不需要具体知道某点压强的大小,而是需要了解某两点的压强差,用于量测两点压强差的仪器称为压差计,又称为比压计,常用的压差计有空气压差计、水银压差计和斜管压差计。当量测较小的压差时用空气压差计和斜管压差计。如果需要量测比较大的压差时用水银压差计。压差计量测压强所依据的原理是:位于同一静止液体,同一水平面上的各点压强应相等。

如图 2.14 所示,A、B 两点为待测点,用 U 形管与它们相连。U 形管的底部装满水银,在 A、B 两点压强差的作用下,压差计内的水银面将产生一定的高度差 h_p。取 0—0

为基准面,待测点 A 、B 到基准面的高度分别为 z_A 、z_B , A 、B 两待测点的高度差为 $\Delta z = z_B - z_A$ 。作等压面 $M - N$,则有

$$p_M = p_A + \rho g(x + h_p) \ , \ p_N = p_B + \rho g(\Delta z + x) + \rho_p g h_p$$

由 $p_M = p_N$ 得到:

$$p_A + \rho g(x + h_p) = p_B + \rho g(\Delta z + x) + \rho_p g h_p$$

则 A 、B 两点的压强差

$$p_A - p_B = (\rho_p - \rho)g h_p + \rho g \Delta z \tag{2.27}$$

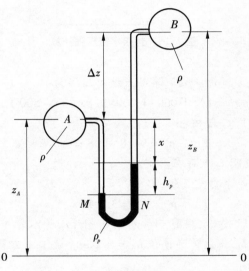

图 2.14　水银压差计

【例 2.2】　如图 2.15 所示,一露天水池,试求水深 $h = 3$ m 处的相对压强和绝对压强。已知当地大气压 $p_a = 98\ 000$ Pa。

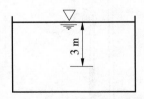

图 2.15　漏天水池压强计算

【解】　该点的相对压强为

$p = \rho g h = 1\ 000 \times 9.8 \times 3 = 29\ 400$ Pa

该点的绝对压强为

$p_{abs} = p_a + p = 98\ 000 + 29\ 400 = 127\ 400$ Pa

【例 2.3】　一封闭水箱,如图 2.16 所示,已知水面上压强 $p_0 = 85$ kPa,当地大气压强

$p_a = 98$ kPa, $\rho = 1\,000$ kg/m^3, 试求水面下 $h = 1$ m 点 C 的绝对压强、相对压强和真空压强。

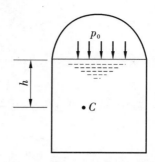

图 2.16　封闭水箱压强计算

【解】　由压强公式 $p = p_0 + \rho g h$ 得 C 点绝对压强为

$$p_{abs} = p_0 + \rho g h = 85 \times 1\,000 + 1\,000 \times 9.8 \times 1 = 94\,800 \text{ Pa} = 94.8 \text{ kPa}$$

由公式 $p_{abs} = p + p_a$ 得到，C 点相对压强为

$$p = p_{abs} - p_a = 94.8 - 98 = -3.2 \text{ kPa}$$

相对压强为负值，说明 C 点存在真空。

相对压强的绝对值等于真空压强，即

$$p_v = -p = 3.2 \text{ kPa}$$

【例 2.4】　如图 2.17 所示，用 U 形管水银压差计测量水管 A、B 两点的压强差。已知两测点的高差 $\Delta z = 0.4$ m，压差计的读值 $h_p = 0.2$ m。试求 A、B 两点的压强差。

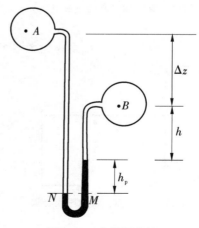

图 2.17　水银压差计

【解】　设高度 h，作等压面 MN，由 $p_N = p_M$ 得到

$$p_A + \rho g(\Delta z + h + h_p) = p_B + \rho g h + \rho_p g h_p$$

A、B 两点的压强差

$$p_A - p_B = \rho_p gh_p - \rho gh_p - \rho g\Delta z = (\rho_p - \rho)\, gh_p - \rho g\Delta z$$
$$= (13.6 \times 1\,000 - 1\,000) \times 9.8 \times 0.2 - 1\,000 \times 9.8 \times 0.4 = 20.78\ \text{kPa}$$

【例 2.5】　如图 2.18 所示,已知封闭油箱内油的密度为 $\rho = 800\ \text{kg/m}^3$,1、2 两点的压强分别为 $p_1 = 64\ \text{kPa}$、$p_2 = 79.68\ \text{kPa}$。求 1、2 两点的高差 Δz。

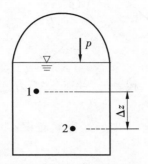

图 2.18　例 2.5 题图

【解】　根据液体静力学基本方程 $z_1 + \dfrac{p_1}{\rho g} = z_2 + \dfrac{p_2}{\rho g}$ 知

1、2 两点的高差

$$\Delta z = z_2 - z_1 = \frac{p_2}{\rho g} - \frac{p_1}{\rho g} = \frac{79\,680}{1\,000 \times 9.8} - \frac{64\,000}{1\,000 \times 9.8} = 2\ \text{m}$$

2.5　静止液体作用在平面上的总压力

已知液体静压强的分布规律后,就可以计算出液体作用在整个受压面上的总压力。在确定挡土墙、水坝、桥墩、路基等结构的尺寸和强度时,常常需要计算结构表面(平面或曲面)上的液体总压力,确定它的大小、方向和作用点。当作用面为平面时,总压力的方向与作用点的计算可以采用解析法和图解法,这两种方法的原理和结论都一样,都是根据液体静压强的分布规律进行求解的。在解决实际问题时,究竟采用哪一种方法比较方便,要根据具体情况而定。下面分别介绍这两种方法,首先介绍一下解析法。

2.5.1　解析法

解析法是根据理论力学和数学的分析方法,来求出作用在平面上的总压力 P。

(1)总压力的大小和方向　设有一任意形状平面,倾斜放置在静止液体中,与水平面的夹角为 α,面积为 A,左边承受液体压力,右边承受大气压力,建立坐标系,以平面的延伸面与水平液面的交线为 Ox 轴,Oy 轴垂直于 x 轴向下,如图 2.19 所示。

为了便于分析,将平面所在的坐标面绕 Oy 轴旋转 90°,从而显示出平面的几何形状。

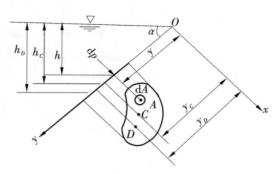

图 2.19　平面上总压力

在受压面上,围绕任一点(h,y)取一个微元面积 dA,液体作用在 dA 上的微小压力 dP 为

$$\mathrm{d}P = \rho g h \cdot \mathrm{d}A = \rho g y \sin\alpha \cdot \mathrm{d}A$$

因为平面是由无数微元面积构成,作用在各微元面上的力都垂直于微元平面,它们构成了平行力系,作用在平面上的总压力是平行力系的合力,即

$$P = \int_A \mathrm{d}P = \rho g \sin\alpha \cdot \int_A y \mathrm{d}A$$

式中　积分 $\int_A y\mathrm{d}A$ 是受压面 A 对 Ox 轴的静矩,它等于受压面面积 A 与其形心 C 到 x 轴的距离 y_C 的乘积,即

$$\int_A y\mathrm{d}A = A \cdot y_C$$

代入上式,可以得到

$$P = \rho g \sin\alpha \cdot A\, y_C = \rho g\, y_C \cdot \sin\alpha \cdot A = \rho g h_C \cdot A = p_C \cdot A \qquad (2.28)$$

式中　P——平面上静水总压力;

　　　y_C——受压面的形心到 Ox 轴的距离;

　　　h_C——受压面形心点的淹没深度;

　　　p_C——受压面形心点的压强。

公式(2.28)表明:作用在任意方位,任意形状平面上的静水总压力的大小等于受压面面积与其形心点所受静压强的乘积,形心点的静压强就是整个作用面上的平均压强。总压力 P 的方向与 dP 方向相同,沿受压面的内法线方向。

(2)总压力的作用点　总压力作用线与平面的交点称为压力中心。设总压力作用点(压力中心)为 D,它的坐标为(x_D,y_D)。根据理论力学中的合力矩定理(合力对任一轴的力矩等于各分力对该轴的力矩之和),对 Ox 轴取矩,得到

$$P \cdot y_D = \int \mathrm{d}P \cdot y = \int \rho g h \mathrm{d}A \cdot y = \int \rho g y \sin\alpha \cdot \mathrm{d}A \cdot y = \rho g \sin\alpha \int_A y^2 \mathrm{d}A$$

式中,积分 $\int_A y^2 \mathrm{d}A$ 为受压面 A 对 Ox 轴的惯性矩,记为 $I_x = \int_A y^2 \mathrm{d}A$,代入上式,可以得到:

$$P \cdot y_D = \rho g \sin \alpha \cdot I_x$$

所以

$$y_D = \frac{\rho g \sin \alpha \cdot I_x}{P} = \frac{\rho g \sin \alpha \cdot I_x}{\rho g \sin \alpha \cdot y_C \cdot A} = \frac{I_x}{y_C \cdot A}$$

根据惯性矩平行移轴公式：$I_x = I_C + y_C^2 A$，代入上式，可以得到：

$$y_D = y_C + \frac{I_C}{y_C A} \tag{2.29}$$

式中　y_D——总压力作用点到 Ox 轴的距离；

　　　y_C——受压面形心到 Ox 轴的距离；

　　　I_C——受压面对平行 Ox 轴的形心轴的惯性矩；

　　　A——受压面的面积。

因为 $\frac{I_C}{y_C A}$ 总是一个正值，所以 $y_D > y_C$，也就是说，总压力作用点 D 总是在平面形心点 C 之下，这是由于压强随淹没深度增加的结果。随着受压面淹没深度的增加，y_C 增大，$\frac{I_C}{y_C A}$ 减小，总压力作用点靠近受压面形心。当受压面水平放置时，总压力作用点与受压面的形心重合。

同理，对 Oy 轴取力矩，可以得到压力中心 D 到 Oy 轴的距离 x_D。

$$P \cdot x_D = \int dP \cdot x = \int \rho g h dA \cdot x = \int \rho g y \sin \alpha \cdot dA \cdot x = \rho g \sin \alpha \int_A xy dA$$

式中　$\int_A xy dA$——受压面 A 对 x，y 轴的惯性积，记为 $I_{xy} = \int_A xy dA$。

$$P \cdot x_D = \rho g \sin \alpha \cdot I_{xy}$$

$$x_D = \frac{\rho g \sin \alpha \cdot I_{xy}}{P} = \frac{\rho g \sin \alpha \cdot I_{xy}}{\rho g \sin \alpha \cdot y_C \cdot A} = \frac{I_{xy}}{y_C \cdot A}$$

由 $I_{xy} = I_{x_C y_C} + x_C y_C \cdot A$ 得到

$$x_D = \frac{I_{x_C y_C} + x_C y_C \cdot A}{y_C \cdot A} = x_C + \frac{I_{x_C y_C}}{y_C \cdot A} \tag{2.30}$$

式中　x_C——受压面形心到 Oy 轴的距离；

　　　$I_{x_C y_C}$——受压面对平行于 x，y 轴的形心轴的惯性积，$I_{x_C y_C} = \int_A x_C y_C dA$。

因为惯性积 $I_{x_C y_C}$ 可为正为负，所以 x_D 可能大于或小于 x_C，即压力中心 D 可能位于形心 C 的左边或者右边。

在实际工程中，受压面多为轴对称平面（与 Oy 轴平行），如矩形、梯形、圆形等。总压力 P 的作用点 D 必然位于该对称轴上，这种情况只需算出 y_D，作用点的位置便完全确定，不需要计算 x_D，如果受压面为非对称平面，还需要求出 x_D，以确定压力中心 D 点的位置。

常见图形的几何特征量，如表 2.2 所示。

表 2.2　常见图形的几何特征量

几何图形名称	面积 A	形心坐标 l_c	对通过形心轴的惯性矩 I_c	几何图形名称	面积 A	形心坐标 l_c	对通过形心轴的惯性矩 I_c
矩形	bh	$\dfrac{1}{2}h$	$\dfrac{1}{12}bh^3$	梯形	$\dfrac{h}{2}\cdot(a+b)$	$\dfrac{h}{3}\cdot\dfrac{(a+2b)}{(a+b)}$	$\dfrac{h^3}{36}\cdot\left[\dfrac{a^2+4ab+b^2}{a+b}\right]$
三角形	$\dfrac{1}{2}bh$	$\dfrac{2}{3}h$	$\dfrac{1}{36}bh^3$	圆	$\dfrac{\pi}{4}d^2$	$\dfrac{d}{2}$	$\dfrac{\pi}{64}d^4$
半圆	$\dfrac{\pi}{8}d^2$	$\dfrac{4r}{3\pi}$	$\dfrac{(9\pi^2-64)}{72\pi}r^4$	椭圆	$\dfrac{\pi}{4}bh$	$\dfrac{h}{2}$	$\dfrac{\pi}{64}bh^3$

2.5.2　图解法

对于规则的平面,特别是矩形平面,采用图解法能够很方便地求得液体总压力的大小和作用位置。图解法具有直观、便捷,便于对受压结构物进行受力分析的优点。图解法的步骤是先绘出静压强分布图,然后根据静压强分布图确定总压力。

(1)静压强分布图　静压强分布图是根据液体静力学基本方程和流体静压强的两个特性,绘出的受压面上各点的静压强大小及方向的图形。在压强分布图中,各点的压强由一带箭头的线段来表示,箭头的方向沿作用面的内法线方向,线段的长度与该点的压强大小成比例。因为建筑物通常处在大气中,所以工程设计中只需要绘制相对压强的分布图。对于通大气的开敞容器,流体的相对压强为 $p=\rho gh$,沿水深呈直线分布,只要给出上、下两点的压强,中间以直线相连,就能得到相对压强分布图。压强分布图通常绘制在受压面承压的一侧,常见的压强分布图如图 2.20 所示。

(2)计算　设底边平行于液面的矩形平面 AB,与水平面夹角为 α,平面宽为 b,长为 l,上、下边的淹没深度分别为 h_1、h_2。由解析法可知,矩形平面上的总压力为

$$P=\rho gh_c A=\rho g\cdot\frac{h_1+h_2}{2}\cdot bl$$

令 $S=\dfrac{1}{2}\rho g(h_1+h_2)l$ 为平面所受的流体静压强分布图的面积,则有

$$P=S\cdot b \tag{2.31}$$

式(2.31)表明:矩形平面上静水总压力的大小等于压强分布图的面积 S 乘以矩形受压面的宽度 b。式(2.31)仅适用于矩形平面。

对于矩形作用面,绘出压强分布图,求出其面积,即可直接得出总压力的大小。总压力的作用线通过压强分布图的形心,作用线与受压面的交点,就是总压力的作用点。

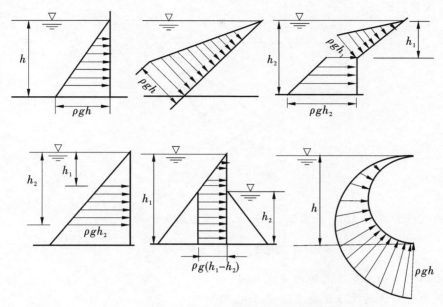

图 2.20　平面上的静压强分布图

【例 2.6】　如图 2.21 所示,矩形平板的一侧挡水,与水平面夹角 $\alpha = 45°$,平板上边与水平面齐平,水深 $h = 4$ m,平板宽 $b = 5$ m。试分别采用解析法和图算法求作用在平板上的静水总压力。

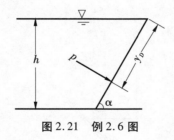

图 2.21　例 2.6 图

【解】　(1)采用解析法
总压力大小为

$$P = p_c \cdot A = \rho g h_c \cdot A = \rho g \frac{h}{2} \cdot b \frac{h}{\sin 45°} = \rho g b \frac{h^2}{\sqrt{2}} = 554.46 \text{ kN}$$

总压力方向:沿受压面内法线方向。
总压力作用点为

$$y_D = y_C + \frac{I_C}{y_C A} = \frac{l}{2} + \frac{\dfrac{b\,l^3}{12}}{\dfrac{l}{2} \times bl} = \frac{2}{3}l = \frac{2}{3}\frac{h}{\sin 45°} = 3.77 \text{ m}$$

（2）采用图解法

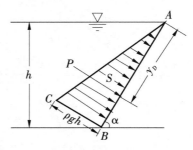

图 2.22　压强分布图

绘出压强分布图 ABC，如图 2.22 所示，总压力的大小为

$$P = b \cdot S = b \cdot \frac{1}{2}\rho gh \frac{h}{\sin 45°} = b \cdot \rho g \frac{h^2}{\sqrt{2}} = 554.46 \text{ kN}$$

总压力的方向为受压面的内法线方向。

总压力作用线通过压强分布图 $\triangle ABC$ 的形心

$$y_D = \frac{2}{3} \cdot \frac{h}{\sin 45°} = 3.77 \text{ m}$$

两种方法所得计算结果相同。

【例 2.7】　如图 2.23 所示，一矩形平板闸门 AB，一侧挡水，已知长 $l = 2$ m，宽 $b = 1.5$ m，形心点水深 $h_C = 2$ m，倾角 $\alpha = 53°$，闸门上缘 A 处设有转轴，忽略闸门自重及门轴摩擦力，试求开启闸门所需最小拉力 $T_{\min}$。

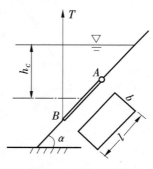

图 2.23　例 2.7 图

【解】　（1）求作用在闸门上的总压力

$$P = p_C A = \rho g h_C \cdot bl = 1\,000 \times 9.8 \times 2 \times 1.5 \times 2 = 58.8 \text{ kN}$$

（2）求总压力作用点

$$y_D = y_C + \frac{I_C}{y_C A}$$

$$y_C = \frac{h_C}{\sin \alpha} = \frac{2}{\sin 53°} = 2.5 \text{ m}, \quad I_C = \frac{bl^3}{12} = \frac{1.5 \times 2^3}{12} = 1 \text{ m}^4, \quad A = bl = 1.5 \times 2 = 3 \text{ m}^2$$

$$y_D = y_C + \frac{I_C}{y_C A} = 2.5 + \frac{1}{2.5 \times 2} = 2.7 \text{ m}$$

(3) 求开启闸门所需拉力

要使拉力 T 能够开启闸门,则有: $\sum M_A = 0$

$$T_{\min} \cdot l \sin \alpha = P \cdot \left[y_D - \left(y_C - \frac{l}{2} \right) \right]$$

即

$$T_{\min} \cdot 2 \times 0.8 = 58.8 \times \left[2.7 - \left(2.5 - \frac{2}{2} \right) \right]$$

解得

$$T_{\min} = 44.1 \text{ kN}$$

2.6　静止液体作用在曲面上的总压力

实际工程中遇到的受压面常常是曲面,例如弧形闸门、输水管道、球形容器等,这种情况下常常需要计算静止液体对各种曲面所施加的总压力。

作用在曲面上任一点处的静压强也是沿作用面的内法线方向,并且其大小与该点在液面下的深度成正比,因而也可以画出曲面上的压强分布图,如图 2.24 所示。

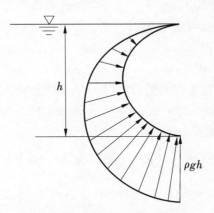

图 2.24　曲面上的压强分布图

从曲面压强分布图可以看出,曲面上各点的法线方向各不相同,彼此互不平行,也不一定交于一点,因此求曲面上的总压力就不能像求平面总压力那样直接积分求其代数和。

为了求曲面上的总压力,通常将曲面上的总压力 P 分解成水平分力 P_x 和铅垂分力 P_z,分别按平行力系求合力的方法,先求出作用在曲面上的水平分力 P_x 和铅垂分力 P_z,然后再合成为总压力 P。

2.6.1　二维曲面上的液体总压力

（1）总压力的大小和方向　　如图 2.25 所示二维曲面 AB，左侧承受静止液体作用，右侧承受大气压强，原点 O 选在自由液面上，xOy 平面与自由液面相重合，Oz 轴垂直向下。母线平行于 Oy 轴（垂直于纸面）。设曲面的面积为 A，在曲面 AB 上深度为 h 处取一微小面积 $\mathrm{d}A$，则作用在此微小面积上的液体压力为

$$\mathrm{d}P = p \cdot \mathrm{d}A = \rho g h \cdot \mathrm{d}A$$

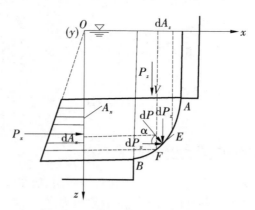

图 2.25　二维曲面上的液体总压力

该力的方向垂直于面积 $\mathrm{d}A$，假设它与水平线的夹角为 α，则可以将 $\mathrm{d}P$ 分解为水平分力 $\mathrm{d}P_x$ 和铅垂分力 $\mathrm{d}P_z$，大小分别为：

$$\mathrm{d}P_x = \mathrm{d}P \cdot \cos\alpha = \rho g h \cdot \mathrm{d}A \cdot \cos\alpha = \rho g h \cdot \mathrm{d}A_x$$
$$\mathrm{d}P_z = \mathrm{d}P \cdot \sin\alpha = \rho g h \cdot \mathrm{d}A \cdot \sin\alpha = \rho g h \cdot \mathrm{d}A_z$$

式中　$\mathrm{d}A_x$——$\mathrm{d}A$ 在与 x 轴垂直的铅垂面（即 yOz 面）上的投影，$\mathrm{d}A_x = \mathrm{d}A\cos\alpha$；

　　　$\mathrm{d}A_z$——$\mathrm{d}A$ 在与 z 轴垂直的水平面（即 xOy 面）上的投影，$\mathrm{d}A_z = \mathrm{d}A\sin\alpha$。

作用在整个曲面上的水平分力为：

$$P_x = \int_A \mathrm{d}P_x = \int_A \rho g h \cdot \mathrm{d}A \cdot \cos\alpha = \rho g \int_{A_x} h \cdot \mathrm{d}A_x$$

积分 $\int_{A_x} h \cdot \mathrm{d}A_x$ 表示曲面 AB 在铅垂平面上的投影面积 A_x 对水平轴 Oy 轴的静面矩，即

$$\int_{A_x} h \cdot \mathrm{d}A_x = h_C \cdot A_x$$

代入上式可以得到：

$$P_x = \rho g h_C \cdot A_x = p_C A_x \tag{2.32}$$

式中　P_x——曲面上总压力的水平分力；

　　　A_x——曲面的铅垂投影面积；

　　　h_C——铅垂投影面 A_x 的形心在自由液面下的淹没深度；

　　　p_C——铅垂投影面 A_x 的形心点的压强。

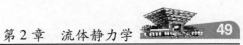

上式表明:静止液体作用在曲面 AB 上的总压力 P 的水平分力 P_x 等于作用于该曲面的垂直投影面 A_x 上的总压力。

作用在整个曲面上的铅垂分力为:

$$P_z = \int_A \mathrm{d}P_z = \int_A \rho g h \cdot \mathrm{d}A \cdot \sin \alpha = \rho g \cdot \int_{A_z} h \cdot \mathrm{d}A_z$$

$h \cdot \mathrm{d}A_z$ 可以看作以 $\mathrm{d}A_z$ 为底面积,以淹没深度 h 为高的微元柱体的体积。根据积分的定义,$\int_{A_z} h \cdot \mathrm{d}A_z$ 为受压曲面上所有微元柱体体积之和,它所表示的几何体称为压力体。

$$V = \int_{A_z} h \cdot \mathrm{d}A_z \tag{2.33}$$

则有

$$P_z = \rho g \cdot V = m \cdot g = G \tag{2.34}$$

上式表明:作用于曲面 AB 上的总压力 P 的铅垂分力 P_z 等于其压力体内充满液体时的重量。

求出了水平分力 P_x 和铅垂分力 P_z 以后,就可以确定作用于曲面上的总压力。液体作用在二维曲面上的总压力是平面汇交力系的合力

$$P = \sqrt{P_x^2 + P_z^2} \tag{2.35}$$

总压力 P 的作用线与水平面的夹角为

$$\theta = \arctan \frac{P_z}{P_x} \tag{2.36}$$

(2)总压力的作用点　总压力作用点是总压力作用线与受压面的交点,要确定总压力作用点的位置,首先应定出水平分力 P_x 和铅垂分力 P_z 的作用线。P_x 的作用线通过曲面的垂直投影面的作用点(通过 A_x 压强分布图的形心)。P_z 的作用线通过压力体的形心。总压力 P 的作用线必定通过 P_x 和 P_z 作用线的交点,但是这个交点不一定在曲面上。过交点作与水平线成 θ 角的直线,就是总压力 P 的作用线,该直线与曲面的交点即为曲面上总压力的作用点。

2.6.2　压力体

压力体是一个非常重要的概念,它直接影响到总压力的铅垂分力 P_z 的大小。从式(2.33)本身可以看出,压力体本身只是一个由积分表达式所确定的纯几何体,与压力体内是否有液体没有关系。

2.6.2.1　压力体的组成

压力体是由以下几个面封闭而成的体积:①受压曲面本身;②受压曲面向自由液面或自由液面的延伸面上投影形成的投影面;③受压曲面的边界向自由液面或其延伸面投影时形成的柱面,以上 3 个面封闭的体积即为压力体。换句话说,压力体是一个以曲面为底面,以自由液面或其延伸面为顶面,以曲面周边的铅垂面为侧面所围成的封闭柱形体的体积。

2.6.2.2　压力体的分类

根据 P_z 方向的不同,压力体可以分为实压力体和虚压力体。

(1)实压力体　压力体和液柱位于曲面的同一侧,压力体内有直接作用于曲面的液体,这样的压力体称为实压力体,实压力体的 P_z 方向向下,如图 2.26(a)所示。

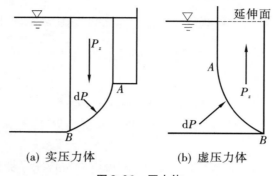

(a) 实压力体　　　　(b) 虚压力体

图 2.26　压力体

(2)虚压力体　压力体和液柱位于曲面的两侧,其上底面为自由液面的延伸面,压力体内没有真实液体作用,这样的压力体称为虚压力体,虚压力体的 P_z 方向向上,如图 2.26(b)所示。

2.6.2.3　压力体的叠加

对于复杂曲面的压力体,应从曲面的转弯切点处分开,分别考虑各段曲面的压力体,然后相叠加。例如图 2.27 所示,半圆柱面 ABC 的压力体,先分别按曲面 AB 、BC 确定压力体,然后叠加得到半圆柱面 ABC 的压力体为虚压力体, P_z 的方向向上。

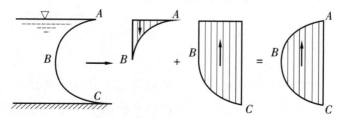

图 2.27　压力体的叠加

以上讨论的压力体是液面为自由表面时所得的几何体,此时液面上相对压强为零;如果液面上相对压强不为零(即不是自由表面),则压力体不能以液面为顶,因为压力体积分表达式中 $\rho g h$ 是指作用在 dA_z 面上的压强(包括液面上高于或低于外界大气压强的压强差值)。当自由液面上的压强 $p_0 > p_a$ 时,压力体顶面应取在液面以上;当自由液面上的压强 $p_0 < p_a$ 时,压力体顶面应取在液面以下。

【例 2.8】　如图 2.28 所示,一弧形闸门,宽 $b = 4\text{ m}$,圆心角 $\alpha = 45°$,半径 $r = 2\text{ m}$,转

轴及闸门上缘与水平面齐平,试求作用在闸门上的静水总压力。

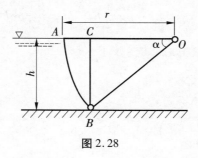

图 2.28

【解】　弧形闸门的挡水面 AB 是圆柱曲面,在曲面的圆心轴位置设转轴,闸门绕转轴向上提升就开启,下落便关闭。

闸前水深:$h = r\sin\alpha = 2 \times \sin 45° = \sqrt{2}$ m

水平分力:$P_x = \rho g h_C \cdot A_x = \rho g \dfrac{1}{2} h \cdot bh = 1\,000 \times 9.8 \times 0.5 \times \sqrt{2} \times 4 \times \sqrt{2} = 39.2$ kN

铅垂分力:$P_z = \rho g V$

虚压力体:

$$V = \left[\,AOB(扇形) - COB(三角形)\,\right] \times b = \left(\dfrac{\alpha}{360°} \pi r^2 - \dfrac{1}{2} r\sin\alpha \cdot r\cos\alpha\right) \times b = 2.28 \text{ m}^3$$

$$P_z = \rho g V = 1\,000 \times 9.8 \times 2.28 = 22.4 \text{ kN}$$

静水总压力:$P = \sqrt{P_x^2 + P_z^2} = \sqrt{39.2^2 + 22.4^2} = 45.2$ kN

P 作用线与水平面夹角:$\theta = \arctan \dfrac{P_z}{P_x} = 29.73°$

因为总压力作用线通过转轴 O,故可以直接通过 O 点作与水平面成 θ 角的直线,就是 P 作用线,该作用线与受压面的交点即总压力作用点。

【例 2.9】　如图 2.29 所示圆柱体,其直径 $d = 2$ m,左侧水深为 $h_1 = 2$ m,右侧水深 $h_2 = 1$ m。求该圆柱体单位长度上所受到静水压力的水平分力与铅垂分力。

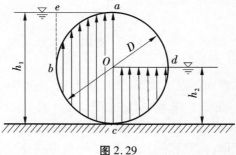

图 2.29

【解】　将柱体的受压面 $abcd$ 分成 ab、bc 与 cd 三个部分,它们的压力体分别为 $abea$(实)、$bcaeb$(虚)和 $cdOc$(虚)。三部分压力体合成后变成虚压力体 $abceOa$。根据 $P_x =$

$\rho g h_C \cdot A_x$,单位长度 $L = 1\,\text{m}$ 的圆柱体所受的水平分力：

$$P_x = \rho g \frac{1}{2} h_1 \cdot L h_1 - \rho g \frac{1}{2} h_2 \cdot L h_2 = \frac{1}{2} \rho g L (h_1^2 - h_2^2)$$

$$= \frac{1}{2} \times 1\,000 \times 9.8 \times 1 \times (2^2 - 1^2)$$

$$= 14.7\,\text{kN}$$

根据公式 $P_z = \rho g V$,铅垂分力：

$$P_z = \rho g V = \rho g \times \left(\frac{3}{4} \times \frac{1}{4} \pi d^2 \right) = 1\,000 \times 9.8 \times \frac{3}{4} \times \frac{1}{4} \times 3.14 \times 2^2 = 23.09\,\text{kN}$$

2.6.3 液体作用在潜体和浮体上的总压力

在工程实际中,经常会遇到潜没在水中的物体或浮在水面的物体的受力问题,例如桥梁工程中的沉井、沉箱、桥墩、水坝等。这些问题都涉及静止液体作用在潜体、浮体上的作用力问题,这些问题可以采用作用在曲面上的静水总压力的求解方法来解决。

所谓潜体是指全部浸入液体中的物体。部分浸入液体中的物体称为浮体。

2.6.3.1 静止液体作用在潜体上的力

设有一球形物体浸没于液体中,该物体在液面以下的某一深度维持平衡。建立直角坐标系,令 xOy 平面与自由液面重合,Oz 轴向下。如图 2.30 所示。

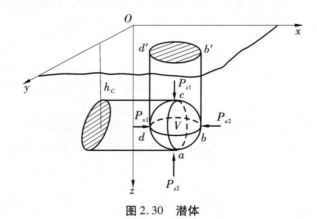

图 2.30 潜体

浸没在液体中的物体表面为封闭曲面,封闭曲面所受合力可以分解为水平分力 P_x,P_y 和铅垂分力 P_z,在封闭曲面上作无数水平切线,每一水平切线与物体外轮廓有一个切点,则所有切点组成一封闭曲线。该封闭曲线将那个物体表面分为左右两个部分,两部分在铅垂面上的投影面积相同,位置相同,$A_{x1} = A_{x2}$。根据曲面总压力的确定方法,作用在两部分的水平总压力大小相等,方向相反,水平方向合力为零,也就是说,作用在物体上的水平分力 P_x 为零。

$$P_{x1} = \rho g h_c A_x \qquad P_{x2} = \rho g h_c A_x$$

$$P_x = P_{x1} - P_{x2} = 0$$

用同样的方法可以证明,在另一水平方向,即 y 方向的水平分力 P_y 也等于零。因此,任何浸没在液体中的物体,在各水平方向的总压力为零,也就是水平方向的合力为零。

下面分析封闭曲面所受铅垂分力。在封闭曲面上作无数铅垂切线,每一铅垂切线与封闭曲线曲面有一个切点,则所有切点组成一个封闭曲线。该曲线将物体表面分为上、下两个部分,作用在曲面 bcd 上的铅垂分力为实压力体 $V_{bb'd'dcb}$ 的液重,方向向下,即

$$P_{z1} = \rho g \, V_{bb'd'dcb}$$

图中,P_{z1}、P_{z2} 作用线重合,方向相反。封闭曲面所受铅垂分力应为 P_{z1}、P_{z2} 的代数和:

$$P_z = P_{z1} - P_{z2} = -\rho g(V_{abb'd'da} - V_{bb'd'dcb}) = -\rho g \, V_{abcda} = -\rho g V$$

从上面的分析,可以得出以下结论:浸没在液体中的物体所受到的总压力的水平分力为零,铅垂分力的大小为物体本身排开的同体积液体的重量,方向向上,其作用线通过物体的被浸没部分体积的几何中心,这个铅垂向上的力 P_z 又称为浮力。

2.6.3.2 静止液体作用在浮体上的力

将液面以下部分看成封闭曲面,同潜体一样:

$$P_x = 0 , \quad P_y = 0 , \quad P_z = -\rho g V$$

综上所述,可以得到以下结论:静止液体作用在潜体(或者浮体)上的总压力,只有铅垂向上的浮力,大小等于所排开的液体重量,作用线通过潜体的几何中心。这个结论称为阿基米德原理,是公元前 250 年左右人类最早发现的水力学规律。

2.6.3.3 潜体(或浮体)的平衡

浮力的大小与物体的重力之比有下面 3 种情况:

(1) $G > P_z$,称为沉体。物体所受合力为重力方向,物体下沉到底,例如石子。

(2) $G = P_z$,称为潜体。物体所受合力为零,潜没于液体中任意位置,而保持平衡,例如潜水艇。

(3) $G < P_z$,称为浮体。物体所受合力为浮力方向,物体部分露出水面,呈漂浮状态,例如船舶、浮标、航标等。

潜体(浮体)的平衡是指既不发生上下运动,也不发生转动。当 $G = P_z$ 时,潜体所受合力为零,既不上浮,也不下沉。保持潜体(浮体)不发生转动,则必须有:重力和浮力对任何一点的力矩的代数和为零,即作用线相同。所以维持潜体(浮体)平衡的必要和充分条件为:重力和浮力大小相等,重心和浮心在同一垂线上。

本章小结

本章以压强为中心,研究流体处于静止状态下的力学规律,主要内容包括流体静压强的特性、流体静压强的分布规律,以及作用面上总压力的计算。

1. 流体静压强的特性

(1)方向:与作用面的内法线方向一致,即垂直指向受压面;

(2)大小:在同一点上各个方向上的静压强的大小都相同,与作用面的方位无关。

2. 流体静压强的分布规律

(1)流体平衡微分方程

$$X - \frac{1}{\rho}\frac{\partial p}{\partial x} = 0 \left.\begin{array}{l} \\ \\ \\ \end{array}\right\}$$
$$Y - \frac{1}{\rho}\frac{\partial p}{\partial y} = 0$$
$$Z - \frac{1}{\rho}\frac{\partial p}{\partial z} = 0$$

全微分形式: $\mathrm{d}p = \rho(X\mathrm{d}x + Y\mathrm{d}y + Z\mathrm{d}z)$, $\mathrm{d}p = \mathrm{d}W$

流体平衡微分方程及其全微分是流体平衡的基本方程,是推导流体静力学其他方程的基础。

(2)流体平衡微分方程的积分(普遍形式)

$$p = p_0 + \rho(W - W_0)$$

(3)液体静力学基本方程

$$p = p_0 + \rho g h \qquad z + \frac{p}{\rho g} = C$$

(4)压强的量测:压强因起算基准不同,分为绝对压强 p_{abs} 、相对压强 p 、真空压强 p_v 。三者之间的换算关系为

$$p_{abs} = p_a + p \; ; p = p_{abs} - p_a \; ; p_v = p_a - p_{abs} = -p$$

3. 静水总压力的计算

(1)平面上的静水总压力

①解析法:属于平行力系求合力。

大小: $P = p_C A = \rho g h_C A$ 。

方向:垂直指向作用面。

作用点: $y_D = y_C + \dfrac{I_C}{y_C A}$ 。

②图算法:适用底边平行液面的矩形平面。

大小:压强分布图的面积 S 与其宽度 b 的乘积,即

$$P = bS$$

方向:与压强分布图指向相同。

作用点: P 作用线(通过压强分布图形心)与受压面的交点。

(2)曲面上的静水总压力

对于二维曲面,根据合力投影定理,分别计算水平分力和铅垂分力(两者都属于平行力系求合力),然后再根据力的合成法则计算上述二者的合力即为曲面的总压力。

大小: $P_x = \rho g h_C \cdot A_x = p_C A_x$, $P_z = \rho g \cdot V$, $P = \sqrt{P_x^2 + P_z^2}$ 。

方向:作用线与水平面夹角 $\theta = \arctan \dfrac{P_z}{P_x}$。

作用点:作用线(过 P_x 与 P_z 两作用线交点与水平成 θ 角的直线)与受压面的交点。

思考题

1.什么是流体静压强? 流体静压强具有哪些特性?

2.流体平衡微分方程的形式及其物理意义是什么? 适用条件是什么?

3.什么是等压面? 等压面有什么特性? 静止液体中,等压面为水平面的条件是什么? 试写出等压面的微分方程。

4.试写出流体静力学基本方程的几种表达式,并说明流体静力学基本方程的适用范围以及物理意义、几何意义。

5.什么是绝对压强、相对压强、真空压强? 它们之间有什么关系? 压力表和测压管测得的压强是绝对压强还是相对压强?

6.使用图解法和解析法求解作用在平面上的液体总压力时,对受压面的形状有无限制? 为什么? 压力中心 D 和受压面形心 C 的位置之间有什么关系? 在什么情况下 D 点和 C 点重合?

7.如何确定作用在曲面上液体总压力水平分力和铅垂分力的大小、方向和作用线的位置?

8.什么是压力体? 压力体一般由哪几部分构成? 什么是实压力体? 什么是虚压力体? 判断压力体的虚实性有何实际意义?

习 题

一、单项选择题

1.静止液体中存在有_____。

A.压应力和拉应力　　　　　　　　B.压应力和切应力

C.压应力、拉应力和切应力　　　　D.只有压应力

2.静止流体中,任一点压强的大小与_____无关。

A.流体的种类　　　　　　　　　　B.该点的位置

C.受压面的方位　　　　　　　　　D.重力加速度

3.流体静压强的方向应该是沿_____。

A.任意方向　　　　　　　　　　　B.作用面的内法线方向

C.铅垂方向　　　　　　　　　　　D.无法确定

4.流体平衡微分方程可以表达为_____。

A. $\mathrm{d}p = -\rho(X\mathrm{d}x + Y\mathrm{d}y + Z\mathrm{d}z)$　　　B. $\mathrm{d}p = \rho(X\mathrm{d}x + Y\mathrm{d}y + Z\mathrm{d}z)$

C. $\mathrm{d}p = -g(X\mathrm{d}x + Y\mathrm{d}y + Z\mathrm{d}z)$　　　D. $\mathrm{d}p = g(X\mathrm{d}x + Y\mathrm{d}y + Z\mathrm{d}z)$

5. 流体处于平衡状态的必要条件是_____。

A. 流体无黏性   B. 流体黏度大

C. 质量力有势   D. 流体正压

6. $z + \dfrac{p}{\rho g} = C$ 表明在静止液体中,所有各点_____均相等。

A. 位置水头   B. 位置高度

C. 测压管水头   D. 测压管高度

7. 静止流场中的压强分布规律:_____。

A. 仅适用于不可压缩流体   B. 仅适用于理想流体

C. 仅适用于黏性流体   D. 既适用于理想流体,也适用于黏性流体

8. 相对压强起算基准是_____。

A. 液面压强   B. 标准大气压

C. 绝对真空   D. 当地大气压

9. 绝对压强 p_{abs}、相对压强 p、真空压强 p_v 和当地大气压强 p_a 之间的关系是____。

A. $p_{abs} = p + p_v$ B. $p = p_{abs} + p_a$

C. $p_v = p_a - p_{abs}$ D. $p_a = p - p_{abs}$

10. 金属压力表的读数值是_____。

A. 绝对压强   B. 绝对压强加当地大气压强

C. 相对压强   D. 相对压强加当地大气压强

11. 某点的真空压强为 65 000 Pa,当地大气压强为 0.1 MPa,该点的绝对压强为__。

A. 65 000 Pa   B. 165 000 Pa

C. 35 000 Pa   D. 55 000 Pa

12. 已知某点的相对压强为 $p = -39.2$ kPa,则该点的真空压强与真空高度分别为__。

A. 58.8 kPa,6 mH$_2$O   B. 39.2 kPa,4 mH$_2$O

C. 34.3 kPa,3.5 mH$_2$O   D. 19.6 kPa,2 mH$_2$O

13. 静止流体中等压面恒与_____正交。

A. 表面力   B. 质量力

C. 切向力   D. 压力

14. 静止液体作用在平面上的总压力 $P = p_C A$,这里 $p_C = \rho g h_C$ 为_____。

A. 受压面形心处的绝对压强   B. 受压面形心处的相对压强

C. 压力中心处的绝对压强   D. 压力中心处的相对压强

15. 垂直放置的矩形平板挡水,水深 3 m,静水总压力 P 的作用点到水面的距离 y_D 为_____。

A. 1.25 m   B. 1.5 m

C. 2 m   D. 2.5 m

16. 压力体内_____。

A. 必定充满液体   B. 肯定没有液体

C. 至少部分有液体   D. 可能有液体,也可能无液体

二、计算题

17. 如题 17 图所示水压机的两油缸内充满油且相互连通。小活塞和大活塞的面积分别为 $A_1 = 0.2\ m^2$ 和 $A_2 = 10\ m^2$。若在小活塞上施加的压力为 $P_1 = 100\ kN$,求大活塞的推力 P_2。

18. 如题 18 图所示,盛满水的容器,顶口装有活塞 A,直径 $d = 0.4\ m$,容器底的直径 $D = 1.0\ m$,高 $h = 1.8\ m$,如活塞上加力 $G = 2\ 520\ N$(包括活塞自重),求容器底的压强和总压力。

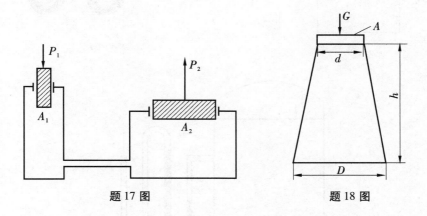

題 17 图　　　　　　　題 18 图

19. 如题 19 图所示,密闭盛水容器顶部压力表读值 $p_M = 10\ kPa$,当地大气压强为 $p_a = 98\ kPa$。试分别求水面下 2 m 处的相对压强 p 和绝对压强 p_{abs}。

20. 密封罩下面为开口水池,如题 20 图所示。试求罩内 A、B、C 三点的压强。

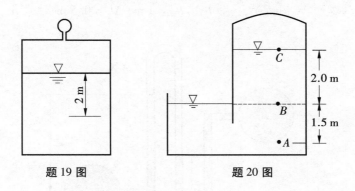

題 19 图　　　　　　　題 20 图

21. 如题 21 图所示,密闭容器侧壁上方装有 U 形管水银测压计,读值 $h_p = 20\ cm$。试求安装在水面下 3.0 m 处的压力表读值 p_M。

22. 某供水管路上装一复式 U 形水银测压计,如题 22 图所示。已知测压计显示的各液面的标高和 A 点的标高为:$\nabla_1 = 1.8\ m$,$\nabla_2 = 0.6\ m$,$\nabla_3 = 2.0\ m$,$\nabla_4 = 0.8\ m$,$\nabla_A = \nabla_5 = 1.5\ m$,试确定管中 A 点压强 p_A。($\rho_H = 13.6 \times 10^3\ kg/m^3$,$\rho = 1\ 000\ kg/m^3$)

23. 如题 23 图所示为一复式水银测压计,已知 $\nabla_1 = 2.3\ m$,$\nabla_2 = 1.2\ m$,$\nabla_3 = 2.5\ m$,$\nabla_4 = 1.4\ m$,$\nabla_5 = 1.5\ m$,试求水箱液面上的绝对压强。

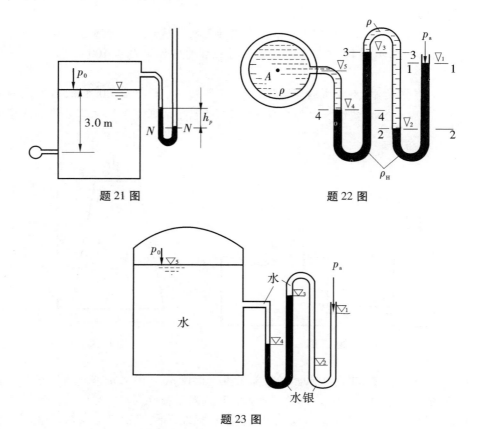

题 21 图   题 22 图

题 23 图

24. 某压差计如题 24 图所示，已知 $h_A = h_B = 1$ m，$\Delta h = 0.5$ m，试求 A、B 两点间的压强差 $p_A - p_B$。

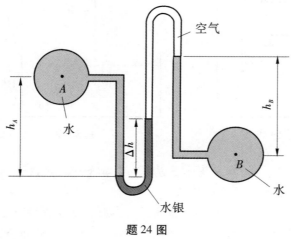

题 24 图

25. 有一矩形闸门，如题 25 图所示，高 $h = 3$ m，宽 $b = 2$ m，上游水深 $h_1 = 6$ m，下游水深 $h_2 = 4.5$ m。试求作用于闸门上的静水总压力 P。

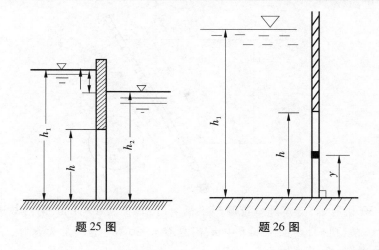

題 25 图　　　　　　題 26 图

26. 矩形平板闸门一侧挡水,如题 26 图所示,门高 $h = 1$ m,宽 $b = 0.8$ m,要求挡水深 h_1 超过 2 m 时,闸门即可自动开启,试求转轴应设的位置 y。

27. 一矩形闸门铅直放置,如题 27 图所示,闸门顶水深 $h_1 = 1$ m,闸门高 $h = 2$ m,宽 $b = 1.5$ m,试用解析法和图解法求作用在矩形闸门上的静水总压力 P。

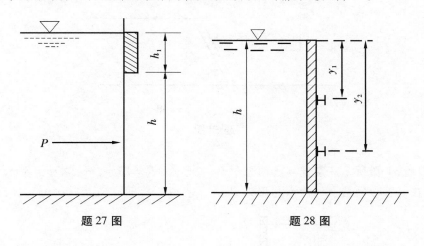

題 27 图　　　　　　題 28 图

28. 如题 28 图所示,金属的矩形平板闸门,门高 $h = 3$ m,宽 $b = 1$ m,由两根工字钢横梁支撑,挡水面与闸门顶边齐平,如要求两横梁所受的力相等,两横梁的位置 y_1、y_2 应为多少?

29. 如题 29 图所示,水池壁面设一圆形放水闸门,当闸门关闭时,求作用在圆形闸门上静水总压力 P。已知闸门直径 $d = 0.5$ m,距离 $a = 1.0$ m,闸门与自由水面间的倾斜角 $\alpha = 60°$。

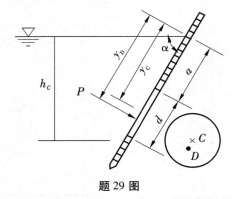

题 29 图

30. 如题 30 图所示,涵洞进口设圆形平板闸门,其直径 $d = 1$ m,闸门与水平面成倾角并铰接于 B 点,闸门中心点位于水下 4 m,门重 $G = 980$ N。当门后无水时,试求开启闸门所需的最小拉力 T(不计摩擦力)。

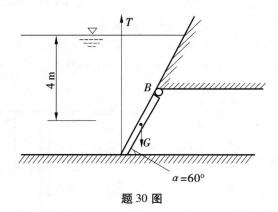

题 30 图

31. 如题 31 图所示一溢流坝上的弧形闸门,已知: $R = 10$ m,闸门宽 $b = 8$ m, $\theta = 30°$。试求作用在该弧形闸门上的静水总压力 P。

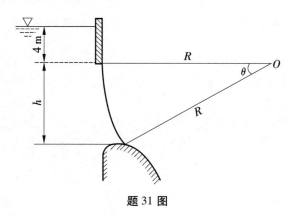

题 31 图

32. 如题 32 图所示,圆柱形压力水罐由上、下两半圆筒合成,水罐长 $l = 2$ m,半径 $R =$

0.5 m,压力表读值 $p_M = 23.72\ \text{kPa}$,试求:(1)端部平面盖板所受水压力;(2)上、下半圆筒所受的水压力;(3)半圆筒连接螺栓所受的总拉力。

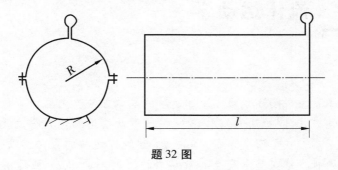

题 32 图

33. 题 33 图(a)和(b)是相同的弧形闸门 AB,圆弧半径 $R = 2\ \text{m}$,水深 $h = R = 2\ \text{m}$,不同的是图(a)中水在左侧,而图(b)中水在右侧。试求作用在闸门 AB 上的静水总压力 P(垂直于图面的闸门长度按 $b = 1\ \text{m}$ 计算)。

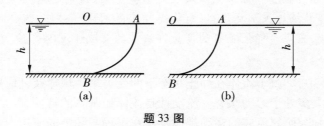

题 33 图

第 3 章　流体运动学

本章主要阐述了研究流体运动的基本方法。主要内容包括流体运动的描述方法、欧拉法的基本概念、总流运动的连续性方程以及流体微团运动的基本形式等四个方面。第一,描述流体运动的方法。以欧拉法为主,分清两种方法在基本观点和数学表达上的不同,应全面理解欧拉法描述流体运动,质点加速度的构成及其表达式。第二,欧拉法描述流体运动的基本概念,包括对流动的分类和对流动的描述,其中,流线是最基本的,其他概念皆可以由流线引申而来。第三,连续性方程,应牢固掌握其分析思路、推导过程和方程形式以及它的物理意义,特别是对一维总流连续方程要能够熟练地灵活运用,以解决工程实际问题。第四,流体微团运动的基本形式,重点是它们各自的度量方法及其与流速场的关系。

在流体静力学中,学习了流体在静止状态下的受力平衡规律及其应用,而在自然界和工程实际中,流体大多处于运动状态。流动性是流体最基本的特性,静止只是流体的一种特殊存在形式。因此,研究流体的运动规律及其在工程实际中的应用,具有更普遍和更重要的意义。流体运动学是用几何观点来研究流体的运动规律,主要包括流体运动的位移、速度、加速度等随时间和坐标的变化规律,而不涉及流体的作用力问题,因而流体运动学所研究的内容和结论对理想流体和黏性流体都适用。

3.1　流体运动的描述方法

流体运动可以看作是充满于一定空间而由无数流体质点所组成的一种连续介质的运动,对它的描述相对比较困难。对于有限多个离散质点组成的质点系,可以将所有的质点进行编号,然后对每一个质点给出它的位移随时间的变化规律。对刚体而言,其运动可以通过随基点的平移及绕基点的转动来描述,而不论刚体有多大。流体运动的描述比起离散的质点系来困难在于流体质点是无穷多个,没有办法进行编号和排序;比起刚体来困难在于流体易于变形。为此,需要针对流体是易于流动的连续介质的特性,采用能够方便地描述流体运动的方法。在工程流体力学中,根据着眼点的不同,流体运动描述方法有两种:一种是拉格朗日法,另一种是欧拉法。

3.1.1　拉格朗日法

拉格朗日法是质点系法,其着眼点是流体质点,它首先研究单个流体质点的运动参数

（压强、速度、加速度等）随时间的变化规律，然后将所有质点的运动情况汇总起来，得到整个流体的运动规律。拉格朗日法的特点是跟踪所选定的流体质点，观察它的运动情况。

（1）空间位置　用拉格朗日法描述流体运动时，运动质点的位置坐标不是独立变量，而是起始时刻坐标 a，b，c 和时间变量 t 的函数，如图 3.1 所示。

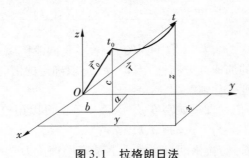

图 3.1　拉格朗日法

通常用流体质点在初始时刻 $t = t_0$ 的空间位置坐标 (a, b, c) 作为区分不同流体质点的标记，(a, b, c) 取不同的值表示不同的流体质点。将初始时刻坐标 a，b，c 和时间变量 t 称为拉格朗日变量，则流体质点的物理量是拉格朗日变量的连续函数，即

$$\left. \begin{array}{l} x = x(a, b, c, t) \\ y = y(a, b, c, t) \\ z = z(a, b, c, t) \end{array} \right\} \tag{3.1}$$

式（3.1）是采用拉格朗日法描述流体运动时，流体质点的运动方程。a，b，c 取不同的值，表示不同流体质点 t 时刻的位置坐标，即在同一时刻不同流体质点的位置分布；而当 a，b，c 为常量，t 为变量时，则表示某一个确定的流体质点的运动轨迹。

（2）速度　由于拉格朗日变量 a，b，c 只是流体质点的标号，不是空间坐标的函数，不随时间 t 变化，因此用拉格朗日方法描述流体运动时，流体质点的速度是流体质点轨迹对时间的偏导数，即

$$\left. \begin{array}{l} u_x = \dfrac{\mathrm{d}x}{\mathrm{d}t} = \dfrac{\partial x}{\partial t} = \dfrac{\partial x(a, b, c, t)}{\partial t} = x'(a, b, c, t) \\[2mm] u_y = \dfrac{\mathrm{d}y}{\mathrm{d}t} = \dfrac{\partial y}{\partial t} = \dfrac{\partial y(a, b, c, t)}{\partial t} = y'(a, b, c, t) \\[2mm] u_z = \dfrac{\mathrm{d}z}{\mathrm{d}t} = \dfrac{\partial z}{\partial t} = \dfrac{\partial z(a, b, c, t)}{\partial t} = z'(a, b, c, t) \end{array} \right\} \tag{3.2}$$

在上述 3 个表达式中，a，b，c 取不同的值，表示不同流体质点 t 时刻的速度，即在同一时刻不同流体质点的速度分布；而当 a，b，c 取确定的值时，则表示确定的某个质点的在任意时刻的速度变化情况。

（3）加速度　用拉格朗日法描述流体质点运动时，流体质点在任意瞬时 t 的加速度求法，是在速度表达式的基础上，对时间 t 再次取偏导数，即

$$
\left.
\begin{aligned}
a_x &= \frac{\mathrm{d}u_x(a,b,c,t)}{\mathrm{d}t} = \frac{\partial u_x(a,b,c,t)}{\partial t} = \frac{\partial^2 x(a,b,c,t)}{\partial t^2} = x''(a,b,c,t) \\
a_y &= \frac{\mathrm{d}u_y(a,b,c,t)}{\mathrm{d}t} = \frac{\partial u_y(a,b,c,t)}{\partial t} = \frac{\partial^2 y(a,b,c,t)}{\partial t^2} = y''(a,b,c,t) \\
a_z &= \frac{\mathrm{d}u_z(a,b,c,t)}{\mathrm{d}t} = \frac{\partial u_z(a,b,c,t)}{\partial t} = \frac{\partial^2 z(a,b,c,t)}{\partial t^2} = z''(a,b,c,t)
\end{aligned}
\right\}
\qquad (3.3)
$$

在上述 3 个表达式中, a, b, c 取不同的值,表示不同流体质点 t 时刻的加速度,即在同一时刻不同流体质点的加速度分布;而当 a, b, c 取确定的值时,则表示确定的某个质点的在任意时刻的加速度变化情况。

同理,流体质点的其他物理量如密度 ρ、压强 p 等也可以用拉格朗日法写为 a, b, c 和 t 的函数,即 $\rho = \rho(a,b,c,t)$, $p = p(a,b,c,t)$。

从上面的分析可以看到:拉格朗日法实质上是应用理论力学中的质点运动学方法来研究流体的运动。它的优点是:物理概念清晰,直观性强,理论上可以求出每个流体质点的运动轨迹及其运动参数在运动过程中的变化。但是这种方法也存在很大的缺点,其缺点主要表现在:①每个流体质点运动规律不同,实际当中很难跟踪足够多的质点;②数学上存在难以克服的困难;③在实际当中,不需要了解各质点运动的全过程,只需要了解某些固定点、固定断面或者固定空间的流动状况,因此这种方法在工程流体力学中很少采用。只有在少数情况(例如研究波浪运动、台风运动、流体振荡、重力流等)下采用该方法。

3.1.2 欧拉法

欧拉法是空间点法,其着眼点是流体运动所经过的固定空间点。欧拉法以流体运动所经过的固定空间点作为观察对象,观察不同时刻各空间点上流体质点的运动参数,综合不同时刻所有空间点的情况,获得整个流体运动。欧拉法的特点是在选定的空间点上观察流经它的流体质点的运动情况,如图 3.2 所示。

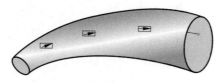

图 3.2　欧拉法

在数学上,将每一空间点都对应着某个物理量的一个确定值的空间区域,称为该物理量的场。欧拉法以流动空间作为观察对象,每个时刻各空间点都有确定的物理量,这样的空间区域称为流场(充满运动流体的空间)。

欧拉法在实际当中有着广泛的应用,例如天气预报,就是由分布在各地的气象台在规定的同一时刻进行观测,然后把观测到的气象资料进行汇总,绘制成该时刻的天气图,据此做出预报。

（1）速度　用欧拉法研究流体运动时,将空间点的坐标 x , y , z 和时间 t 称为欧拉变量,流场中各空间点的流速所组成的流速场可以表示为

$$u = u(x,y,z,t) = u_x i + u_y j + u_z k \tag{3.4}$$

其投影形式为：

$$\left. \begin{array}{l} u_x = u_x(x,y,z,t) \\ u_y = u_y(x,y,z,t) \\ u_z = u_z(x,y,z,t) \end{array} \right\} \tag{3.5}$$

当空间坐标（ x , y , z ）为常量,而 t 为变量时,式（3.4）表示在不同时刻通过某一固定空间点（ x , y , z ）流体质点的速度随时间变化的规律;当时间 t 为常量,而空间坐标（ x , y , z ）为变量时,式（3.4）表示在同一时刻,通过不同空间点上流体质点的速度分布情况;当空间坐标（ x , y , z ）和时间 t 均为变量时,表示在任意时刻 t ,通过空间任意点（ x , y , z ）的流体质点的速度分布情况。

同理,欧拉法中,各空间点的压强所组成的压强场可以表示为

$$p = p(x,y,z,t) \tag{3.6}$$

各空间点的密度所组成的密度场可以表示为

$$\rho = \rho(x,y,z,t) \tag{3.7}$$

（2）加速度　在用欧拉法描述流体运动时,式（3.4）中的 x , y , z 不再是与时间 t 无关的独立变量了,应将其视作流体质点的空间位置的坐标,而不是固定空间点的坐标, x , y , z 是时间 t 的函数,即

$$x = x(t) \, , \, y = y(t) \, , \, z = z(t)$$

因此,欧拉法中,流体质点加速度需要按复合函数的求导法则导出

$$a = \frac{\mathrm{d}u}{\mathrm{d}t} = \frac{\partial u}{\partial t} + \frac{\partial u}{\partial x} \cdot \frac{\mathrm{d}x}{\mathrm{d}t} + \frac{\partial u}{\partial y} \cdot \frac{\mathrm{d}y}{\mathrm{d}t} + \frac{\partial u}{\partial z} \cdot \frac{\mathrm{d}z}{\mathrm{d}t} = \frac{\partial u}{\partial t} + u_x \frac{\partial u}{\partial x} + u_y \frac{\partial u}{\partial y} + u_z \frac{\partial u}{\partial z} \tag{3.8}$$

其投影形式为：

$$\left. \begin{array}{l} a_x = \dfrac{\mathrm{d}u_x}{\mathrm{d}t} = \dfrac{\partial u_x}{\partial t} + u_x \dfrac{\partial u_x}{\partial x} + u_y \dfrac{\partial u_x}{\partial y} + u_z \dfrac{\partial u_x}{\partial z} \\[2mm] a_y = \dfrac{\mathrm{d}u_y}{\mathrm{d}t} = \dfrac{\partial u_y}{\partial t} + u_x \dfrac{\partial u_y}{\partial x} + u_y \dfrac{\partial u_y}{\partial y} + u_z \dfrac{\partial u_y}{\partial z} \\[2mm] a_z = \dfrac{\mathrm{d}u_z}{\mathrm{d}t} = \dfrac{\partial u_z}{\partial t} + u_x \dfrac{\partial u_z}{\partial x} + u_y \dfrac{\partial u_z}{\partial y} + u_z \dfrac{\partial u_z}{\partial z} \end{array} \right\} \tag{3.9}$$

从公式（3.9）可以看出,在欧拉法中,流体质点的加速度由两部分组成:前面一项 $\dfrac{\partial u_x}{\partial t}$, $\dfrac{\partial u_y}{\partial t}$, $\dfrac{\partial u_z}{\partial t}$ 是同一空间点上,由于速度随时间变化而引起的加速度,称为时变加速度,或当地加速度,是由流场的非恒定性引起的,表示某一固定空间点上流体质点流速对时间的变化率;其余各项

$$u_x \frac{\partial u_x}{\partial x} + u_y \frac{\partial u_x}{\partial y} + u_z \frac{\partial u_x}{\partial z} , \, u_x \frac{\partial u_y}{\partial x} + u_y \frac{\partial u_y}{\partial y} + u_z \frac{\partial u_y}{\partial z} , \, u_x \frac{\partial u_z}{\partial x} + u_y \frac{\partial u_z}{\partial y} + u_z \frac{\partial u_z}{\partial z}$$

是质点位移前、后两处,在同一时刻,由于速度随空间位置变化而引起的加速度,称为位变

加速度,或迁移加速度,是由流场的非均匀性引起的,表示同一时刻由于流体质点空间位置的变化而引起的流速随时间的变化率。

如图 3.3 所示,一水箱的放水管在放水过程中,某水流质点占据 A 点,另一水流质点占据 B 点,经过 $\mathrm{d}t$ 时间后,两质点分别从 A 点移到 A' 点、B 点移到 B' 点。

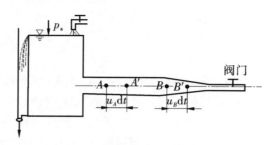

图 3.3　水箱放水管出流

在水位恒定情况下,管内流动不随时间变化,A 点和 B 点的流速都不随时间改变,时变加速度均为零。在管径不变处,A 点和 A' 点的流速相同,位变加速度也为零;在管径改变处,B' 点的流速不等于 B 点的流速,B 点的位变加速度不等于零,存在位变加速度。

在水位变化的情况下,管内各处流速都会随时间逐渐减小,A 点和 B 点的流速随时间发生变化,因此存在时变加速度。在管径不变处,A 点和 A' 点的流速相同,位变加速度也为零;在管径改变处,B' 点的流速不等于 B 点的流速,B 点的位变加速度不等于零,存在位变加速度。

拉格朗日法和欧拉法在研究流体运动时,只是着眼点不同,并没有本质上的差别,对于同一个问题,用两种方法描述的结果应该是一致的。通过一定的数学公式,这两种方法是可以相互转换的。

【例 3.1】　已知速度场为:$u_x = 2t + 2x + 2y$,$u_y = t - y + z$,$u_z = t + x - z$,试求 $t = 3\,\mathrm{s}$ 时,位于 $x = 0.8\,\mathrm{m}$,$y = 0.8\,\mathrm{m}$,$z = 0.4\,\mathrm{m}$ 处流体质点的加速度。

【解】　将 $t = 3\,\mathrm{s}$,$x = 0.8\,\mathrm{m}$,$y = 0.8\,\mathrm{m}$,$z = 0.4\,\mathrm{m}$ 代入速度场方程可以得到:

$$u_x = 2t + 2x + 2y = 2 \times 3 + 2 \times 0.8 + 2 \times 0.8 = 9.2\ \mathrm{m/s}$$

$$u_y = t - y + z = 3 - 0.8 + 0.4 = 2.6\ \mathrm{m/s}$$

$$u_z = t + x - z = 3 + 0.8 - 0.4 = 3.4\ \mathrm{m/s}$$

$$a_x = \frac{\partial u_x}{\partial t} + u_x \frac{\partial u_x}{\partial x} + u_y \frac{\partial u_x}{\partial y} + u_z \frac{\partial u_x}{\partial z} = 2 + 9.2 \times 2 + 2.6 \times 2 = 25.6\ \mathrm{m/s^2}$$

$$a_y = \frac{\partial u_y}{\partial t} + u_x \frac{\partial u_y}{\partial x} + u_y \frac{\partial u_y}{\partial y} + u_z \frac{\partial u_y}{\partial z} = 1 + 2.6 \times (-1) + 3.4 \times 1 = 1.8\ \mathrm{m/s^2}$$

$$a_z = \frac{\partial u_z}{\partial t} + u_x \frac{\partial u_z}{\partial x} + u_y \frac{\partial u_z}{\partial y} + u_z \frac{\partial u_z}{\partial z} = 1 + 9.2 \times 1 + 3.4 \times (-1) = 6.8\ \mathrm{m/s^2}$$

$$a = \sqrt{a_x^2 + a_y^2 + a_z^2} = \sqrt{25.6^2 + 1.8^2 + 6.8^2} = 26.55\ \mathrm{m/s^2}$$

3.2　流体运动的若干基本概念

3.2.1　流线与迹线

3.2.1.1　流线

流线是表示流体流动趋势的一条曲线,它是某一确定时刻,在流场中绘出的一条空间曲线,该瞬时位于曲线上的所有质点的速度矢量都与该曲线相切,如图3.4所示。

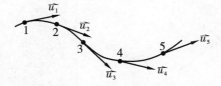

图3.4　某时刻流线图

流线具有以下性质:

(1)一般情况下,同一时刻的不同流线不能相交,流线只在一些特殊点相交(图3.5)。

因为根据流线的定义,如果两条流线相交,在交点上的流体质点的速度矢量同时与这两条流线相切,意味着在同一时刻,同一流体质点具有两个运动方向,这显然是不可能的。

流线只在一些特殊点相交:流速为零的点(称为驻点),如图3.6中 A 点;流线相切点,如图3.6中 B 点;流速无穷大的点(称为奇点),如图3.7中 O 点。

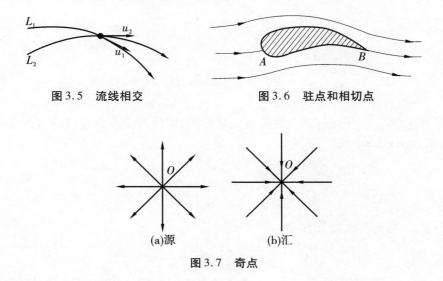

图3.5　流线相交　　　　　　　图3.6　驻点和相切点

图3.7　奇点

（2）流线是一条光滑曲线或直线，不能转折。

因为流体是连续介质，各运动要素在流场中是连续变化的，流线只能是连续的光滑曲线，如果发生转折会出现一个质点同时具有两个运动方向的情况如图 3.8 所示，这是不可能的。

（3）对于不可压缩流体，流线的疏密程度反映了该时刻流场中各点的流速大小，流线密的地方流速大，流线疏的地方流速小，如图 3.9 所示。

图 3.8 流线转折

图 3.9 流线谱

设某时刻在流线上任一点 $A(x,y,z)$ 附近取微元线段矢量 ds，如图 3.10 所示，其坐标轴方向的投影为 dx，dy，dz。

$$d\boldsymbol{s} = dx\ \boldsymbol{i} + dy\ \boldsymbol{j} + dz\ \boldsymbol{k}$$

$\boldsymbol{u}$ 为流体质点在 A 点的流速：

$$\boldsymbol{u} = u_x\boldsymbol{i} + u_y\boldsymbol{j} + u_z\boldsymbol{k}$$

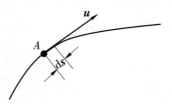

图 3.10 流线微分方程

根据流线的定义，流线与该点的速度矢量相切，即没有垂直于流线的流速分量，$\boldsymbol{u}$ 和 ds 重合，所以，$\boldsymbol{u} \times d\boldsymbol{s} = 0$，即

$$\begin{vmatrix} \boldsymbol{i} & \boldsymbol{j} & \boldsymbol{k} \\ dx & dy & dz \\ u_x & u_y & u_z \end{vmatrix} = 0$$

展开上式，得到流线微分方程

$$\frac{dx}{u_x} = \frac{dy}{u_y} = \frac{dz}{u_z} \tag{3.10}$$

式中 u_x，u_y，u_z 是空间坐标 x，y，z 和时间变量 t 的函数。因为流线是对某一时刻而

言,所以微分方程中,t 是参变量,在积分求流线方程时将 t 视为常数。

3.2.1.2 迹线

迹线是同一流体质点在某一时段内的空间运动轨迹线,如图 3.11 所示。

图 3.11 迹线

拉格朗日法中,方程

$$\left.\begin{aligned} x &= x(a,b,c,t) \\ y &= y(a,b,c,t) \\ z &= z(a,b,c,t) \end{aligned}\right\}$$

即为迹线的参数方程,其中 t 是变量,a,b,c 是参数。

欧拉法中,流体质点的运动方程可以表示为

$$\left.\begin{aligned} \mathrm{d}x &= u_x\,\mathrm{d}t \\ \mathrm{d}y &= u_y\,\mathrm{d}t \\ \mathrm{d}z &= u_z\,\mathrm{d}t \end{aligned}\right\}$$

可得迹线微分方程为

$$\frac{\mathrm{d}x}{u_x} = \frac{\mathrm{d}y}{u_y} = \frac{\mathrm{d}z}{u_z} = \mathrm{d}t \tag{3.11}$$

式中,t 是自变量,x,y,z 是 t 的函数:$x=x(t)$,$y=y(t)$,$z=z(t)$

3.2.1.3 迹线与流线的区别

迹线和流线都是用来描述流场几何特性的,但迹线和流线是两个完全不同的概念。迹线是同一流体质点在不同时刻的位移曲线,是流场中某一流体质点在一段时间内的运动轨迹线,迹线反映了单个质点一段时间的运动过程,它是与拉格朗日观点相对应的概念,是一条流动轨迹线。流线是同一时刻,不同流体质点速度矢量与之相切的曲线,它反映了许多质点,某一时刻的运动状态,它是与欧拉观点相对应的概念,是一条流动方向线。

【例 3.2】 已知直角坐标系中的流速场：$u_x = x + t$，$u_y = -y + t$，$u_z = 0$。试求 $t = 0$ 时过 $M(-1, -1)$ 点的流线及迹线。

【解】 由流线的微分方程

$$\frac{\mathrm{d}x}{u_x} = \frac{\mathrm{d}y}{u_y} = \frac{\mathrm{d}z}{u_z}$$

代入 u_x，u_y，u_z 得到

$$\frac{\mathrm{d}x}{x + t} = \frac{\mathrm{d}y}{-y + t}$$

其中 t 是参数，积分后得

$$(x + t)(-y + t) = C$$

其中 C 是积分常数，将已知条件 $t = 0$ 时流线过 $M(-1, -1)$ 点代入，有

$$(-1)(+1) = C$$

故

$$C = -1$$

即 $t = 0$ 时过 $M(-1, -1)$ 点的流线方程是双曲线方程

$$xy = 1$$

（2）求迹线方程

由迹线微分方程 $\dfrac{\mathrm{d}x}{u_x} = \dfrac{\mathrm{d}y}{u_y} = \mathrm{d}t$ 可得

$$\begin{cases} \dfrac{\mathrm{d}x}{\mathrm{d}t} = x + t \\ \dfrac{\mathrm{d}y}{\mathrm{d}t} = -y + t \end{cases}$$

这是两个非齐次常系数线性微分方程。它们的解是

$$x = C_1 \mathrm{e}^t - t - 1$$

$$y = C_2 \mathrm{e}^t + t - 1$$

当 $t = 0$ 时迹线过 $M(-1, -1)$ 点，代入可得

$$C_1 = 0，C_2 = 0$$

所以，过 $M(-1, -1)$ 点质点的运动规律是

$$\begin{cases} x = -t - 1 \\ y = t - 1 \end{cases}$$

消去 t 后，得迹线方程

$$x + y = -2$$

3.2.2 恒定流与非恒定流

根据流场中运动要素是否随时间变化，可以把流体运动分为恒定流和非恒定流。

3.2.2.1 恒定流

在流场中，各空间点上的运动要素均不随时间而变化的流动称为恒定流。

恒定流具有如下性质：

（1）在恒定流中，各运动要素仅仅是空间坐标的函数，而与时间无关。

恒定流的流速场、压强场、密度场可以表示为

$$\left.\begin{array}{l} \boldsymbol{u} = \boldsymbol{u}(x,y,z) \\ p = p(x,y,z) \\ \rho = \rho(x,y,z) \end{array}\right\}$$
（3.12）

所有的运动要素对于时间的偏导数都为零：

$$\frac{\partial \boldsymbol{u}}{\partial t} = 0 \ ; \ \frac{\partial p}{\partial t} = 0 \ ; \ \frac{\partial \rho}{\partial t} = 0$$

（2）恒定流中，流线和迹线相重合。

（3）对于恒定流，流线的形状和位置均不随时间而发生变化。

（4）恒定流中，时变加速度为零。

3.2.2.2　非恒定流

流场中流体质点通过各空间点，运动要素随时间而变化的流动称为非恒定流。

非恒定流具有如下性质：

（1）在非恒定流中，流速、压强、密度等均为空间坐标和时间的函数。

非恒定流的流速场、压强场、密度场可以表示为：

$$\left.\begin{array}{l} \boldsymbol{u} = \boldsymbol{u}(x,y,z,t) \\ p = p(x,y,z,t) \\ \rho = \rho(x,y,z,t) \end{array}\right\}$$
（3.13）

所有的运动要素对于时间的偏导数都不为零：

$$\frac{\partial \boldsymbol{u}}{\partial t} \neq 0 \ ; \ \frac{\partial p}{\partial t} \neq 0 \ ; \ \frac{\partial \rho}{\partial t} \neq 0$$

（2）在非恒定流中，一般情况下流线和迹线不相重合。

（3）在非恒定流中，时变加速度不为零。

在非恒定流情况下，流线和迹线一般是不相重合的，只有在个别情况下，例如流场速度方向不随时间变化，只速度大小随时间变化时流线和迹线相重合。

如图 3.12 所示，水箱出流，当水位 H 保持不变时，出水管道中，各个运动要素都不随时间而变化，为恒定流；当水位 H 逐渐降低时，出水管道中，各个运动要素随时间而发生变化，为非恒定流。

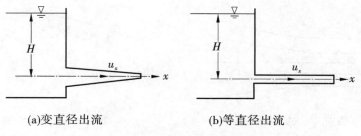

(a)变直径出流　　　　　　　　(b)等直径出流

图 3.12　水箱出流

实际工程中,多数系统正常运行时是恒定流,或者虽然是非恒定流,但流动参数随时间变化比较缓慢,这种情况下,仍可以近似按恒定流处理。

3.2.3　流管、过流断面、元流和总流

3.2.3.1　流管

在流场中,任取一条不与流线重合的封闭曲线 L ,在同一时刻过封闭曲线 L 每一点作流线,由这些流线围成的管状空间称为流管,如图 3.13 所示。

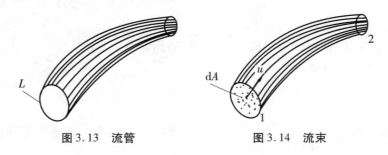

图 3.13　流管　　　　　　　　图 3.14　流束

由于流线不会相交,根据流管的定义可以知道,在各个时刻,流体质点不可能通过流管壁流出或流入,只能在流管内部或沿流管表面流动。因此,流管仿佛就是一条实际的管道,其周界可以视为像固壁一样,日常生活中的自来水管的内表面就是流管的实例之一。

3.2.3.2　流束

流管内所有流体质点所形成的流动称为流束,如图 3.14 所示。流束可大可小,根据流管的性质,流束中任何流体质点均不能离开流束。恒定流中流束的形状和位置均不随时间而发生变化。

3.2.3.3　过流断面

在流束上作出的与所有流线正交的横断面称为过流断面。

过流断面可能是平面,也可能是曲面,其形状与流线的分布情况有关。在流线互相平行的流段,过流断面是平面,在流线互相不平行的流段上,过流断面是曲面,如图 3.15 所示。

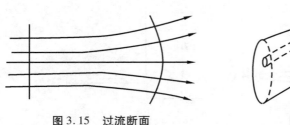

图 3.15　过流断面　　　　　　图 3.16　元流与总流

3.2.3.4　元流

过流断面无限小的流束称为元流,又称为微小流束。

由于元流的过流断面无限小,断面上各点的流动参数均相同。当元流的断面面积趋近于零时,元流将达到它的极限——流线。恒定流中元流的形状与位置不随时间而变化。

3.2.3.5　总流

无数元流的集合称为总流。总流一般指实际水流,即边界具有一定规模和尺寸的实际流体,比如管道中的流动、渠道中的流动、河流等。对于总流而言,同一过流断面上各点的运动要素如速度、压强等不一定都相等,如图 3.16 所示。

3.2.4　流量与断面平均流速

3.2.4.1　流量

单位时间内通过某一过流断面的流体的总量称为该过流断面的流量。

流量的表示方法有以下几种:

(1)体积流量　单位时间内通过某一过流断面的流体体积,简称流量,用 Q 表示,单位是 $\mathrm{m^3/s}$。

设元流过流断面面积为 $\mathrm{d}A$,同一时刻 $\mathrm{d}A$ 上各点的流速相同,过流断面与流速方向垂直,因此元流的流量为:

$$\mathrm{d}Q = u \cdot \mathrm{d}A$$

总流的流量等于所有元流的流量之和,即

$$Q = \int_A \mathrm{d}Q = \int_A u \cdot \mathrm{d}A \tag{3.14}$$

(2)质量流量　单位时间内通过过流断面的流体质量。用 Q_m 表示,单位是 $\mathrm{kg/s}$。

$$Q_m = \int_A \rho \cdot u \cdot \mathrm{d}A \tag{3.15}$$

(3)重量流量　单位时间内通过过流断面的流体重量。用 Q_G 表示,单位是 $\mathrm{N/s}$。

$$Q_G = \int_A \rho g \cdot u \cdot \mathrm{d}A = \int_A \gamma \cdot u \cdot \mathrm{d}A \tag{3.16}$$

对于均质不可压缩流体,密度 ρ 为常数,则有

$$Q_m = \rho \cdot Q, \quad Q_G = \gamma \cdot Q \tag{3.17}$$

3.2.4.2　断面平均流速

由于实际流动很复杂,总流过流断面上各点的流速一般是不相等的。工程上为了便于计算,采用断面平均流速来代替各点的实际流速。断面平均流速 v 是一个假想的流速,即假设总流同一过流断面上各点的流速都相等,大小均为断面平均流速,方向与实际流向相同。以断面平均流速通过的流量等于该过流断面上各点实际流速不相等情况下所通过的流量。

设 u 为某点的实际流速,v 为断面平均流速,即断面上各点速度的平均值,u 与断面平均流速的关系为:$u = v + \Delta u$

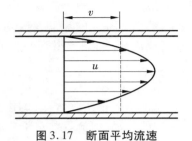

图 3.17　断面平均流速

假定总流过流断面上的流速 v 均匀分布,由此算出的流量应等于实际流量 Q,由于在断面上 Δu 值有正、有负,$\int_A \Delta u \cdot \mathrm{d}A = 0$,根据流量的定义有

$$Q = \int_A u \cdot \mathrm{d}A = \int_A (v + \Delta u)\mathrm{d}A = \int_A v \cdot \mathrm{d}A + \int_A \Delta u \cdot \mathrm{d}A = \int_A v \cdot \mathrm{d}A = v \cdot A \qquad (3.18)$$

$$v = \frac{Q}{A} = \frac{\int_A u \cdot \mathrm{d}A}{A} \qquad (3.19)$$

【例 3.3】　已知圆管过流断面上的流速分布为 $u = u_{\max}\left[1 - \left(\dfrac{r}{r_0}\right)^2\right]$,$u_{\max}$ 为管轴处最大流速,r_0 为圆管半径,r 为某点到管轴的距离。试求断面平均流速 v 与 $u_{\max}$ 之间的关系。

【解】　取半径为 r,径向厚度为 $\mathrm{d}r$ 的微圆环的面积为 $\mathrm{d}A$,则 $\mathrm{d}A = 2\pi r \mathrm{d}r$,因此

$$Q = \int_A u \mathrm{d}A = \int_0^{r_0} u \cdot 2\pi r \mathrm{d}r = 2\pi\, u_{\max} \int_0^{r_0} r\left[1 - \left(\frac{r}{r_0}\right)^2\right]\mathrm{d}r = \frac{1}{2}\pi r_0^2\, u_{\max}$$

$$v = \frac{Q}{A} = \frac{\dfrac{1}{2}\pi r_0^2\, u_{\max}}{\pi r_0^2} = \frac{1}{2} u_{\max}$$

3.2.5　一维流动、二维流动和三维流动

根据流场中各运动要素与空间坐标的关系,可以把流体流动分为一维流动、二维流动和三维流动。一维流动又称为一元流动,二维流动又称为二元流动,三维流动又称为三元流动。

3.2.5.1　三维流动

如果各空间点上的运动要素是三个空间坐标和时间变量的函数,这样的流动称为三维流动。三维流动可以表示为:

$$\begin{cases} u_x = u_x(x,y,z,t) \\ u_y = u_y(x,y,z,t) \\ u_z = u_z(x,y,z,t) \end{cases} \tag{3.20}$$

例如水流沿着断面形状与大小沿程变化的天然河道中流动,水对船的绕流,空气绕地面建筑物的流动等都属于三维流动,如图 3.18 所示。

图 3.18 　三维流动

实际工程流体力学问题,其运动要素一般是三个坐标的函数,属于三维流动。但是,由于三维流动的复杂性,在数学处理上存有相当大的困难,为此,人们往往根据具体问题的性质把它简化为二维流动或一维流动来处理。

3.2.5.2 　二维流动

如果各空间点上的运动要素都平行于某一平面,且在该平面的垂直方向无变化,则运动要素是两个空间坐标和时间变量的函数,这样的流动称为二维流动。二维流动可以表示为

$$\begin{cases} u_x = u_x(x,y,t) \\ u_y = u_y(x,y,t) \\ u_z = 0 \end{cases} \tag{3.21}$$

例如水在很宽阔的矩形渠道中的流动,远离侧壁并且与 Oxz 坐标平面平行的两个垂面 $a-b$ 与 $c-d$ 之间的流动,其运动要素只与空间坐标 x 、z 有关,与空间坐标 y 无关,为二维流动,如图 3.19 所示。

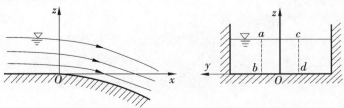

图 3.19 　二维流动

3.2.5.3   一维流动

如果各空间点上的运动要素只是一个空间坐标和时间变量的函数,这样的流动称为一维流动。一维流动可以表示为

$$u = u(s,t) \tag{3.22}$$

例如,水流在断面不变的管道或者渠道中流动,尽管流动要素是三个空间坐标的函数,但断面平均流速 v 只是曲线坐标 s 的函数,可以视为一维流动,如图 3.20 所示。

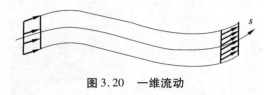

图 3.20   一维流动

3.2.6   均匀流与非均匀流

3.2.6.1   均匀流

流场中,在给定的某一时刻,各点的流速都不随位置而变化的流动称为均匀流,如图 3.21 所示。

均匀流具有以下性质:

(1)均匀流中,流线是相互平行的直线。

(2)均匀流中,过流断面为平面,其形状、尺寸沿流程不变。

(3)均匀流中,同一流线上不同点的流速相等,各过流断面上的流速分布相同,断面平均流速相等。

(4)均匀流过流断面上的流体动压强分布规律与静压强分布规律相同,即在同一过流断面上各点的测压管水头为一常数。

(5)均匀流中,位变加速度为零。

3.2.6.2   非均匀流

流场中,在给定的某一时刻,各点流速都随位置而变化的流动称为非均匀流,如图 3.21 所示。

非均匀流具有以下性质:

(1)非均匀流的流线弯曲或者不平行。

(2)非均匀流中,各点都有位变加速度,位变加速度不为零。

(3)非均匀流的过流断面不是一平面,其大小和形状沿流程改变。

(4)非均匀流中,各过流断面上点速度分布情况不完全相同,断面平均流速沿程变化。

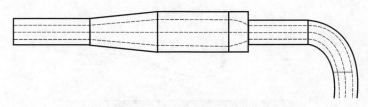

图 3.21 均匀流与非均匀流

3.2.7 渐变流与急变流

非均匀流根据流速沿流线变化的缓、急程度分为渐变流和急变流。

3.2.7.1 渐变流

渐变流是指流线间的夹角很小(流线接近于平行直线),或者流线虽有弯曲,但曲率很小的流动,如图 3.22 所示。

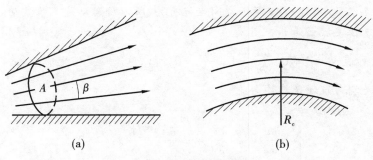

图 3.22 渐变流示意图

渐变流具有以下两个重要性质:
(1)渐变流的过流断面近似为平面。
(2)恒定渐变流过流断面上的动压强与静压强的分布规律相同,在同一过流断面上各点的测压管水头 $z + \dfrac{p}{\rho g} = C$。

3.2.7.2 急变流

急变流是指流线之间夹角很大或者流线的曲率半径很小,离心惯性力不能忽略的流动,如图 3.23 所示。

急变流过流断面上的动压强分布规律不同于静压强分布规律,即同一断面上任一点的测压管水头 $z + \dfrac{p}{\rho g} \neq C$。急变流多发生在流动的边界急剧变化的地方。

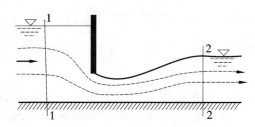

图 3.23 急变流示意图

渐变流与急变流的主要区别在于急变流中的加速度很大,惯性力不能忽略,而渐变流由于流体质点的加速度很小,惯性力也很小,可以忽略不计。

【例 3.4】 已知速度场 $u_x = xy^2$,$u_y = -\frac{1}{3}y^3$,$u_z = xy$,试判断:(1)该流动是几维流动;(2)该流动是恒定流还是非恒定流;(3)该流动是均匀流还是非均匀流。

【解】

(1)判断是几维流动

因为 u_x,u_y,u_z 只与 x,y 两个空间坐标有关,所以该流动是二维流动。

(2)判断是恒定流还是非恒定流

因为时变加速度 $\frac{\partial u_x}{\partial t} = 0$,$\frac{\partial u_y}{\partial t} = 0$,$\frac{\partial u_z}{\partial t} = 0$,所以该流动是恒定流。

(3)判定是均匀流还是非均匀流

因为位变加速度

$$\begin{cases} u_x \dfrac{\partial u_x}{\partial x} + u_y \dfrac{\partial u_x}{\partial y} + u_z \dfrac{\partial u_x}{\partial z} = \dfrac{1}{3}xy^4 \neq 0 \\[2mm] u_x \dfrac{\partial u_y}{\partial x} + u_y \dfrac{\partial u_y}{\partial y} + u_z \dfrac{\partial u_y}{\partial z} = \dfrac{1}{3}y^5 \neq 0 \\[2mm] u_x \dfrac{\partial u_z}{\partial x} + u_y \dfrac{\partial u_z}{\partial y} + u_z \dfrac{\partial u_z}{\partial z} = \dfrac{2}{3}xy^3 \neq 0 \end{cases}$$

所以该流动是非均匀流。

3.2.8 系统与控制体

用理论分析方法研究流体运动规律时,除了应用上面介绍的一些概念外,还要用到系统和控制体这两个概念。

3.2.8.1 系统

在工程流体力学中,系统是指由确定的流体质点组成的集合。系统在运动过程中,其空间位置、体积、形状都会随时间变化,但与外界没有质量交换。有限体积的系统叫流体团,微分体积的系统叫流体微团,换句话说,流体微团是指从有限体积的运动流体团中隔离出来的,在空间只占据一个体积微元,具有线性尺度效应的流体团。最小的系统是流体质点,它没有体积,仅占据一个空间点。在系统中可以有动量和能量的变化,而没有质量的变化。系统可以是静止的,也可以是运动的。

3.2.8.2　控制体

控制体是指相对于某个坐标系来说,有流体流过的固定不变的空间区域。换句话说,控制体是流场中划定的空间,其形状、位置固定不变,流体可不受影响地通过。

站在系统的角度观察和描述流体的运动及物理量的变化是拉格朗日方法的特征,而站在控制体的角度观察和描述流体的运动及物理量的变化是欧拉方法的特征。

3.3　流体运动的连续性方程

流体运动是一种连续介质的连续运动,它和其他物质运动一样遵守质量守恒定律。流体运动的连续性方程是流体运动学的基本方程,是质量守恒定律的流体力学表达式。它表达了在每一空间点上流体速度分量之间必须满足的关系。

3.3.1　连续性微分方程

如图 3.24 所示,在流场中以 M 点为中心取一个微小直角六面体为控制体,六面体的各边分别平行于 x , y , z 轴,边长分别为 $\mathrm{d}x$, $\mathrm{d}y$, $\mathrm{d}z$ 。

设 M 点的坐标为 (x,y,z) ,在某一时刻 t 时 M 点的流速为 u ,密度为 ρ 。由于控制体取得非常微小,六面体六个面上各点 t 时刻的流速和密度可用泰勒级数展开,略去高阶微量。

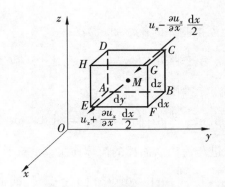

图 3.24　连续性微分方程

x 方向:

$EFGH$ 面和 $ABCD$ 面中心点处的速度和密度分别为

$$u_x + \frac{1}{2}\frac{\partial u_x}{\partial x}\mathrm{d}x \ , \ \rho + \frac{1}{2}\frac{\partial \rho}{\partial x}\mathrm{d}x \ ; \ u_x - \frac{1}{2}\frac{\partial u_x}{\partial x}\mathrm{d}x \ , \ \rho - \frac{1}{2}\frac{\partial \rho}{\partial x}\mathrm{d}x$$

因为微小六面体边界面面积非常微小,可以认为同一面上各点的速度、密度相等。

$\mathrm{d}t$ 时间内,从边界面 $ABCD$ 流入六面体的流体质量为

$$\left(\rho - \frac{1}{2} \frac{\partial \rho}{\partial x} \mathrm{d}x \right) \left(u_x - \frac{1}{2} \frac{\partial u_x}{\partial x} \mathrm{d}x \right) \mathrm{d}y \mathrm{d}z \mathrm{d}t$$

$\mathrm{d}t$ 时间内,从边界面 $EFGH$ 流出六面体的流体质量为

$$\left(\rho + \frac{1}{2} \frac{\partial \rho}{\partial x} \mathrm{d}x \right) \left(u_x + \frac{1}{2} \frac{\partial u_x}{\partial x} \mathrm{d}x \right) \mathrm{d}y \mathrm{d}z \mathrm{d}t$$

则 $\mathrm{d}t$ 时间内,沿 x 方向流入与流出六面体的流体质量差为

$$\Delta m_x = \left(\rho - \frac{1}{2} \frac{\partial \rho}{\partial x} \mathrm{d}x \right) \left(u_x - \frac{1}{2} \frac{\partial u_x}{\partial x} \mathrm{d}x \right) \mathrm{d}y \mathrm{d}z \mathrm{d}t - \left(\rho + \frac{1}{2} \frac{\partial \rho}{\partial x} \mathrm{d}x \right) \left(u_x + \frac{1}{2} \frac{\partial u_x}{\partial x} \mathrm{d}x \right) \mathrm{d}y \mathrm{d}z \mathrm{d}t$$

$$= - \frac{\partial (\rho u_x)}{\partial x} \mathrm{d}x \mathrm{d}y \mathrm{d}z \mathrm{d}t$$

y 方向:

$\mathrm{d}t$ 时间内,从 $EADH$ 流入控制体的流体质量为

$$\left(\rho - \frac{1}{2} \frac{\partial \rho}{\partial y} \mathrm{d}y \right) \left(u_y - \frac{1}{2} \frac{\partial u_y}{\partial y} \mathrm{d}y \right) \mathrm{d}x \mathrm{d}z \mathrm{d}t$$

$\mathrm{d}t$ 时间内,从 $FBCG$ 流出控制体的流体质量为

$$\left(\rho + \frac{1}{2} \frac{\partial \rho}{\partial y} \mathrm{d}y \right) \left(u_y + \frac{1}{2} \frac{\partial u_y}{\partial y} \mathrm{d}y \right) \mathrm{d}x \mathrm{d}z \mathrm{d}t$$

$\mathrm{d}t$ 时间内,沿 y 方向流入与流出六面体的流体质量差为

$$\Delta m_y = \left(\rho - \frac{1}{2} \frac{\partial \rho}{\partial y} \mathrm{d}y \right) \left(u_y - \frac{1}{2} \frac{\partial u_y}{\partial y} \mathrm{d}y \right) \mathrm{d}x \mathrm{d}z \mathrm{d}t - \left(\rho + \frac{1}{2} \frac{\partial \rho}{\partial y} \mathrm{d}y \right) \left(u_y + \frac{1}{2} \frac{\partial u_y}{\partial y} \mathrm{d}y \right) \mathrm{d}x \mathrm{d}z \mathrm{d}t$$

$$= - \frac{\partial (\rho u_y)}{\partial y} \cdot \mathrm{d}x \mathrm{d}y \mathrm{d}z \cdot \mathrm{d}t$$

z 方向:

$\mathrm{d}t$ 时间内,从 $ABFE$ 流入控制体的流体质量为

$$\left(\rho - \frac{1}{2} \frac{\partial \rho}{\partial z} \mathrm{d}z \right) \left(u_z - \frac{1}{2} \frac{\partial u_z}{\partial z} \mathrm{d}z \right) \mathrm{d}x \mathrm{d}y \mathrm{d}t$$

$\mathrm{d}t$ 时间内,从 $DCGH$ 流出控制体的流体质量为

$$\left(\rho + \frac{1}{2} \frac{\partial \rho}{\partial z} \mathrm{d}z \right) \left(u_z + \frac{1}{2} \frac{\partial u_z}{\partial z} \mathrm{d}z \right) \mathrm{d}x \mathrm{d}y \mathrm{d}t$$

$\mathrm{d}t$ 时间内,沿 z 方向流进与流出六面体的流体质量差为

$$\Delta m_z = \left(\rho - \frac{1}{2} \frac{\partial \rho}{\partial z} \mathrm{d}z \right) \left(u_z - \frac{1}{2} \frac{\partial u_z}{\partial z} \mathrm{d}z \right) \mathrm{d}x \mathrm{d}y \mathrm{d}t - \left(\rho + \frac{1}{2} \frac{\partial \rho}{\partial z} \mathrm{d}z \right) \left(u_z + \frac{1}{2} \frac{\partial u_z}{\partial z} \mathrm{d}z \right) \mathrm{d}x \mathrm{d}y \mathrm{d}t$$

$$= - \frac{\partial (\rho u_z)}{\partial z} \cdot \mathrm{d}x \mathrm{d}y \mathrm{d}z \cdot \mathrm{d}t$$

$\mathrm{d}t$ 时间内,经过微元六面体流体质量总变化为

$$\Delta m_x + \Delta m_y + \Delta m_z = - \left[\frac{\partial (\rho u_x)}{\partial x} + \frac{\partial (\rho u_y)}{\partial y} + \frac{\partial (\rho u_z)}{\partial z} \right] \cdot \mathrm{d}x \mathrm{d}y \mathrm{d}z \cdot \mathrm{d}t$$

六面体内 t 时刻的平均密度为 ρ ,质量为 $\rho \mathrm{d}x \mathrm{d}y \mathrm{d}z$ 。经过 $\mathrm{d}t$ 时间后,流体的平均密度为

$$\rho(x,y,z,t+dt) = \rho + \frac{\partial \rho}{\partial t}dt$$

质量为 $\left(\rho + \frac{\partial \rho}{\partial t}dt\right)dxdydz$，在 dt 时段内六面体内因密度变化而引起的质量变化为

$$\left(\rho + \frac{\partial \rho}{\partial t}dt\right)\cdot dxdydz - \rho\cdot dxdydz = \frac{\partial \rho}{\partial t}dxdydzdt$$

流体是连续介质，连续介质的运动必须维持质点的连续性，也就是说，质点间没有空隙。根据质量守恒定律，在同一时段内，流入和流出六面体的流体质量之差应等于六面体内因密度变化所引起的质量变化，即

$$-\left[\frac{\partial(\rho u_x)}{\partial x} + \frac{\partial(\rho u_y)}{\partial y} + \frac{\partial(\rho u_z)}{\partial z}\right]\cdot dxdydz\cdot dt = \frac{\partial \rho}{\partial t}dxdydzdt \tag{3.23}$$

（1）流体连续性微分方程的一般形式

将公式（3.23）两边同时除以 $dxdydz\cdot dt$，移项，化简之后得到

$$\frac{\partial \rho}{\partial t} + \frac{\partial(\rho u_x)}{\partial x} + \frac{\partial(\rho u_y)}{\partial y} + \frac{\partial(\rho u_z)}{\partial z} = 0 \tag{3.24}$$

上式即为流体连续性微分方程的一般形式，它表达了任何可能存在的流体运动所必须满足的连续性条件，也就是质量守恒条件。流体运动的连续性方程是个不涉及任何作用力的运动学方程。

公式（3.24）适用于理想流体或者实际流体；恒定流或者非恒定流；可压缩流体或者不可压缩流体。

（2）流体作恒定流动时的连续性微分方程

对于恒定流，有 $\rho = \rho(x,y,z)$，$\frac{\partial \rho}{\partial t} = 0$，则有

$$\frac{\partial(\rho u_x)}{\partial x} + \frac{\partial(\rho u_y)}{\partial y} + \frac{\partial(\rho u_z)}{\partial z} = 0 \tag{3.25}$$

公式（3.25）适用于理想流体或者实际流体、可压缩流体或者不可压缩流体的恒定流。

（3）不可压缩流体的连续性微分方程

对于不可压缩流体，$\rho = $ 常数，则有

$$\frac{\partial u_x}{\partial x} + \frac{\partial u_y}{\partial y} + \frac{\partial u_z}{\partial z} = 0 \tag{3.26}$$

上式即为不可压缩流体的连续性微分方程。该方程是欧拉在 1755 年首先推导出的，是质量守恒定律的流体力学表达式（微分形式），是支配流体运动的基本方程式。公式（3.26）适用于理想或者实际不可压缩流体作恒定流。

【例 3.5】　已知速度场 $u_x = \frac{1}{\rho}(y^2 - x^2)$，$u_y = \frac{1}{\rho}(2xy)$，$u_z = \frac{1}{\rho}(-2tz)$，$\rho = t^2$。试问流动是否满足连续性条件。

【解】　此流动为可压缩流体，非恒定流动

$$\frac{\partial \rho}{\partial t} = 2t$$

$$\frac{\partial(\rho u_x)}{\partial x} = \frac{\partial}{\partial x}(y^2 - x^2) = -2x$$

$$\frac{\partial(\rho u_y)}{\partial y} = \frac{\partial}{\partial y}(2xy) = 2x$$

$$\frac{\partial(\rho u_z)}{\partial z} = \frac{\partial}{\partial z}(-2tz) = -2t$$

将以上各项代入连续性微分方程一般形式,得到

$$\frac{\partial \rho}{\partial t} + \frac{\partial(\rho u_x)}{\partial x} + \frac{\partial(\rho u_y)}{\partial y} + \frac{\partial(\rho u_z)}{\partial z} = 2t - 2x + 2x - 2t = 0$$

此流动满足连续性条件,流动可能出现。

【例3.6】 已知速度场 $u_x = kx$,$u_y = -ky$,$u_z = 0$,k 为大于零的常数。试判别下式表示的不可压缩流体运动实际能否出现?

【解】 此流动为不可压缩流体平面流动

$$\frac{\partial u_x}{\partial x} = k$$

$$\frac{\partial u_y}{\partial y} = -k$$

代入不可压缩流体连续性微分方程,得到

$$\frac{\partial u_x}{\partial x} + \frac{\partial u_y}{\partial y} + \frac{\partial u_z}{\partial z} = k - k + 0 = 0$$

知满足连续性微分方程,该流动可能出现。

【例3.7】 已知速度场 $u_x = kx^2yz$,$u_y = y^2z - kxy^2z$,其中 k 为常数。试求坐标 z 方向的速度分量 u_z。

【解】 此流动为不可压缩流体空间流动

$$\frac{\partial u_x}{\partial x} = 2kxyz$$

$$\frac{\partial u_y}{\partial y} = 2yz - 2kxyz$$

由不可压缩流体连续性微分方程 $\frac{\partial u_x}{\partial x} + \frac{\partial u_y}{\partial y} + \frac{\partial u_z}{\partial z} = 0$ 得到

$$\frac{\partial u_z}{\partial z} = -\left(\frac{\partial u_x}{\partial x} + \frac{\partial u_y}{\partial y}\right) = -2yz$$

积分上式

$$u_z = -yz^2 + f(x,y)$$

$f(x,y)$ 是 x,y 的任意函数,满足连续性微分方程的 u_z 可有无数个,最简单的情况取 $f(x,y) = 0$,即 $u_z = -yz^2$。

3.3.2　元流的连续性方程

对于一元流动,可以通过元流分析法得到总流的连续性方程。

在恒定不可压缩总流中,任取一段总流,其进口断面 1-1 的面积为 A_1,出口断面 2-2 的面积为 A_2。流段 1-1 至 2-2 内的总流,可以视为无数元流的集合。从中任取一元流,设元流进口断面的面积、流速及流体密度分别为 dA_1、u_1、ρ_1,元流出口断面的面积、流速及流体密度为 dA_2、u_2、ρ_2,如图 3.25 所示。

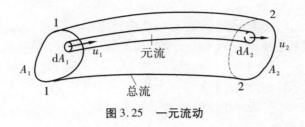

图 3.25　一元流动

引入下列 3 个条件:

(1)恒定流动:所取元流的形状、位置和各点的运动要素均不随时间而改变。

(2)流体不能由元流的侧壁流入或流出,只能通过过流断面 1-1 和 2-2 流入或流出。

(3)流体是连续介质,元流内部没有孔隙。

根据质量守恒定律可知:在微小 dt 时段内,由 dA_1 断面流入的流体质量必定等于由 dA_2 断面流出的流体质量,即

$$\rho_1 \cdot u_1 \cdot dA_1 \cdot dt = \rho_2 \cdot u_2 \cdot dA_2 \cdot dt$$

等式两边同时除以 dt,得到

$$\rho_1 \cdot u_1 \cdot dA_1 = \rho_2 \cdot u_2 \cdot dA_2 \tag{3.27}$$

上式即为可压缩流体恒定元流的连续性方程,它表明:沿元流任一过流断面上的质量流量均相等。

对于不可压缩均质流体,有:$\rho_1 = \rho_2 = \rho =$ 常数,$\dfrac{\partial \rho}{\partial t} = 0$,上式可以简化为

$$u_1 \cdot dA_1 = u_2 \cdot dA_2 \tag{3.28}$$

$$dQ_1 = dQ_2 \tag{3.29}$$

上式即为恒定不可压缩均质元流的连续性方程,它表明:不可压缩均质恒定元流,沿元流各过流断面的体积流量均相等,速度与断面面积成反比。

3.3.3　总流的连续性方程

总流是无数个元流的集合,将元流的连续性方程在总流过流断面上积分,即可得到恒定总流的连续性方程

$$\rho_1 \int_{A_1} u_1 \cdot dA_1 = \rho_2 \int_{A_2} u_2 \cdot dA_2$$

由断面平均速度 v 的定义可知

$$\int_{A_1} u_1 \cdot dA_1 = v_1 \cdot A_1 \ , \ \int_{A_2} u_2 \cdot dA_2 = v_2 \cdot A_2$$

所以

$$\rho_1 v_1 A_1 = \rho_2 v_2 A_2 \tag{3.30}$$

上式即为可压缩流体恒定总流的连续性方程,它表明:通过恒定总流各断面的质量流量相等。

对于不可压缩均质流体,$\rho_1 = \rho_2 =$ 常数,则有

$$v_1 \cdot A_1 = v_2 \cdot A_2 = Q \tag{3.31}$$

上式即为不可压缩均质流体恒定总流的连续性方程。公式表明:对于不可压缩均质流体恒定总流,通过各过流断面的体积流量是相等的,其断面平均流速与过流断面面积成反比。

恒定总流的连续性方程的适用条件:

(1)不可压缩流体(包括理想流体和实际流体)。

(2)流体作恒定流动。

上述总流的连续性方程是在流量沿程不变的条件下导出的。当沿途有流量流进或流出时,总流的连续性方程仍然是适用的,只是形式有所不同,如图 3.26 所示:

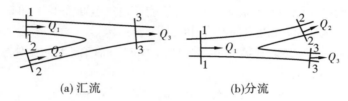

(a)汇流   (b)分流

图 3.26　汇流与分流

对于汇流情况,则有

$$Q_1 + Q_2 = Q_3 \tag{3.32}$$

对于分流情况,则有

$$Q_1 = Q_2 + Q_3 \tag{3.33}$$

【例 3.8】　如图 3.27 所示,在一压力管道中,已知 $d_1 = 200$ mm,$d_2 = 150$ mm,$d_3 = 100$ mm。第三段管中的平均流速 $v_3 = 2$ m/s。试求管中的流量 Q 及第一、第二两段管中的平均流速 v_1、v_2。

【解】　根据总流连续性方程:$\dfrac{v_1}{v_3} = \dfrac{A_3}{A_1}$ 得到

$$v_1 = \frac{A_3}{A_1} v_3 = \left(\frac{d_3}{d_1}\right)^2 v_3 = \left(\frac{0.1}{0.2}\right)^2 \times 2 = 0.5 \text{ m/s}$$

$$v_2 = \frac{A_3}{A_2} v_3 = \left(\frac{d_3}{d_2}\right)^2 v_3 = \left(\frac{0.1}{0.15}\right)^2 \times 2 = 0.89 \text{ m/s}$$

$$Q = v_3 A_3 = 2 \times \frac{3.14 \times 0.1^2}{4} = 0.015\ 7 \text{ m}^3/\text{s}$$

【例 3.9】　如图 3.28 所示,输水管道经三通管分流,已知管径 $d_1 = d_2 = 200$ mm,$d_3 = 100$ mm,断面平均流速 $v_1 = 3$ m/s,$v_2 = 2$ m/s,试求断面平均流速 v_3。

【解】　根据流体总流连续性方程,流入和流出三通管的流量应相等,即

$$Q_1 = Q_2 + Q_3$$

$$v_1 A_1 = v_2 A_2 + v_3 A_3$$

$$v_3 = (v_1 - v_2)\left(\frac{d_1}{d_2}\right)^2 = (3 - 2)\left(\frac{0.2}{0.1}\right)^2 = 4\ \mathrm{m/s}$$

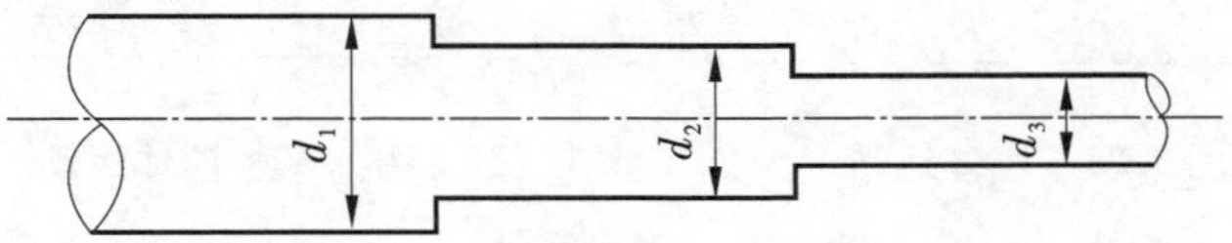

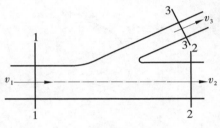

图 3.27　变直径压力管道

图 3.28　三通管分流

3.4　流体微团运动分析

前面我们对流体运动要素的分析和描述仅限于流体质点的尺度上,而把流体团运动看成无穷多个流体质点运动的集合,没有涉及流体质点之间的相对位移和相对运动。这一节我们研究流体微团本身的运动。所谓流体微团是指由大量流体质点所组成的微小流体团。我们首先给出在同一时刻流体微团中任意两点速度之间的关系,在此基础上分析流体微团的运动形式,从而把对流体运动特性的认识扩展到流体微团的尺度上。通过对流体微团运动的分析,来进一步认识流场的特点。

流体微团与流体质点是两个不同的概念,在连续介质的概念中,流体质点是可以忽略线性尺度效应(如膨胀、变形、转动等)的最小单元,而流体微团则是由大量流体质点所组成的具有线性尺度效应的微小流体团。

3.4.1　微团运动的分解

从理论力学知道,刚体的一般运动可以分解为随基点的移动和随基点的转动两种运动形式。流体是具有流动性并且极易变形的连续介质。因此,流体微团在运动过程中,除了与刚体一样可以移动和转动之外(图 3.29),还有变形运动(包括线变形和角变形)。流体微团的运动分解由亥姆霍兹速度分解定理确定:在一般情况下,任一流体微团的运动可以分解为三个运动:随同任意基点的平移,对于通过这个基点的瞬时轴的旋转运动以及变形运动,如图 3.30 所示。

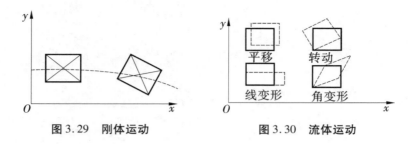

图 3.29　刚体运动　　　　　图 3.30　流体运动

某时刻 t ,在流场中任取一流体微团,取其中一点 $A(x,y,z)$ 为基点,速度为 u 。在 A 点的邻域任取一点 $M(x+\mathrm{d}x,y+\mathrm{d}y,z+\mathrm{d}z)$,如图 3.31 所示。

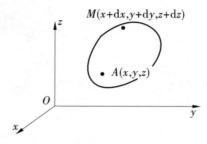

图 3.31　流体微团

在 t 时刻,基点 A 的速度投影为 u_x , u_y , u_z 。根据泰勒级数展开公式,在同一时刻 t , M 点的速度可以近似用 A 点的速度表示为

$$\begin{cases} u_{Mx} = u_x + \dfrac{\partial u_x}{\partial x}\mathrm{d}x + \dfrac{\partial u_x}{\partial y}\mathrm{d}y + \dfrac{\partial u_x}{\partial z}\mathrm{d}z & (\text{a}) \\[2mm] u_{My} = u_y + \dfrac{\partial u_y}{\partial x}\mathrm{d}x + \dfrac{\partial u_y}{\partial y}\mathrm{d}y + \dfrac{\partial u_y}{\partial z}\mathrm{d}z & (\text{b}) \\[2mm] u_{Mz} = u_z + \dfrac{\partial u_z}{\partial x}\mathrm{d}x + \dfrac{\partial u_z}{\partial y}\mathrm{d}y + \dfrac{\partial u_z}{\partial z}\mathrm{d}z & (\text{c}) \end{cases} \quad (3.34)$$

为了显示流体微团运动的各个组成部分,对上面的式子进行恒等变换

（a） $\pm \dfrac{1}{2}\dfrac{\partial u_y}{\partial x}\mathrm{d}y \pm \dfrac{1}{2}\dfrac{\partial u_z}{\partial x}\mathrm{d}z$ ；（b） $\pm \dfrac{1}{2}\dfrac{\partial u_z}{\partial y}\mathrm{d}z \pm \dfrac{1}{2}\dfrac{\partial u_x}{\partial y}\mathrm{d}x$ ；（c） $\pm \dfrac{1}{2}\dfrac{\partial u_x}{\partial z}\mathrm{d}x \pm \dfrac{1}{2}\dfrac{\partial u_y}{\partial z}\mathrm{d}y$

令

$$\varepsilon_{xx} = \frac{\partial u_x}{\partial x} = \frac{1}{2}\left(\frac{\partial u_x}{\partial x} + \frac{\partial u_x}{\partial x}\right) \; ; \; \varepsilon_{yz} = \varepsilon_{zy} = \frac{1}{2}\left(\frac{\partial u_z}{\partial y} + \frac{\partial u_y}{\partial z}\right) \; ; \; \omega_x = \frac{1}{2}\left(\frac{\partial u_z}{\partial y} - \frac{\partial u_y}{\partial z}\right)$$

$$\varepsilon_{yy} = \frac{\partial u_y}{\partial y} = \frac{1}{2}\left(\frac{\partial u_y}{\partial y} + \frac{\partial u_y}{\partial y}\right) \; ; \; \varepsilon_{xz} = \varepsilon_{zx} = \frac{1}{2}\left(\frac{\partial u_x}{\partial z} + \frac{\partial u_z}{\partial x}\right) \; ; \; \omega_y = \frac{1}{2}\left(\frac{\partial u_x}{\partial z} - \frac{\partial u_z}{\partial x}\right)$$

$$\varepsilon_{zz} = \frac{\partial u_z}{\partial z} = \frac{1}{2}\left(\frac{\partial u_z}{\partial z} + \frac{\partial u_z}{\partial z}\right) \; ; \; \varepsilon_{xy} = \varepsilon_{yx} = \frac{1}{2}\left(\frac{\partial u_x}{\partial y} + \frac{\partial u_y}{\partial x}\right) \; ; \; \omega_z = \frac{1}{2}\left(\frac{\partial u_y}{\partial x} - \frac{\partial u_x}{\partial y}\right)$$

则 M 点的速度可以表示为

$$
\begin{cases}
u_{Mx} = u_x + (\varepsilon_{xx}\mathrm{d}x + \varepsilon_{xy}\mathrm{d}y + \varepsilon_{xz}\mathrm{d}z) + (\omega_y\mathrm{d}z - \omega_z\mathrm{d}y)\\
u_{My} = u_y + (\varepsilon_{yy}\mathrm{d}y + \varepsilon_{yz}\mathrm{d}z + \varepsilon_{yx}\mathrm{d}x) + (\omega_z\mathrm{d}x - \omega_x\mathrm{d}z)\\
u_{Mz} = u_z + (\varepsilon_{zz}\mathrm{d}z + \varepsilon_{zx}\mathrm{d}x + \varepsilon_{zy}\mathrm{d}y) + (\omega_x\mathrm{d}y - \omega_y\mathrm{d}x)
\end{cases}
\tag{3.35}
$$

这就是流体微团中任意两点间速度关系的一般形式,称为流体微团运动的速度分解公式,也称为亥姆霍兹速度分解定理。

其中

$$
\varepsilon =
\begin{bmatrix}
\varepsilon_{xx} & \varepsilon_{xy} & \varepsilon_{xz}\\
\varepsilon_{yx} & \varepsilon_{yy} & \varepsilon_{yz}\\
\varepsilon_{zx} & \varepsilon_{zy} & \varepsilon_{zz}
\end{bmatrix}
=
\begin{bmatrix}
\dfrac{1}{2}\left(\dfrac{\partial u_x}{\partial x}+\dfrac{\partial u_x}{\partial x}\right) & \dfrac{1}{2}\left(\dfrac{\partial u_x}{\partial y}+\dfrac{\partial u_y}{\partial x}\right) & \dfrac{1}{2}\left(\dfrac{\partial u_x}{\partial z}+\dfrac{\partial u_z}{\partial x}\right)\\[4mm]
\dfrac{1}{2}\left(\dfrac{\partial u_y}{\partial x}+\dfrac{\partial u_x}{\partial y}\right) & \dfrac{1}{2}\left(\dfrac{\partial u_y}{\partial y}+\dfrac{\partial u_y}{\partial y}\right) & \dfrac{1}{2}\left(\dfrac{\partial u_y}{\partial z}+\dfrac{\partial u_z}{\partial y}\right)\\[4mm]
\dfrac{1}{2}\left(\dfrac{\partial u_z}{\partial x}+\dfrac{\partial u_x}{\partial z}\right) & \dfrac{1}{2}\left(\dfrac{\partial u_z}{\partial y}+\dfrac{\partial u_y}{\partial z}\right) & \dfrac{1}{2}\left(\dfrac{\partial u_z}{\partial z}+\dfrac{\partial u_z}{\partial z}\right)
\end{bmatrix}
\tag{3.36}
$$

3.4.2　流体微团运动的分析

流体微团运动的速度分解公式中各部分分别代表一种简单运动的速度。为了方便起见,先分析流体微团的平面运动,然后再将其结果推广到空间运动情况。

设某时刻 t 在平面流场中取边长为 $\mathrm{d}y$ 和 $\mathrm{d}z$ 的矩形流体微团 $ABCD$,以 A 为基点,该点的速度分量为 u_y,u_z,则 B 点、C 点和 D 点的速度可以用略去二阶以上微量的泰勒级数表示,如图 3.32 所示,分别为

$$
u_{By} = u_y + \frac{\partial u_y}{\partial y}\mathrm{d}y,\ u_{Bz} = u_z + \frac{\partial u_z}{\partial y}\mathrm{d}y;\ u_{Cy} = u_y + \frac{\partial u_y}{\partial y}\mathrm{d}y + \frac{\partial u_y}{\partial z}\mathrm{d}z;
$$

$$
u_{Cz} = u_z + \frac{\partial u_z}{\partial y}\mathrm{d}y + \frac{\partial u_z}{\partial z}\mathrm{d}z;\ u_{Dy} = u_y + \frac{\partial u_y}{\partial z}\mathrm{d}z,\ u_{Dz} = u_z + \frac{\partial u_z}{\partial z}\mathrm{d}z
$$

由于流体微团各点的速度不同,经过 $\mathrm{d}t$ 时段后,其位置和形状都将发生变化。

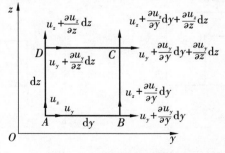

图 3.32　微团平面运动

3.4.2.1　平移运动

如图 3.32 所示,u_y,u_z 是流体微团各点共有的速度,是微团随基点 A 平移在各点引

起的速度,称为平移速度。同理,对于三维流动,u_x,u_y,u_z分别为流体微团在x,y,z方向的平移速度。

3.4.2.2 变形运动

(1)线变形运动 流体微团上各点由于所在坐标位置的不同将在坐标轴方向产生速度差,该速度差将使流体微团在dt时间内产生沿坐标轴方向的线变形,即各边伸长或缩短。

如图 3.33 所示,流体微团上A点和B点在y方向的速度不同,在dt时间内,两点y方向的位移量不相等,AB边发生线变形,平行于y轴的直线都将发生线变形。

$$\left(u_y + \frac{\partial u_y}{\partial y}dy\right) \cdot dt - u_y \cdot dt = \frac{\partial u_y}{\partial y}dy \cdot dt$$

定义单位时间单位长度上的线变形为线变形速度,可知

$$\varepsilon_{yy} = \frac{\partial u_y}{\partial y}$$

是单位时间流体微团y方向的相对线变形量,称为流体微团在y方向的线变形速度。

同理

$$\varepsilon_{zz} = \frac{\partial u_z}{\partial z}$$

是流体微团在z方向的线变形速度;

$$\varepsilon_{xx} = \frac{\partial u_x}{\partial x}$$

是流体微团在x方向的线变形速度。

(2)角变形运动 如图 3.34 所示,流体微团上A和B点在z方向的速度不同,在dt时间内,两点z方向的位移量不相等,AB边发生偏转,偏转角度

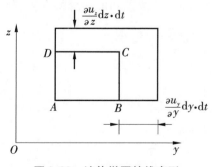

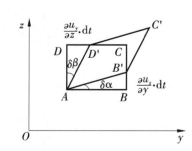

图 3.33 流体微团的线变形   图 3.34 流体微团的角变形

$$\delta\alpha \approx \tan(\delta\alpha) = \frac{BB'}{dy} = \frac{\frac{\partial u_z}{\partial y}dy \cdot dt}{dy} = \frac{\partial u_z}{\partial y} \cdot dt$$

同理,AD边也发生偏转,偏转角度

$$\delta\beta \approx \tan(\delta\beta) = \frac{DD'}{\mathrm{d}z} = \frac{\dfrac{\partial u_y}{\partial z}\mathrm{d}z \cdot \mathrm{d}t}{\mathrm{d}z} = \frac{\partial u_y}{\partial z} \cdot \mathrm{d}t$$

AB、AD 偏转的结果,使流体微团由原来的矩形变成平行四边形 $AB'C'D'$,流体微团在 yOz 平面上的角变形用 $\dfrac{1}{2}(\delta\alpha + \delta\beta)$ 表示。

$$\frac{1}{2}(\delta\alpha + \delta\beta) = \frac{1}{2}\left(\frac{\partial u_z}{\partial y} + \frac{\partial u_y}{\partial z}\right) \cdot \mathrm{d}t = \varepsilon_{yz} \cdot \mathrm{d}t$$

定义单位时间直角边的偏转角度之半为流体微团的角变形速度,则有

$$\varepsilon_{yz} = \frac{1}{2}\left(\frac{\partial u_z}{\partial y} + \frac{\partial u_y}{\partial z}\right)$$

是流体微团在 yOz 平面上的角变形速度;

同理

$$\varepsilon_{zx} = \frac{1}{2}\left(\frac{\partial u_x}{\partial z} + \frac{\partial u_z}{\partial x}\right)$$

是流体微团在 xOz 平面上的角变形速度;

$$\varepsilon_{xy} = \frac{1}{2}\left(\frac{\partial u_y}{\partial x} + \frac{\partial u_x}{\partial y}\right)$$

是流体微团在 xOy 平面上的角变形速度。

3.4.2.3　旋转运动

流体微团的旋转运动,表现为 $\angle BAD$ 的平分线的位置变化。如图 3.35 所示,当流体微团 AB、AD 边偏转的方向相反,转角相等,$\delta\alpha = \delta\beta$,流体微团发生角变形,但变形前后角平分线 AE 的位置没有发生改变,则此时流体微团没有发生旋转,只有角变形。

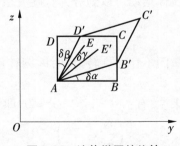

图 3.35　流体微团的旋转

当流体微团的偏转角度不等,$\delta\alpha \neq \delta\beta$,则流体微团发生变形前后角平分线 AE 的位置发生了改变,由变形前的 AE 位置旋转到 AE' 位置,则表示流体微团发生了旋转。旋转角度规定以逆时针方向的转角为正,顺时针方向的转角为负。

根据几何关系,角平分线旋转的角度

$$\delta\gamma = \frac{1}{2}(\delta\alpha - \delta\beta)$$

将 $\delta\alpha = \dfrac{\partial u_z}{\partial y} \cdot \mathrm{d}t$, $\delta\beta = \dfrac{\partial u_y}{\partial z} \cdot \mathrm{d}t$ 代入上式得到

$$\delta\gamma = \frac{1}{2}(\delta\alpha - \delta\beta) = \frac{1}{2}\left(\frac{\partial u_z}{\partial y} - \frac{\partial u_y}{\partial z}\right)\mathrm{d}t$$

则旋转角速度

$$\frac{\mathrm{d}\theta}{\mathrm{d}t} = \frac{1}{2}\left(\frac{\partial u_z}{\partial y} - \frac{\partial u_y}{\partial z}\right) = \omega_x$$

是微团绕平行于 Ox 轴的基点轴的旋转角速度。

同理可以得到

$$\omega_y = \frac{1}{2}\left(\frac{\partial u_x}{\partial z} - \frac{\partial u_z}{\partial x}\right)$$

是微团绕平行于 Oy 轴的基点轴的旋转角速度；

$$\omega_z = \frac{1}{2}\left(\frac{\partial u_y}{\partial x} - \frac{\partial u_x}{\partial y}\right)$$

是微团绕平行于 Oz 轴的基点轴的旋转角速度。

从上面的分析我们可以看出：流体微团运动包括平移运动、变形运动和旋转运动三部分，比刚体运动更为复杂。亥姆霍兹速度分解定理建立了流体的应力和变形速度之间的关系，为最终建立黏性流体运动的基本方程奠定了基础。M 点的速度分量由三部分组成：第一部分为跟随 A 点的平移速度分量；第二部分中第一项为流体微团的线变形速度分量，第二、三项为流体微团的角变形速度分量，第二部分合称为流体微团的变形速度分量；第三部分为流体微团绕 A 点的旋转速度分量。

3.4.3 有旋流动与无旋流动

根据流体微团是否转动，流体运动可以划分为有旋流动和无旋流动两种。

3.4.3.1 无旋流动

如果在流体运动中，流体微团不存在旋转运动，即旋转角速度为零，这样的流动称为无旋流动。

根据定义，对于无旋流动来说，有：$\omega_x = \omega_y = \omega_z = 0$，即

$$\left.\begin{aligned}
\omega_x &= \frac{1}{2}\left(\frac{\partial u_z}{\partial y} - \frac{\partial u_y}{\partial z}\right) = 0 \\[2mm]
\omega_y &= \frac{1}{2}\left(\frac{\partial u_x}{\partial z} - \frac{\partial u_z}{\partial x}\right) = 0 \\[2mm]
\omega_z &= \frac{1}{2}\left(\frac{\partial u_y}{\partial x} - \frac{\partial u_x}{\partial y}\right) = 0
\end{aligned}\right\} \tag{3.37}$$

得到

$$
\left.
\begin{array}{r}
\dfrac{\partial u_x}{\partial y} = \dfrac{\partial u_y}{\partial x} \\[2mm]
\dfrac{\partial u_y}{\partial z} = \dfrac{\partial u_z}{\partial y} \\[2mm]
\dfrac{\partial u_z}{\partial x} = \dfrac{\partial u_x}{\partial z}
\end{array}
\right\}
\tag{3.38}
$$

3.4.3.2　有旋流动

如果在流体运动中,流体微团存在旋转运动,即旋转角速度 ω_x,ω_y,ω_z 三者之中,至少有一个不为零,这样的流动称为有旋流动。

判断流体运动是有旋流动还是无旋流动,只取决于流体微团本身是否旋转,而与其运动轨迹无关,不涉及流动是恒定还是非恒定,是均匀流还是非均匀流,也不涉及流线是直线还是曲线。如图 3.36 所示,流体微团运动轨迹是直线,但图 3.36(a)中,微团本身无旋转,流动是无旋流动,图 3.36(b)中流体微团发生了旋转,流动是有旋流动。图 3.37 中,流体微团运动轨迹是圆,但图 3.37(a)中流体微团本身无旋转,流动仍是无旋流动;只有微团本身有旋转,才是有旋流动。

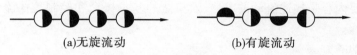

(a)无旋流动　　　　　　(b)有旋流动

图 3.36　流体微团作直线运动

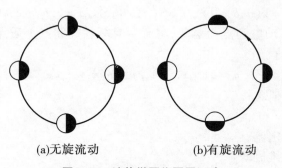

(a)无旋流动　　　　　　(b)有旋流动

图 3.37　流体微团作圆周运动

自然界中大多数流动由于黏性的作用,一般都是有旋流动,这些有旋流动有些是以明显可见的旋涡形式表达出来的,比如桥墩后的旋涡区,航船船尾后面的旋涡,大气中的龙卷风等。更多情况下,有旋流动没有明显可见的旋涡,不是一眼就能看出来的,需要对速度场进行分析加以判别。

一般来讲,无旋流动存在于无黏性的理想流体中,而有旋流动存在于有黏性的实际流体中,但实际流体运动在某些情况下也可以是无旋流动。

【例 3.10】　判别下列流动是有旋流动还是无旋流动:已知速度场 $u_x = ay$,$u_y = u_z =$

0,其中 a 为常数,流线是平行于 x 轴的直线,如图 3.38 所示。

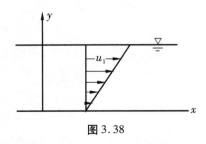

图 3.38

【解】 　该流动为平面流动,只需要判别 ω_z 是否为零。

$$\omega_z = \frac{1}{2}\left(\frac{\partial u_y}{\partial x} - \frac{\partial u_x}{\partial y}\right) = \frac{1}{2}(0 - a) = -\frac{a}{2} \neq 0$$

所以该流动是有旋流动。

本章小结

本章的主要内容是描述流动的方法、欧拉法的基本概念和控制流体流动的基本方程之一连续性方程。

1. 描述流动的方法

(1)拉格朗日法:以个别质点为对象,将每个质点的运动情况汇总起来,以此描述整个流动

$$x = x(a,b,c,t) \ , \ y = y(a,b,c,t) \ , \ z = z(a,b,c,t)$$

(2)欧拉法:以流动空间点为对象,将每一时刻各空间点上质点的运动情况汇总起来,以此描述整个流动

$$u = u(x,y,z,t) \ , \ p = p(x,y,z,t)$$

2. 欧拉法的基本概念

(1)流动的分类

①恒定流和非恒定流

②一维、二维、三维流动

③均匀流和非均匀流

(2)流动的描述

①流线:某时刻曲线上各质点的速度矢量都与该曲线相切。流线方程: $\dfrac{dx}{u_x} = \dfrac{dy}{u_y} = \dfrac{dz}{u_z}$

②流管、过流断面、元流和总流

③流量: $Q = \int u dA$

④断面平均流速: $v = \dfrac{Q}{A}$

3. 连续性方程

(1)应用微元控制体分析法建立了三维流动的连续性微分方程

普遍公式

$$\frac{\partial \rho}{\partial t} + \frac{\partial(\rho u_x)}{\partial x} + \frac{\partial(\rho u_y)}{\partial y} + \frac{\partial(\rho u_z)}{\partial z} = 0$$

恒定流

$$\frac{\partial(\rho u_x)}{\partial x} + \frac{\partial(\rho u_y)}{\partial y} + \frac{\partial(\rho u_z)}{\partial z} = 0$$

不可压缩流体

$$\frac{\partial u_x}{\partial x} + \frac{\partial u_y}{\partial y} + \frac{\partial u_z}{\partial z} = 0$$

(2)对于一维流动,通过元流分析法建立了恒定总流连续性方程

恒定流 $\qquad \rho_1 v_1 A_1 = \rho_2 v_2 A_2$

不可压缩流体 $\qquad v_1 A_1 = v_2 A_2$

4. 流体微团运动分析

(1)为了揭示流体的运动规律,引入了流体微团的概念。流体微团的运动形式可以分解为平移、转动和变形(包括线变形和角变形)运动。

①线变形速度

$$\varepsilon_{xx} = \frac{\partial u_x}{\partial x} \qquad \varepsilon_{yy} = \frac{\partial u_y}{\partial y} \qquad \varepsilon_{zz} = \frac{\partial u_z}{\partial z}$$

②角变形速度

$$\varepsilon_{xy} = \frac{1}{2}\left(\frac{\partial u_y}{\partial x} + \frac{\partial u_x}{\partial y}\right) \qquad \varepsilon_{yz} = \frac{1}{2}\left(\frac{\partial u_z}{\partial y} + \frac{\partial u_y}{\partial z}\right) \qquad \varepsilon_{zx} = \frac{1}{2}\left(\frac{\partial u_x}{\partial z} + \frac{\partial u_z}{\partial x}\right)$$

③旋转角速度

$$\omega_x = \frac{1}{2}\left(\frac{\partial u_z}{\partial y} - \frac{\partial u_y}{\partial z}\right) \qquad \omega_y = \frac{1}{2}\left(\frac{\partial u_x}{\partial z} - \frac{\partial u_z}{\partial x}\right) \qquad \omega_z = \frac{1}{2}\left(\frac{\partial u_y}{\partial x} - \frac{\partial u_x}{\partial y}\right)$$

(2)根据流体微团在运动过程中是否围绕自身瞬时轴旋转,将流体运动分为无旋流动和有旋流动。

①无旋流动:旋转角速度 ω_x,ω_y,ω_z 均为零。

②有旋流动:旋转角速度 ω_x,ω_y,ω_z 三者之中,至少有一个不为零。

思考题

1. 描述流体运动有哪两种方法? 这两种方法描述流体运动的主要区别是什么?

2. 在欧拉法中加速度的表达式是怎样的? 什么是当地加速度和迁移加速度?

3. 什么是流线? 什么是迹线? 流线具有哪些性质? 流线和迹线的微分方程有什么不同? 在什么情况下流线与迹线重合?

4. 什么是恒定流? 什么是非恒定流? 各有什么特点?

5. 什么是均匀流? 什么是非均匀流? 其分类与过流断面上流速分布是否均匀有无关系?

6. 什么是一维流动、二维流动和三维流动?

7. 什么是流管、流束、流量?

8. 什么是渐变流? 渐变流有哪些主要性质? 引入渐变流概念,对研究流体运动有什么实际意义?

9. 什么是断面平均流速? 为什么要引入断面平均流速这个概念?

10. 总流连续性方程 $v_1 A_1 = v_2 A_2$ 的物理意义是什么?

习 题

一、单项选择题

1. 欧拉法_____描述流体质点的运动。

A. 直接　　　　　　B. 间接　　　　　　C. 不能　　　　　　D. 只在恒定时能

2. 用欧拉法描述流体质点沿 x 方向的加速度为_____。

A. $\dfrac{\partial u_x}{\partial t}$ 　　　　　　　　　B. $\dfrac{\partial u_x}{\partial t} + u_x \dfrac{\partial u_x}{\partial x}$

C. $u_x \dfrac{\partial u_x}{\partial x} + u_y \dfrac{\partial u_x}{\partial y} + u_z \dfrac{\partial u_x}{\partial z}$ 　　　　　D. $\dfrac{\partial u_x}{\partial t} + u_x \dfrac{\partial u_x}{\partial x} + u_y \dfrac{\partial u_x}{\partial y} + u_z \dfrac{\partial u_x}{\partial z}$

3. 在同一瞬时,位于流线上各个流体质点的速度方向总是在该点与此线_____。

A. 重合　　　　　　B. 相交　　　　　　C. 相切　　　　　　D. 平行

4. 流线与流线,在通常情况下:_____。

A. 能相交,也能相切　　　　　　　B. 仅能相交,但不能相切

C. 仅能相切,但不能相交　　　　　　D. 既不能相交,也不能相切

5. 恒定流是流场中_____ 的流动。

A. 各断面流速分布相同　　　　　　　B. 流线是相互平行的直线

C. 各空间点上的运动要素不随时间而变化　　D. 流动随时间按一定规律变化

6. 非恒定流是_____。

A. $\dfrac{\partial u}{\partial t} = 0$ 　　　　B. $\dfrac{\partial u}{\partial t} \neq 0$ 　　　　C. $\dfrac{\partial u}{\partial s} = 0$ 　　　　D. $\dfrac{\partial u}{\partial s} \neq 0$

7. 在_____流动中,流线和迹线重合。

A. 一维　　　　　　B. 非恒定　　　　　C. 恒定　　　　　　D. 不可压缩流体

8. 均匀流的_____加速度为零。

A. 时变　　　　　　B. 位变　　　　　　C. 向心　　　　　　D. 质点

9. 渐变流过流断面上有_____。

A. 压强均匀分布　　　　　　　　　　B. 压强按静压强规律分布

C. 各点压强都等于零　　　　　　　　D. 不能确定

10. 在同一渐变流断面上_____处处相等。

A. 测压管高度　　B. 压强水头　　C. 测压管水头　　D. 位置水头

11. 一维流动是_____。

A. 运动参数是一个空间坐标和时间变量的函数　　B. 速度分布按直线变化

C. 均匀直线流动　　　　　　　　　D. 流动参数随时间而变化

12. 已知流动速度分布为 $u_x = x^2 y$，$u_y = xy^2$，$u_z = xy$，则此流动属于_____。

A. 三维恒定流　B. 二维恒定流　C. 三维非恒定流　D. 二维非恒定流

13. 断面平均流速 v 与断面上每一点的实际流速 u 的关系是_____。

A. $v = u$　　　B. $v < u$　　　C. $v > u$　　　D. $v \leq u$ 或 $v \geq u$

14. 连续性方程表示流体运动遵循_____守恒定律。

A. 能量　　　B. 动量　　　C. 质量　　　D. 流量

15. 不可压缩流体的总流连续性方程 $v_1 A_1 = v_2 A_2$ 适用于_____。

A. 恒定流　　　B. 非恒定流　　　C. 恒定流与非恒定流　　　D. 均不适用

16. 水在一条管道中流动,如果两断面的管径比为 $d_1 / d_2 = 2$,则对应的断面平均流速之比 $v_1 / v_2 =$ _____。

A. 2　　　B. 1/2　　　C. 4　　　D. 1/4

二、计算题

17. 已知不可压缩流体平面流动的速度场为 $u_x = xt + 2y$，$u_y = xt^2 - yt$,试求当 $t = 1$ s 时点 $A(1,2)$ 处液体质点的加速度。

18. 已知速度场 $u_x = 2t + 3x + y$，$u_y = t - y + z$，$u_z = t + 2x - z$。试求当 $t = 2$ 时,某空间点 $(0.9, 0.7, 0.5)$ 上质点的加速度。

19. 已知平面流动的流速 $u_x = x + t - 1$，$u_y = -y$。试求:(1) $t = 0$ 时,过 $(0,1)$ 点的迹线方程;(2) $t = 0$ 时过 $(0,1)$ 点的流线方程。

20. 已知非恒定流动的速度分布为: $u_x = x + t$，$u_y = -y + 2t$,试求 $t = 1$ 时经过坐标原点的流线方程。

21. 已知平面流动的速度场为 $u_x = a$，$u_y = b$，a、b 为常数,试求流线方程。

22. 已知速度场 $u_x = x + t$，$u_y = -y + t$,试求 $t = 0$ 时通过点 $A(-1,1)$ 的流线方程。

23. 已知速度场 $u_x = (4y - 6x) t$，$u_y = (6y - 9x) t$,试判断:(1)该流动是几维流动? (2)该流动是恒定流还是非恒定流? (3)该流动是均匀流还是非均匀流?

24. 已知速度场 $u_x = xy^2$，$u_y = -\dfrac{1}{5} y^3$。试判断:(1)该流动是几维流动? (2)该流动是恒定流还是非恒定流? (3)该流动是均匀流还是非均匀流?

25. 已知流速场 $u_x = 4x^3 + 2y + xy$，$u_y = 3x - y^3 + z$,试判断:(1)该流动是几维流动? (2)该流动是恒定流还是非恒定流? (3)该流动是均匀流还是非均匀流?

26. 如题 26 图所示,水管的半径 $r_0 = 30$ mm,流量 $Q = 4.1$ L/s,已知过流断面上的流速分布为 $u = u_{max} \left(\dfrac{y}{r_0} \right)^{1/7}$。式中, u_{max} 是断面中心点的最大流速, y 为距管壁的距离。试求:(1)断面平均流速 v ;(2)断面最大流速 u_{max} ;(3)过流断面上,流速等于平均流速的点距管壁的距离。

27. 不可压缩流体,下面的运动能否出现(是否满足连续性条件)?

(1) $u_x = 2x^2 + y^2$; $u_y = x^3 - x(y^2 - 2y)$

(2) $u_x = xt + 2y$; $u_y = xt^2 - yt$

(3) $u_x = y^2 + 2xz$; $u_y = -2yz + x^2 yz$; $u_z = \dfrac{1}{2} x^2 z^2 + x^3 y^4$

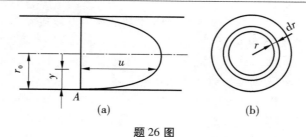

题 26 图

28. 已知不可压缩流体平面流动,在 y 方向的速度分量为 $u_y = y^2 - 2x + 2y$。试求速度在 x 方向的分量 u_x。

29. 已知不可压缩流体作恒定流动,其流速分布为 $u_x = ax^2 - y^2 + x$,$u_y = -(x + b)y$,若流体为不可压缩,试求常数 a、b 的值。

30. 变直径水管如题 30 图所示,已知细管段直径 $d_1 = 100$ mm,断面平均流速 $v_1 = 3.2$ m/s,粗管段直径 $d_2 = 200$ mm。试求粗管段的断面平均流速 v_2。

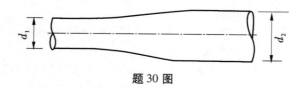

题 30 图

31. 如题 31 图所示三通管,已知流量 $Q_1 = 1.5$ m³/s,$Q_2 = 2.6$ m³/s,过流断面 3 - 3 的面积为 $A_3 = 0.2$ m²,求断面 3 - 3 的平均流速 v_3。

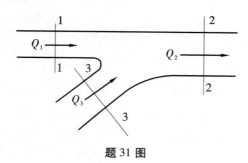

题 31 图

32. 下列流动,哪个有旋? 哪个无旋? 哪个有角变形? 哪个无角变形?

(1) $u_x = -ay$,$u_y = ax$,$u_z = 0$

(2) $u_x = -\dfrac{cy}{x^2 + y^2}$,$u_y = \dfrac{cx}{x^2 + y^2}$,$u_z = 0$

(3) $u_x = x^2 + x - y^2$,$u_y = -(2xy + y)$

(4) $u_x = y + 2x$,$u_y = z + 2x$,$u_z = x + 2y$

33. 已知有旋流动的速度场为 $u_x = 2y + 3z$,$u_y = 2z + 3x$,$u_z = 2x + 3y$。试求旋转角速度和角变形速度。

第 4 章　流体动力学基础

要点提示　本章是工程流体力学课程中最重要的一章。本章建立了控制流体运动的微分方程组,即理想流体运动微分方程和实际流体的运动微分方程;并介绍了求解理想流体运动微分方程的伯努利积分形式;建立了工程流体力学中应用较广的恒定总流伯努利方程(即能量方程)和动量方程。通过本章学习要培养综合运用三大基本方程(总流连续性方程、总流伯努利方程和总流动量方程)分析、计算实际总流运动问题的能力。

在第 3 章流体运动学里面对流体的运动要素进行了描述和分析,并且得到了质量守恒定律在流体力学中的具体表达式——连续性方程,在第 3 章流体运动学里面没有涉及流体的动力学性质。本章流体动力学基础是从动力学的角度进一步研究流体运动的基本规律,它是把经典力学的普遍原理应用到流体力学中来建立流体动力学基本方程。流体动力学基本方程是分析和求解流体运动最基本的理论工具。

4.1　流体运动微分方程

4.1.1　理想流体运动微分方程

4.1.1.1　理想流体动压强的性质

在第 2 章流体静力学里面介绍了流体静压强的定义和性质,知道流体在静止状态下只能承受压应力,这个压应力称为流体的静压强。流体的静压强具有两个性质:一是垂直性,即流体静压强的方向与受压面垂直并且指向受压面,流体静压强的方向是沿作用面的内法线方向;二是各向等值性,即流体静止时,同一点的压强在各个方向是相等的,流体静压强与作用面的方位无关。流体静压强可以表示为 $p=p(x,y,z)$,它是空间坐标的函数。

为了与流体静压强相区别,把流体在运动状态下的压应力叫作流体的动压强。理想流体在运动时,因为没有黏性的作用,流体质点间虽然有相对运动,但是不会产生切应力,作用在流体质点上的表面力只有压应力,也就是说,作用在流体质点上的表面力只有动压强。

对于理想流体来说,可以用分析流体静压强特性的方法来证明理想流体动压强同样具有下面两个特性:一是垂直性,即理想流体的动压强总是垂直于受压面并指向受压面,理想流体的动压强总是沿着作用面的内法线方向;二是各向等值性,即理想流体任一点的动压强在各个方向上的大小都相等,理想流体的动压强与作用面的方位无关。

从这里可以看出,理想流体的动压强和流体静压强具有相同的特性。理想流体的动压强同样可以表示为 $p = p(x,y,z,t)$,它是空间坐标和时间变量的函数。

4.1.1.2　理想流体运动微分方程的建立

在运动的理想流体中,任取一个微小的平行六面体,平行六面体正交的三个边长分别为 $\mathrm{d}x$, $\mathrm{d}y$, $\mathrm{d}z$,它们分别平行于 x , y , z 坐标轴。假设六面体的中心点为 O' ,它的坐标为 (x,y,z) ,速度为 u ,动压强为 p (图4.1)。下面分析一下这个微小六面体的受力和运动情况,首先以 x 方向为例。

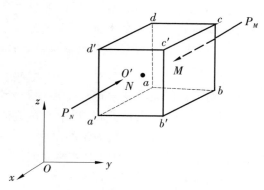

图 4.1　理想流体六面体微元

(1)表面力　 x 方向:受压面为 $abcd$ 面和 $a'b'c'd'$ 面,设 $abcd$ 面和 $a'b'c'd'$ 面的形心分别为 M 和 N , M 点和 N 点的动压强可以用 O' 点的动压强表示为

$$p_M = p - \frac{1}{2}\frac{\partial p}{\partial x}\mathrm{d}x \ ; \ p_N = p + \frac{1}{2}\frac{\partial p}{\partial x}\mathrm{d}x$$

因为受压面非常微小, p_M , p_N 可以作为所在平面的平均压强,根据理想流体动压强的性质, $abcd$ 面和 $a'b'c'd'$ 面上的压力可以表示为:

$$P_M = p_M \cdot \mathrm{d}y\mathrm{d}z = \left(p - \frac{1}{2}\frac{\partial p}{\partial x}\mathrm{d}x\right) \cdot \mathrm{d}y\mathrm{d}z$$

$$P_N = p_N \cdot \mathrm{d}y\mathrm{d}z = \left(p + \frac{1}{2}\frac{\partial p}{\partial x}\mathrm{d}x\right) \cdot \mathrm{d}y\mathrm{d}z$$

(2)质量力　作用于微小六面体 x 方向的质量力为: $F_x = X \cdot \rho\mathrm{d}x\mathrm{d}y\mathrm{d}z$

由牛顿第二定律: $\sum F_x = m \cdot a_x$ 可以得到

$$X \cdot \rho\mathrm{d}x\mathrm{d}y\mathrm{d}z + \left(p - \frac{1}{2}\frac{\partial p}{\partial x}\mathrm{d}x\right) \cdot \mathrm{d}y\mathrm{d}z - \left(p + \frac{1}{2}\frac{\partial p}{\partial x}\mathrm{d}x\right) \cdot \mathrm{d}y\mathrm{d}z = \rho\mathrm{d}x\mathrm{d}y\mathrm{d}z \cdot \frac{\mathrm{d}u_x}{\mathrm{d}t}$$

化简之后可以得到

$$X - \frac{1}{\rho}\frac{\partial p}{\partial x} = \frac{\mathrm{d}u_x}{\mathrm{d}t} \tag{4.1a}$$

同理可以得到

$$Y - \frac{1}{\rho} \frac{\partial p}{\partial y} = \frac{\mathrm{d}u_y}{\mathrm{d}t} \tag{4.1b}$$

$$Z - \frac{1}{\rho} \frac{\partial p}{\partial z} = \frac{\mathrm{d}u_z}{\mathrm{d}t} \tag{4.1c}$$

用欧拉方法描述流体质点的运动时,质点的加速度可以表示为

$$\left. \begin{aligned} \frac{\mathrm{d}u_x}{\mathrm{d}t} &= \frac{\partial u_x}{\partial t} + u_x \frac{\partial u_x}{\partial x} + u_y \frac{\partial u_x}{\partial y} + u_z \frac{\partial u_x}{\partial z} \\ \frac{\mathrm{d}u_y}{\mathrm{d}t} &= \frac{\partial u_y}{\partial t} + u_x \frac{\partial u_y}{\partial x} + u_y \frac{\partial u_y}{\partial y} + u_z \frac{\partial u_y}{\partial z} \\ \frac{\mathrm{d}u_z}{\mathrm{d}t} &= \frac{\partial u_z}{\partial t} + u_x \frac{\partial u_z}{\partial x} + u_y \frac{\partial u_z}{\partial y} + u_z \frac{\partial u_z}{\partial z} \end{aligned} \right\}$$

把 $\dfrac{\mathrm{d}u_x}{\mathrm{d}t}$, $\dfrac{\mathrm{d}u_y}{\mathrm{d}t}$, $\dfrac{\mathrm{d}u_z}{\mathrm{d}t}$ 的表达式分别代入(4.1a)、(4.1b)式和(4.1c)式可以得到

$$\left. \begin{aligned} X - \frac{1}{\rho} \frac{\partial p}{\partial x} &= \frac{\partial u_x}{\partial t} + u_x \frac{\partial u_x}{\partial x} + u_y \frac{\partial u_x}{\partial y} + u_z \frac{\partial u_x}{\partial z} \\ Y - \frac{1}{\rho} \frac{\partial p}{\partial y} &= \frac{\partial u_y}{\partial t} + u_x \frac{\partial u_y}{\partial x} + u_y \frac{\partial u_y}{\partial y} + u_z \frac{\partial u_y}{\partial z} \\ Z - \frac{1}{\rho} \frac{\partial p}{\partial z} &= \frac{\partial u_z}{\partial t} + u_x \frac{\partial u_z}{\partial x} + u_y \frac{\partial u_z}{\partial y} + u_z \frac{\partial u_z}{\partial z} \end{aligned} \right\} \tag{4.2}$$

　　方程(4.2)称为理想流体运动微分方程,也称为欧拉运动微分方程,它是欧拉在 1775 年首先提出的。欧拉运动微分方程奠定了古典流体力学的基础,它是牛顿第二定律在理想流体力学中的具体表达式,是控制理想流体运动的基本方程。反映了作用在单位质量流体上的力与流体运动加速度之间的关系。其等号左边第一项表示的是作用于单位质量流体上的质量力;第二项表示的是作用于单位质量流体上的表面力;等号右边表示的是流体运动的加速度(包括时变加速度和位变加速度),也称为作用于单位质量流体上的惯性力。

　　下面对这个方程加以讨论:

　　(1)在方程(4.2)中,包含有 u_x, u_y, u_z 和 p 四个未知量,欧拉运动微分方程只有三个方程,四个未知量三个方程不能求解,还需要一个方程。在第 3 章流体运动学里面介绍了欧拉连续性微分方程, u_x, u_y, u_z 之间具有下列关系式: $\dfrac{\partial u_x}{\partial x} + \dfrac{\partial u_y}{\partial y} + \dfrac{\partial u_z}{\partial z} = 0$,它与欧拉运动三个微分方程组成的方程组满足未知量和方程式数目一致,流动可以求解。欧拉运动微分方程和欧拉连续性微分方程奠定了理想流体动力学的理论基础。

　　(2)当 $u_x = u_y = u_z = 0$ 时,可以得到

$$\left. \begin{array}{l} X - \dfrac{1}{\rho}\dfrac{\partial p}{\partial x} = 0 \\[2mm] Y - \dfrac{1}{\rho}\dfrac{\partial p}{\partial y} = 0 \\[2mm] Z - \dfrac{1}{\rho}\dfrac{\partial p}{\partial z} = 0 \end{array} \right\}$$

这个方程就是在第 2 章流体静力学中介绍的欧拉平衡微分方程。从这里可以看出,欧拉平衡微分方程是欧拉运动微分方程的特例。

(3)适用条件:欧拉运动微分方程只适用于理想流体,对于理想流体是作恒定流或非恒定流,是不可压缩流体或是可压缩流体都适用。

前面推导了理想流体的运动微分方程,实际当中的流体都具有一定的黏性,为此,还需要建立黏性流体的运动微分方程。

4.1.2 黏性流体运动微分方程

4.1.2.1 黏性流体的动压强

黏性流体的应力状态与理想流体不同,在运动的黏性流体中,由于黏性的作用,运动时既有压应力又有切应力。黏性流体运动时,任一点的表面力 p_n 在 x , y , z 三个轴向都有分量,一个与平面成法向的压应力,另两个与平面成切向的切应力。

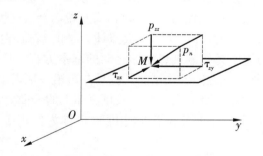

图4.2 黏性流体的应力状态

黏性流体运动时,任一点的应力状态可以表示为

$$p = \begin{bmatrix} p_{xx} & \tau_{xy} & \tau_{xz} \\ \tau_{yx} & p_{yy} & \tau_{yz} \\ \tau_{zx} & \tau_{zy} & p_{zz} \end{bmatrix} \tag{4.3}$$

共有 9 个应力,在这 9 个应力当中,p_{xx} , p_{yy} , p_{zz} 称为法向应力;τ_{xy} , τ_{yx} , τ_{yz} , τ_{zy} , τ_{zx} , τ_{xz} 称为切向应力。

根据切应力互等定律,可以得到

$$\tau_{xy} = \tau_{yx} , \ \tau_{yz} = \tau_{zy} , \ \tau_{zx} = \tau_{xz}$$

即作用在两个互相垂直平面上并且与这两个平面的交线相垂直的切应力大小都是相等

的。下标的第一个符号表示作用面的内法线方向,即表示应力的作用面与哪一个轴相垂直,第二个符号表示应力的作用方向,即表示应力的作用方向与哪一个轴相平行。例如 τ_{xy} 表示内法线方向为 x 的作用面上的应力在 y 轴的投影。

因为黏性流体运动时,存在切应力,所以压应力的大小与其作用面的方位有关,三个互相垂直方向的压应力一般是不相等的,即压应力 $p_{xx} \neq p_{yy} \neq p_{zz}$。在理论流体力学中可以证明:同一点任意三个正交面上的法向应力之和都不变,并且与作用面的方位无关。也就是说,$p_{xx} + p_{yy} + p_{zz}$ 是坐标变换中的一个不变量,它的值不随坐标轴的转动而改变。

在同一点上将直角坐标系任意转动,虽然三个分量 p_{xx},p_{yy},p_{zz} 的值各有改变,但 $p_{xx} + p_{yy} + p_{zz}$ 的值总保持不变。即 $p_{xx} + p_{yy} + p_{zz} =$ 常数。也就是说不论坐标系如何选择,通过该点的任意三个相互正交平面上的法向压应力之和是一个不变值。

在实际问题中,某点压应力的各项差异并不很大,在实用上以平均值作为该点的压应力是允许的。因此,在运动的黏性流体中,把某点三个正交面上压应力的平均值定义为该点的动压强,以 p 表示

$$p = \frac{1}{3}(p_{xx} + p_{yy} + p_{zz}) \tag{4.4}$$

黏性流体的动压强具有下列性质:

(1)黏性流体的动压强与作用面的方位无关。

(2)黏性流体的动压强也只是空间坐标和时间变量的函数,可以表示为

$$p = p(x, y, z, t) \tag{4.5}$$

4.1.2.2　应力和应变率的关系

运动黏性流体的应力与变形速度有关,其中压应力与线变形速度有关,切应力与角变形速度有关。

(1)切应力与角变形速度的关系　切应力与角变形速度的关系,在简单剪切流动中符合牛顿内摩擦定律 $\tau = \mu \dfrac{\mathrm{d}u}{\mathrm{d}y}$,将牛顿内摩擦定律推广到一般空间流动,即假定在黏性流体三维流动的一般情况下,应力与变形率之间仍然保持线性关系,有

$$\tau_{yx} = \mu \frac{\mathrm{d}u_x}{\mathrm{d}y} = \mu \frac{\mathrm{d}\gamma}{\mathrm{d}t}$$

式中　直角变形速度 $\dfrac{\mathrm{d}\gamma}{\mathrm{d}t}$ 是流体微团运动中角变形速度的 2 倍,即

在 xOy 平面上

$$\frac{\mathrm{d}\gamma}{\mathrm{d}t} = 2\,\varepsilon_{xy} = 2 \cdot \frac{1}{2}\left(\frac{\partial u_y}{\partial x} + \frac{\partial u_x}{\partial y}\right) = \frac{\partial u_y}{\partial x} + \frac{\partial u_x}{\partial y}$$

ε_{xy} 是流体微团在 xOy 平面上的角变形速度,$\varepsilon_{xy} = \dfrac{1}{2}\left(\dfrac{\partial u_x}{\partial y} + \dfrac{\partial u_y}{\partial x}\right)$

由此可以得到

$$\tau_{xy} = \tau_{yx} = \mu\left(\frac{\partial u_y}{\partial x} + \frac{\partial u_x}{\partial y}\right) \tag{4.6a}$$

同理,在 yOz 平面上可以得到

$$\tau_{yz} = \tau_{zy} = \mu\left(\frac{\partial u_z}{\partial y} + \frac{\partial u_y}{\partial z}\right) \tag{4.6b}$$

在 xOz 平面上可以得到

$$\tau_{zx} = \tau_{xz} = \mu\left(\frac{\partial u_z}{\partial x} + \frac{\partial u_x}{\partial z}\right) \tag{4.6c}$$

即

$$\left.\begin{array}{l} \tau_{xy} = \tau_{yx} = \mu\left(\dfrac{\partial u_y}{\partial x} + \dfrac{\partial u_x}{\partial y}\right) \\[2mm] \tau_{yz} = \tau_{zy} = \mu\left(\dfrac{\partial u_z}{\partial y} + \dfrac{\partial u_y}{\partial z}\right) \\[2mm] \tau_{zx} = \tau_{xz} = \mu\left(\dfrac{\partial u_z}{\partial x} + \dfrac{\partial u_x}{\partial z}\right) \end{array}\right\} \tag{4.7}$$

式(4.7)是黏性流体中切应力的普遍关系式,称为广义牛顿内摩擦定律,它说明切应力等于流体的动力黏度与角应变率的乘积。

(2)压应力与线应变率的关系 根据黏性流体动压强的定义,各个方向的压应力可以认为等于黏性流体动压强加上一个附加压应力,即

$$\left.\begin{array}{l} p_{xx} = p + p'_{xx} \\ p_{yy} = p + p'_{yy} \\ p_{zz} = p + p'_{zz} \end{array}\right\} \tag{4.8}$$

其中:p'_{xx},p'_{yy},p'_{zz} 称为附加法向应力,它是流体微团在法线方向上发生线变形(伸长或缩短)引起的,使得压应力的大小与理想流体相比有所改变引起的。在理论流体力学中可以证明:对于不可压缩均质黏性流体,附加压应力与线变形速度之间具有下列关系

$$\left.\begin{array}{l} p'_{xx} = -2\mu\,\dfrac{\partial u_x}{\partial x} \\[2mm] p'_{yy} = -2\mu\,\dfrac{\partial u_y}{\partial y} \\[2mm] p'_{zz} = -2\mu\,\dfrac{\partial u_z}{\partial z} \end{array}\right\} \tag{4.9}$$

即附加压应力等于流体的动力黏滞系数与二倍的线变形速度的乘积。式中负号是因为当 $\frac{\partial u_x}{\partial x}$ 为正值时,流体微团处在伸长变形状态,周围流体对它作用的是拉力,p'_{xx} 应为负值;反之,当 $\frac{\partial u_x}{\partial x}$ 为负值时,流体微团处在压缩变形状态,周围流体对它作用的是压力,p'_{xx} 应为正值,因此需要在 $\frac{\partial u_x}{\partial x}$,$\frac{\partial u_y}{\partial y}$,$\frac{\partial u_z}{\partial z}$ 的前面加负号,与流体微团的拉伸和压缩相适应。

将式(4.9)代入式(4.8)可以得到

$$p_{xx} = p + p'_{xx} = p - 2\mu \frac{\partial u_x}{\partial x}$$
$$p_{yy} = p + p'_{yy} = p - 2\mu \frac{\partial u_y}{\partial y} \left.\right\} \qquad (4.10)$$
$$p_{zz} = p + p'_{zz} = p - 2\mu \frac{\partial u_z}{\partial z}$$

根据以上分析,在黏性流体中,任一点的应力状态,可由一个压应力 p(即动压强)和 3 个切应力 τ_{xy}、τ_{yz} 和 τ_{zx}。

4.1.2.3 黏性流体运动微分方程的建立

在运动的黏性流体中,取一微小平行六面体,正交的 3 个边边长分别为 $\mathrm{d}x$, $\mathrm{d}y$, $\mathrm{d}z$,分别平行于 x, y, z 坐标轴(图 4.3)。六面体中心 M 点的动压强为 p,速度为 u。该六面体的六个面的受力情况分别如下

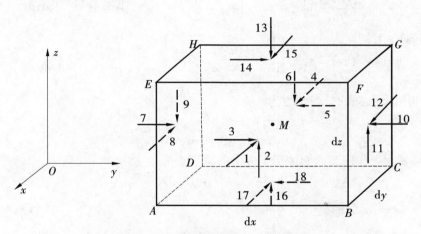

图 4.3 黏性流体运动微分方程推导

前面($ABFE$ 面)
$$\begin{cases} 1 - p_{xx} + \dfrac{1}{2}\dfrac{\partial p_{xx}}{\partial x}\mathrm{d}x \\[2mm] 2 - \tau_{zx} + \dfrac{1}{2}\dfrac{\partial \tau_{zx}}{\partial x}\mathrm{d}x \\[2mm] 3 - \tau_{xy} + \dfrac{1}{2}\dfrac{\partial \tau_{xy}}{\partial x}\mathrm{d}x \end{cases}$$
,后面($DCGH$ 面)
$$\begin{cases} 4 - p_{xx} - \dfrac{1}{2}\dfrac{\partial p_{xx}}{\partial x}\mathrm{d}x \\[2mm] 5 - \tau_{xy} - \dfrac{1}{2}\dfrac{\partial \tau_{xy}}{\partial x}\mathrm{d}x \\[2mm] 6 - \tau_{zx} - \dfrac{1}{2}\dfrac{\partial \tau_{zx}}{\partial x}\mathrm{d}x \end{cases}$$

左面($ADHE$ 面)
$$\begin{cases} 7 - p_{yy} - \dfrac{1}{2}\dfrac{\partial p_{yy}}{\partial y}\mathrm{d}y \\[2mm] 8 - \tau_{xy} - \dfrac{1}{2}\dfrac{\partial \tau_{xy}}{\partial y}\mathrm{d}y \\[2mm] 9 - \tau_{yz} - \dfrac{1}{2}\dfrac{\partial \tau_{yz}}{\partial y}\mathrm{d}y \end{cases}$$
,右面($BCGF$ 面)
$$\begin{cases} 10 - p_{yy} + \dfrac{1}{2}\dfrac{\partial p_{yy}}{\partial y}\mathrm{d}y \\[2mm] 11 - \tau_{zy} + \dfrac{1}{2}\dfrac{\partial \tau_{zy}}{\partial y}\mathrm{d}y \\[2mm] 12 - \tau_{xy} + \dfrac{1}{2}\dfrac{\partial \tau_{xy}}{\partial y}\mathrm{d}y \end{cases}$$

$$
上面（EFGH 面）\begin{cases} 13 - p_{zz} + \dfrac{1}{2}\dfrac{\partial p_{zz}}{\partial z}\mathrm{d}z \\[2mm] 14 - \tau_{yz} + \dfrac{1}{2}\dfrac{\partial \tau_{yz}}{\partial z}\mathrm{d}z \\[2mm] 15 - \tau_{zx} + \dfrac{1}{2}\dfrac{\partial \tau_{zx}}{\partial z}\mathrm{d}z \end{cases},\ 下面（ABCD 面）\begin{cases} 16 - p_{zz} - \dfrac{1}{2}\dfrac{\partial p_{zz}}{\partial z}\mathrm{d}z \\[2mm] 17 - \tau_{zx} - \dfrac{1}{2}\dfrac{\partial \tau_{zx}}{\partial z}\mathrm{d}z \\[2mm] 18 - \tau_{yz} - \dfrac{1}{2}\dfrac{\partial \tau_{yz}}{\partial z}\mathrm{d}z \end{cases}
$$

以 x 方向为例,分析平行六面体的受力情况,作用于六面体表面沿 x 方向的表面力有:

前、后面一对法向力

$$
\left(p_{xx} - \frac{1}{2}\frac{\partial p_{xx}}{\partial x}\mathrm{d}x\right)\cdot \mathrm{d}y\mathrm{d}z - \left(p_{xx} + \frac{1}{2}\frac{\partial p_{xx}}{\partial x}\mathrm{d}x\right)\cdot \mathrm{d}y\mathrm{d}z = -\frac{\partial p_{xx}}{\partial x}\mathrm{d}x\mathrm{d}y\mathrm{d}z
$$

左、右面一对切向力

$$
\left(\tau_{xy} + \frac{1}{2}\frac{\partial \tau_{xy}}{\partial y}\mathrm{d}y\right)\cdot \mathrm{d}x\mathrm{d}z - \left(\tau_{xy} - \frac{1}{2}\frac{\partial \tau_{xy}}{\partial y}\mathrm{d}y\right)\cdot \mathrm{d}x\mathrm{d}z = \frac{\partial \tau_{xy}}{\partial y}\mathrm{d}x\mathrm{d}y\mathrm{d}z
$$

上、下面一对切向力

$$
\left(\tau_{zx} + \frac{1}{2}\frac{\partial \tau_{zx}}{\partial z}\mathrm{d}z\right)\cdot \mathrm{d}x\mathrm{d}y - \left(\tau_{zx} - \frac{1}{2}\frac{\partial \tau_{zx}}{\partial z}\mathrm{d}z\right)\cdot \mathrm{d}x\mathrm{d}y = \frac{\partial \tau_{zx}}{\partial z}\mathrm{d}x\mathrm{d}y\mathrm{d}z
$$

相加得沿 x 方向的总表面力为

$$
\left(-\frac{\partial p_{xx}}{\partial x} + \frac{\partial \tau_{xy}}{\partial y} + \frac{\partial \tau_{zx}}{\partial z}\right)\cdot \mathrm{d}x\mathrm{d}y\mathrm{d}z
$$

（2）质量力　作用于六面体沿 x 方向的质量力为

$$
F_x = X \cdot \rho \mathrm{d}x\mathrm{d}y\mathrm{d}z
$$

根据牛顿第二定律:$\sum F_x = m \cdot a_x$ 有

$$
X \cdot \rho \mathrm{d}x\mathrm{d}y\mathrm{d}z + \left(-\frac{\partial \tau_{xx}}{\partial x} + \frac{\partial \tau_{xy}}{\partial y} + \frac{\partial \tau_{zx}}{\partial z}\right)\cdot \mathrm{d}x\mathrm{d}y\mathrm{d}z = \rho \mathrm{d}x\mathrm{d}y\mathrm{d}z \cdot \frac{\mathrm{d}u_x}{\mathrm{d}t}
$$

化简之后可以得到

$$
X + \frac{1}{\rho}\left(-\frac{\partial p_{xx}}{\partial x} + \frac{\partial \tau_{xy}}{\partial y} + \frac{\partial \tau_{zx}}{\partial z}\right) = \frac{\mathrm{d}u_x}{\mathrm{d}t} \tag{4.11a}
$$

同理,在 y 方向可以得到

$$
Y + \frac{1}{\rho}\left(\frac{\partial \tau_{xy}}{\partial x} - \frac{\partial p_{yy}}{\partial y} + \frac{\partial \tau_{yz}}{\partial z}\right) = \frac{\mathrm{d}u_y}{\mathrm{d}t} \tag{4.11b}
$$

在 z 方向可以得到

$$
Z + \frac{1}{\rho}\left(\frac{\partial \tau_{zx}}{\partial x} + \frac{\partial \tau_{yz}}{\partial y} - \frac{\partial p_{zz}}{\partial z}\right) = \frac{\mathrm{d}u_z}{\mathrm{d}t} \tag{4.11c}
$$

由

$$
\frac{\partial p_{xx}}{\partial x} = \frac{\partial}{\partial x}\left(p - 2\mu\frac{\partial u_x}{\partial x}\right) = \frac{\partial p}{\partial x} - 2\mu\frac{\partial^2 u_x}{\partial x^2}
$$

$$\frac{\partial \tau_{xy}}{\partial y} = \mu \frac{\partial}{\partial y}\left(\frac{\partial u_y}{\partial x} + \frac{\partial u_x}{\partial y} \right) = \mu \left(\frac{\partial^2 u_y}{\partial y \partial x} + \frac{\partial^2 u_x}{\partial y^2} \right)$$

$$\frac{\partial \tau_{zx}}{\partial z} = \mu \frac{\partial}{\partial z}\left(\frac{\partial u_x}{\partial z} + \frac{\partial u_z}{\partial x} \right) = \mu \left(\frac{\partial^2 u_x}{\partial z^2} + \frac{\partial^2 u_z}{\partial z \partial x} \right)$$

得到

$$X + \frac{1}{\rho}\left[-\left(\frac{\partial p}{\partial x} - 2\mu \frac{\partial^2 u_x}{\partial x^2} \right) + \mu \left(\frac{\partial^2 u_y}{\partial y \partial x} + \frac{\partial^2 u_x}{\partial y^2} \right) + \mu \left(\frac{\partial^2 u_x}{\partial z^2} + \frac{\partial^2 u_z}{\partial z \partial x} \right) \right] = \frac{\mathrm{d}u_x}{\mathrm{d}t}$$

化简后得到

$$X - \frac{1}{\rho}\frac{\partial p}{\partial x} + \frac{\mu}{\rho}\left(\frac{\partial^2 u_x}{\partial x^2} + \frac{\partial^2 u_x}{\partial y^2} + \frac{\partial^2 u_x}{\partial z^2} \right) + \frac{\mu}{\rho}\frac{\partial}{\partial x}\left(\frac{\partial u_x}{\partial x} + \frac{\partial u_y}{\partial y} + \frac{\partial u_z}{\partial z} \right) = \frac{\mathrm{d}u_x}{\mathrm{d}t} \quad (4.12)$$

根据不可压缩流体连续性方程: $\frac{\partial u_x}{\partial x} + \frac{\partial u_y}{\partial y} + \frac{\partial u_z}{\partial z} = 0$,式(4.12)左端最后一项为零,化简之后有

$$X - \frac{1}{\rho}\frac{\partial p}{\partial x} + \frac{\mu}{\rho}\left(\frac{\partial^2 u_x}{\partial x^2} + \frac{\partial^2 u_y}{\partial y^2} + \frac{\partial^2 u_z}{\partial z^2} \right) = \frac{\mathrm{d}u_x}{\mathrm{d}t} \quad (4.13)$$

由 $v = \frac{\mu}{\rho}$(运动黏度),上式化简之后有

$$X - \frac{1}{\rho}\frac{\partial p}{\partial x} + v\left(\frac{\partial^2 u_x}{\partial x^2} + \frac{\partial^2 u_x}{\partial y^2} + \frac{\partial^2 u_x}{\partial z^2} \right) = \frac{\mathrm{d}u_x}{\mathrm{d}t} \quad (4.14a)$$

同理可得

$$Y - \frac{1}{\rho}\frac{\partial p}{\partial y} + v\left(\frac{\partial^2 u_y}{\partial x^2} + \frac{\partial^2 u_y}{\partial y^2} + \frac{\partial^2 u_y}{\partial z^2} \right) = \frac{\mathrm{d}u_y}{\mathrm{d}t} \quad (4.14b)$$

$$Z - \frac{1}{\rho}\frac{\partial p}{\partial z} + v\left(\frac{\partial^2 u_z}{\partial x^2} + \frac{\partial^2 u_z}{\partial y^2} + \frac{\partial^2 u_z}{\partial z^2} \right) = \frac{\mathrm{d}u_z}{\mathrm{d}t} \quad (4.14c)$$

把 $\frac{\mathrm{d}u_x}{\mathrm{d}t}$,$\frac{\mathrm{d}u_y}{\mathrm{d}t}$,$\frac{\mathrm{d}u_z}{\mathrm{d}t}$ 的表达式分别代入式(4.14a)、(4.14b)和(4.14c)可以得到

$$\left. \begin{array}{l} X - \dfrac{1}{\rho}\dfrac{\partial p}{\partial x} + v\left(\dfrac{\partial^2 u_x}{\partial x^2} + \dfrac{\partial^2 u_x}{\partial y^2} + \dfrac{\partial^2 u_x}{\partial z^2} \right) = \dfrac{\partial u_x}{\partial t} + u_x\dfrac{\partial u_x}{\partial x} + u_y\dfrac{\partial u_x}{\partial y} + u_z\dfrac{\partial u_x}{\partial z} \\[2mm] Y - \dfrac{1}{\rho}\dfrac{\partial p}{\partial y} + v\left(\dfrac{\partial^2 u_y}{\partial x^2} + \dfrac{\partial^2 u_y}{\partial y^2} + \dfrac{\partial^2 u_y}{\partial z^2} \right) = \dfrac{\partial u_y}{\partial t} + u_x\dfrac{\partial u_y}{\partial x} + u_y\dfrac{\partial u_y}{\partial y} + u_z\dfrac{\partial u_y}{\partial z} \\[2mm] Z - \dfrac{1}{\rho}\dfrac{\partial p}{\partial z} + v\left(\dfrac{\partial^2 u_z}{\partial x^2} + \dfrac{\partial^2 u_z}{\partial y^2} + \dfrac{\partial^2 u_z}{\partial z^2} \right) = \dfrac{\partial u_z}{\partial t} + u_x\dfrac{\partial u_z}{\partial x} + u_y\dfrac{\partial u_z}{\partial y} + u_z\dfrac{\partial u_z}{\partial z} \end{array} \right\} \quad (4.15)$$

方程(4.15)称为不可压缩黏性流体运动方程,它是由法国科学家纳维和英国科学家斯托克斯分别在 1822 年和 1845 年提出的,因此该方程又称为纳维-斯托克斯方程,简称 N-S 方程。N-S 方程表明:作用在单位质量流体上的质量力,表面力(压力和黏性力)和惯性力相平衡。N-S 方程是不可压缩流体的普遍方程,为解决黏性流体的运动奠定了理论基础。N-S 方程适用范围是既适用于黏性流体也适用于理想流体;仅适用于不可压缩流体;仅适用于牛顿流体。

从 N-S 方程可以看出：

（1）N-S 方程中包含有 u_x，u_y，u_z 和 p 四个未知量，它与欧拉连续性方程 $\dfrac{\partial u_x}{\partial x} + \dfrac{\partial u_y}{\partial y} + \dfrac{\partial u_z}{\partial z} = 0$ 联立，在给定边界条件和初始条件下理论上可以求出 u_x，u_y，u_z 和 p 四个未知量。但是，由于边界条件的复杂性和数学上的困难，目前还只能在一定条件下积分求解。

（2）当 $\mu = 0$ 时，即流体是理想流体时，可以得到

$$\left.\begin{aligned}
X - \frac{1}{\rho}\frac{\partial p}{\partial x} &= \frac{\partial u_x}{\partial t} + u_x\frac{\partial u_x}{\partial x} + u_y\frac{\partial u_x}{\partial y} + u_z\frac{\partial u_x}{\partial z} \\
Y - \frac{1}{\rho}\frac{\partial p}{\partial y} &= \frac{\partial u_y}{\partial t} + u_x\frac{\partial u_y}{\partial x} + u_y\frac{\partial u_y}{\partial y} + u_z\frac{\partial u_y}{\partial z} \\
Z - \frac{1}{\rho}\frac{\partial p}{\partial z} &= \frac{\partial u_z}{\partial t} + u_x\frac{\partial u_z}{\partial x} + u_y\frac{\partial u_z}{\partial y} + u_z\frac{\partial u_z}{\partial z}
\end{aligned}\right\}$$

即理想流体运动微分方程是黏性流体运动微分方程的特例。

（3）当 $u_x = u_y = u_z = 0$ 时，同样可以得到

$$\left.\begin{aligned}
X - \frac{1}{\rho}\frac{\partial p}{\partial x} &= 0 \\
Y - \frac{1}{\rho}\frac{\partial p}{\partial y} &= 0 \\
Z - \frac{1}{\rho}\frac{\partial p}{\partial z} &= 0
\end{aligned}\right\}$$

从这里可以看出，欧拉平衡微分方程是欧拉运动微分方程的特例，也是 N-S 方程的特例。

4.2 恒定元流伯努利方程

伯努利方程是能量守恒定律在工程流体力学中的具体体现，它形式简单，意义明确，在工程流体力学中有着广泛的应用。

4.2.1 理想流体元流的伯努利方程

理想流体运动微分方程可以表示为：

$$\left.\begin{aligned}
X - \frac{1}{\rho}\frac{\partial p}{\partial x} &= \frac{\partial u_x}{\partial t} + u_x\frac{\partial u_x}{\partial x} + u_y\frac{\partial u_x}{\partial y} + u_z\frac{\partial u_x}{\partial z} \\
Y - \frac{1}{\rho}\frac{\partial p}{\partial y} &= \frac{\partial u_y}{\partial t} + u_x\frac{\partial u_y}{\partial x} + u_y\frac{\partial u_y}{\partial y} + u_z\frac{\partial u_y}{\partial z} \\
Z - \frac{1}{\rho}\frac{\partial p}{\partial z} &= \frac{\partial u_z}{\partial t} + u_x\frac{\partial u_z}{\partial x} + u_y\frac{\partial u_z}{\partial y} + u_z\frac{\partial u_z}{\partial z}
\end{aligned}\right\}$$

对于恒定流体，有

$$\frac{\partial u_x}{\partial t} = \frac{\partial u_y}{\partial t} = \frac{\partial u_z}{\partial t} = 0$$

上式可以化为

$$
\left.
\begin{aligned}
X - \frac{1}{\rho} \frac{\partial p}{\partial x} &= u_x \frac{\partial u_x}{\partial x} + u_y \frac{\partial u_x}{\partial y} + u_z \frac{\partial u_x}{\partial z} \quad (a) \\
Y - \frac{1}{\rho} \frac{\partial p}{\partial y} &= u_x \frac{\partial u_y}{\partial x} + u_y \frac{\partial u_y}{\partial y} + u_z \frac{\partial u_y}{\partial z} \quad (b) \\
Z - \frac{1}{\rho} \frac{\partial p}{\partial z} &= u_x \frac{\partial u_z}{\partial x} + u_y \frac{\partial u_z}{\partial y} + u_z \frac{\partial u_z}{\partial z} \quad (c)
\end{aligned}
\right\}
\qquad (4.16)
$$

在流线上沿流动方向取一段弧长 ds (dx, dy, dz),因为恒定流动的流线不随时间变化,所以流体质点将沿着流线运动,迹线与流线重合,流线上的一段弧长也是流体质点的一段位移。将式(4.16a)、(4.16b)、(4.16c)分别乘以流线上微元线段的投影 dx, dy, dz,则有

$$
\left.
\begin{aligned}
X dx - \frac{1}{\rho} \frac{\partial p}{\partial x} dx &= \left(u_x \frac{\partial u_x}{\partial x} + u_y \frac{\partial u_x}{\partial y} + u_z \frac{\partial u_x}{\partial z} \right) dx \\
Y dy - \frac{1}{\rho} \frac{\partial p}{\partial y} dy &= \left(u_x \frac{\partial u_y}{\partial x} + u_y \frac{\partial u_y}{\partial y} + u_z \frac{\partial u_y}{\partial z} \right) dy \\
Z dz - \frac{1}{\rho} \frac{\partial p}{\partial z} dz &= \left(u_x \frac{\partial u_z}{\partial x} + u_y \frac{\partial u_z}{\partial y} + u_z \frac{\partial u_z}{\partial z} \right) dz
\end{aligned}
\right\}
\qquad (4.17)
$$

在流线上,由流线微分方程 $\dfrac{dx}{u_x} = \dfrac{dy}{u_y} = \dfrac{dz}{u_z}$ 可以得到

$$u_y dx = u_x dy \qquad u_z dx = u_x dz \qquad u_z dy = u_y dz$$

代入上式有

$$
\left.
\begin{aligned}
X dx - \frac{1}{\rho} \frac{\partial p}{\partial x} dx &= \left(u_x \frac{\partial u_x}{\partial x} + u_y \frac{\partial u_x}{\partial y} + u_z \frac{\partial u_x}{\partial z} \right) dx = u_x \left(\frac{\partial u_x}{\partial x} dx + \frac{\partial u_x}{\partial y} dy + \frac{\partial u_x}{\partial z} dz \right) = u_x \, du_x \\
Y dy - \frac{1}{\rho} \frac{\partial p}{\partial y} dy &= \left(u_x \frac{\partial u_y}{\partial x} + u_y \frac{\partial u_y}{\partial y} + u_z \frac{\partial u_y}{\partial z} \right) dy = u_y \left(\frac{\partial u_y}{\partial x} dx + \frac{\partial u_y}{\partial y} dy + \frac{\partial u_y}{\partial z} dz \right) = u_y \, du_y \\
Z dz - \frac{1}{\rho} \frac{\partial p}{\partial z} dz &= \left(u_x \frac{\partial u_z}{\partial x} + u_y \frac{\partial u_z}{\partial y} + u_z \frac{\partial u_z}{\partial z} \right) dz = u_z \left(\frac{\partial u_z}{\partial x} dx + \frac{\partial u_z}{\partial y} dy + \frac{\partial u_z}{\partial z} dz \right) = u_z \, du_z
\end{aligned}
\right\}
$$

$$(4.18)$$

把上面三个式子相加,得到

$$X dx + Y dy + Z dz - \frac{1}{\rho} \left(\frac{\partial p}{\partial x} dx + \frac{\partial p}{\partial y} dy + \frac{\partial p}{\partial z} dz \right) = u_x du_x + u_y du_y + u_z du_z$$

对于密度为常数的不可压缩流体,有

$$\frac{1}{\rho} \left(\frac{\partial p}{\partial x} dx + \frac{\partial p}{\partial y} dy + \frac{\partial p}{\partial z} dz \right) = \frac{1}{\rho} dp = d \left(\frac{p}{\rho} \right)$$

$$u_x du_x + u_y du_y + u_z du_z = d \left(\frac{u_x^2}{2} \right) + d \left(\frac{u_y^2}{2} \right) + d \left(\frac{u_z^2}{2} \right) = d \left(\frac{u_x^2}{2} + \frac{u_y^2}{2} + \frac{u_z^2}{2} \right) = d \left(\frac{u^2}{2} \right)$$

质量力是有势的,假定它的势函数为 $W(x, y, z)$,则得到

$$X = \frac{\partial W}{\partial x}, \ Y = \frac{\partial W}{\partial y}, \ Z = \frac{\partial W}{\partial z}$$

$Xdx + Ydy + Zdz$ 是质量力势函数 W 的全微分,即

$$Xdx + Ydy + Zdz = \frac{\partial W}{\partial x}dx + \frac{\partial W}{\partial y}dy + \frac{\partial W}{\partial z}dz = dW$$

$$dW - d\left(\frac{p}{\rho}\right) = d\left(\frac{u^2}{2}\right)$$

$$d\left(W - \frac{p}{\rho} - \frac{u^2}{2}\right) = 0$$

沿流线进行积分,得到

$$W - \frac{p}{\rho} - \frac{u^2}{2} = C_l \tag{4.19}$$

这个式子称为伯努利积分,C_l 称为伯努利积分常数,它表明:对于不可压缩理想流体,在有势的质量力作用下作恒定流动时,在同一流线上各点的 $W - \frac{p}{\rho} - \frac{u^2}{2}$ 值是一个常数。该积分是在流线上进行的,对于不同的流线,可以有各自的积分常数。

下面来看质量力只有重力时,伯努利积分的具体形式。作用于流体的质量力只有重力时,质量力的势函数可以表示为:$W = - gz$,代入伯努利积分,可以得到

$$z + \frac{p}{\rho g} + \frac{u^2}{2g} = C_l \tag{4.20}$$

对于同一流线上的任意两点 1 和 2,有

$$z_1 + \frac{p_1}{\rho g} + \frac{u_1^2}{2g} = z_2 + \frac{p_2}{\rho g} + \frac{u_2^2}{2g} \tag{4.21}$$

方程(4.21)称为理想流体元流伯努利方程,是流体力学中普遍使用的方程。方程表明:在质量力只有重力的情况下,不可压缩理想流体作恒定流动时,沿同一流线各质点的 $z + \frac{p}{\rho g} + \frac{u^2}{2g}$ 值是一个常数,但不同的流线有不同的常数。

理想流体元流伯努利方程的适用条件:①流体是理想不可压缩流体;②流体作恒定流动;③质量力中只有重力;④沿元流(流线)积分;⑤断面 1—1 和 2—2 是同一元流的两个过流断面。

4.2.2 黏性流体元流伯努利方程

实际流体都具有一定的黏性,在流动过程中流体质点之间以及流体与边界之间将产生黏滞内摩擦力。克服摩擦力做功需要消耗能量,流体的部分机械能将转换为热能而散失。因此,黏性流体流动时,单位重量流体所具有的机械能沿程不是守恒而是逐渐减小的。

根据能量守恒原理,黏性流体元流伯努利方程可以表示为

$$z_1 + \frac{p_1}{\rho g} + \frac{u_1^2}{2g} = z_2 + \frac{p_2}{\rho g} + \frac{u_2^2}{2g} + h_w' \tag{4.22}$$

式中　h_w'——黏性流体元流单位重量流体由过流断面 1-1 运动至过流断面 2-2 所损失的机械能,称为元流的水头损失,如图 4.4 所示。

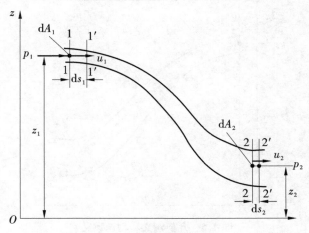

图 4.4　黏性流体元流

方程(4.22)的适用条件:①黏性不可压缩流体;②流体作恒定流动;③质量力仅有重力;④断面 1-1 和 2-2 是同一元流的两个过流断面。

方程(4.22)的物理意义:对于重力作用下的恒定不可压缩黏性流体,沿同一元流各过流断面上单位重量流体所具有的总机械能沿流程减小,部分机械能转化为热能等损失掉,但各断面间的总能量(包括损失部分)仍保持不变。

方程(4.22)的几何意义:对于重力作用下的恒定不可压缩黏性流体,沿同一元流各过流断面上总水头 H 沿流程单调减小。

4.2.3　元流伯努利方程的几何意义和物理意义

4.2.3.1　几何意义

伯努利方程各项都具有长度量纲,几何上可以用某个高度来表示,把它称作水头,如图 4.5 所示。

z——元流过流断面上单位重量流体所具有的位置水头。

$\dfrac{p}{\rho g}$——元流过流断面上单位重量流体所具有的压强水头,或者测压管高度。

$z + \dfrac{p}{\rho g}$——元流过流断面上单位重量流体所具有的测压管水头,用 H_p 表示。

$\dfrac{u^2}{2g}$——元流过流断面上单位重量流体所具有的流速水头,又称流速高度(相当于不计射流自重和空气阻力情况下,流体以速度 u 垂直向上喷射到空气中时所能达到的高度)。

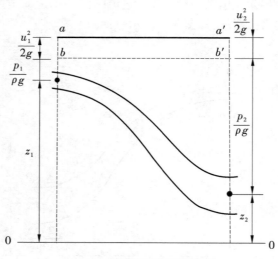

图 4.5 几何意义和物理意义

$z + \dfrac{p}{\rho g} + \dfrac{u^2}{2g}$ 称为总水头,用 H 表示。

$z + \dfrac{p}{\rho g} + \dfrac{u^2}{2g} = C$ 表明:在不可压缩理想流体恒定流情况下,沿同一元流(即沿同一流线)各断面的总水头相等。

4.2.3.2 物理意义

元流伯努利方程中的各项分别表示了单位重量流体的三种不同的能量形式。

z ——元流过流断面上单位重量流体相对于某基准面所具有的位置势能。

$\dfrac{p}{\rho g}$ ——元流过流断面上单位重量流体相对于以大气压强为基准所具有的压强势能。

压能是流体内部具有的一种能量形式,它是以当地大气压等于零为基准,用相对压强计算的。设在有压管道中某点处接一测压管,该点的相对压强为 p ,流体会沿着测压管上升,流体上升的高度为 $h = \dfrac{p}{\rho g}$,重量为 mg 的流体,沿测压管上升后,相对压强 p 变为零,流体所做的功为 $mgh = mg\dfrac{p}{\rho g}$,单位重量流体的压能为 $\dfrac{p}{\rho g}$ 。

$z + \dfrac{p}{\rho g}$ ——元流过流断面上单位重量流体所具有的总势能。

$\dfrac{u^2}{2g}$ ——元流过流断面上单位重量流体所具有的动能。重量为 mg 的流体,它的速度为 u ,则它的动能为 $\dfrac{1}{2}mu^2$,单位重量流体的动能为 $\dfrac{\dfrac{1}{2}mu^2}{mg} = \dfrac{u^2}{2g}$ 。

$z + \dfrac{p}{\rho g} + \dfrac{u^2}{2g}$ ——元流过流断面上单位重量流体所具有的总机械能。

$z + \dfrac{p}{\rho g} + \dfrac{u^2}{2g} = C$ 表明：对于重力作用下的恒定不可压缩理想流体，沿同一元流，各过流断面上单位重量流体所具有的总机械能守恒。

4.2.4　元流伯努利方程的应用：毕托管测量点流速

毕托管是常用的测量流体速度的仪器，它的原理是应用元流伯努利方程，通过测量点压强的方法来间接地测出点速度的大小。为了测量水流的流速，可以在同一条流线上 A 点和 B 点各放一根管子。Ⅰ管的管口截面平行于流线，Ⅱ管的管口截面垂直于原来流线的方向。假设两管的存在对于Ⅰ管管口处原来的流动没有影响，u_A 即为欲测的流速 u，则Ⅰ管测得 A 点压强为原来的压强，管内水面高 $H_p = \dfrac{p_A}{\rho g}$。而Ⅱ管管口阻止流体的流动，$B$ 点流速为零，称为驻点，水流动能全部转化成压能。所以Ⅱ管测得 B 点的压强，管内水面上升到 $H = \dfrac{p_B}{\rho g}$，H 比 H_p 高出 h，于是有

$$p_B - p_A = \rho g(H - H_p) = \rho g h，\quad u_A = u，\quad u_B = 0$$

应用理想流体元流伯努利方程

$$\frac{p_A}{\rho g} + \frac{u^2}{2g} = \frac{p_B}{\rho g} + 0$$

得到

$$u = \sqrt{\frac{2(p_B - p_A)}{\rho}} = \sqrt{2gh} \tag{4.23}$$

把Ⅰ管称为测压管，Ⅱ管称为测速管。这种根据能量方程的原理，利用两管测得总水头和测压管水头之差——速度水头，来测定流场中某点流速的仪器叫毕托管，如图 4.6 所示。

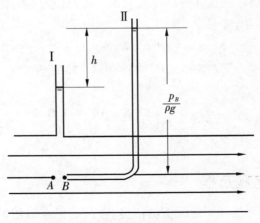

图 4.6　毕托管原理

　　实际使用中,在测得 h ,计算流速 u 时,考虑到实际流体为黏性流体以及毕托管对原流场的干扰等影响,引入毕托管修正系数 c ,即

$$u = c\sqrt{2gh}\tag{4.24}$$

　　毕托管修正系数 c 值与毕托管的构造、尺寸、表面光滑程度等有关,应通过专门的实验来确定,一般 c 值在 $1.0 \sim 1.04$,在要求精度不是很高的情况下,可以取 $c = 1.0$ 。

　　【例4.1】　利用毕托管原理,测量水管过水断面中心点的流速,如图 4.7 所示。已知水银压差计的读值 $\Delta h = 60$ mm,试求该点的流速是多少。

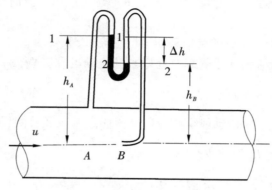

图4.7　例4.1图

　　【解】　本题求点的流速,可利用理想流体元流的伯努利方程求解。

　　取测压管与测速管所在流线上的 A 、B 两点列伯努利方程,式中速度 $u_B = 0$(B 点是驻点),得

$$\frac{p_A}{\rho g} + \frac{u^2}{2g} = \frac{p_B}{\rho g}$$

$$u = \sqrt{2g\frac{p_B - p_A}{\rho g}}$$

式中的压强差 $p_B - p_A$ 用水银压差计的读值表示。为此,在压差计内作等压面 1-1、2-2,由于 2-2 面上的压强相等,可得

$$p_A - \rho g h_A + \rho_p g \Delta h = p_B - \rho g h_B$$

$$p_B - p_A = \rho_p g \Delta h - \rho g (h_A - h_B) = \rho_p g \Delta h - \rho g \Delta h$$

代入前式,得到

$$u = \sqrt{2g\left(\frac{\rho_p - \rho}{\rho}\right)\Delta h} = \sqrt{2 \times 9.8 \times \left(\frac{13.6 \times 10^3 - 1.0 \times 10^3}{1.0 \times 10^3}\right) \times 0.06} = 3.85 \text{ m/s}$$

4.3　恒定总流伯努利方程

　　前面已经得到了实际流体恒定元流的伯努利方程,但在运用伯努利方程解决工程实际问题时,遇到的往往是总流,如流体在管道、明渠中的流动。因此,还需要将元流的伯努

利方程推广到总流上。

4.3.1 恒定总流伯努利方程

设一恒定总流,如图4.8所示,过流断面1-1、2-2为渐变流断面,面积分别为 A_1, A_2, 在总流内任取一元流,过流断面的微元面积、位置高度、压强和流速分别为: $\mathrm{d}A_1$, z_1, p_1, u_1; $\mathrm{d}A_2$, z_2, p_2, u_2。

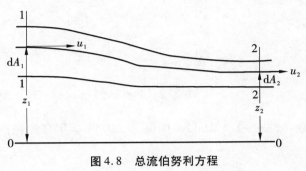

图 4.8 总流伯努利方程

黏性流体恒定元流的伯努利方程可以表示为

$$z_1 + \frac{p_1}{\rho g} + \frac{u_1^2}{2g} = z_2 + \frac{p_2}{\rho g} + \frac{u_2^2}{2g} + h_w'$$

以重量流量 $\rho g \mathrm{d}Q = \rho g u_1 \mathrm{d}A_1 = \rho g u_2 \mathrm{d}A_2$ 乘以上式,得到单位时间通过元流两过流断面的能量关系

$$\left(z_1 + \frac{p_1}{\rho g} + \frac{u_1^2}{2g}\right)\rho g \mathrm{d}Q = \left(z_2 + \frac{p_2}{\rho g} + \frac{u_2^2}{2g}\right)\rho g \mathrm{d}Q + h_w' \rho g \mathrm{d}Q \tag{4.25}$$

总流是无数元流的累加,把上式对总流过流断面积分,得到单位时间通过总流两过流断面的能量关系

$$\int_{A_1}\left(z_1 + \frac{p_1}{\rho g} + \frac{u_1^2}{2g}\right)\rho g \mathrm{d}Q = \int_{A_2}\left(z_2 + \frac{p_2}{\rho g} + \frac{u_2^2}{2g}\right)\rho g \mathrm{d}Q + \int_{Q} h_w' \rho g \mathrm{d}Q \tag{4.26}$$

展开上式得到

$$\int_{A_1}\left(z_1 + \frac{p_1}{\rho g}\right)\rho g \mathrm{d}Q + \int_{A_1}\left(\frac{u_1^2}{2g}\right)\rho g \mathrm{d}Q = \int_{A_2}\left(z_2 + \frac{p_2}{\rho g}\right)\rho g \mathrm{d}Q + \int_{A_2}\left(\frac{u_2^2}{2g}\right)\rho g \mathrm{d}Q + \int_{Q} h_w' \rho g \mathrm{d}Q$$

上面的式子包含了三种类型的积分,下面确定这三种类型的积分。

(1)势能积分 $\int_A \left(z + \frac{p}{\rho g}\right)\rho g u \mathrm{d}A$ 这类积分表示单位时间内通过总流过流断面 A 的流体总势能(包括位能和压能)。势能积分取决于总流过流断面上势能 $\left(z + \frac{p}{\rho g}\right)$ 的分布规律。势能分布规律与过流断面上的流动状况有关。对于渐变流而言,同一过流断面上流体动压强的分布规律与静压强近似相同, $\left(z + \frac{p}{\rho g}\right) \approx$ 常数,所以有

$$\int_A \left(z + \frac{p}{\rho g}\right)\rho g u \mathrm{d}A = \left(z + \frac{p}{\rho g}\right)\rho g \int_A u \mathrm{d}A = \left(z + \frac{p}{\rho g}\right)\rho g Q$$

（2）动能积分 $\int_A \dfrac{u^2}{2g}\rho g u \mathrm{d}A$ 这类积分表示单位时间内通过总流过流断面 A 的流体总动能。总流过流断面上的流速分布与流动内部结构和边界条件有关,一般难以确定。工程实际中为了计算方便,常采用断面平均流速 v 来表示实际动能。设总流过流断面上各点的实际流速为 u ,断面平均流速为 v ,两者的差值为 Δu（有正有负）, $u = v + \Delta u$

$$\int_A \frac{u^2}{2g}\rho g u \mathrm{d}A = \int_A \frac{u^3}{2g}\rho g \mathrm{d}A = \frac{\rho g}{2g}\int_A u^3 \mathrm{d}A$$

$$= \frac{\rho g}{2g}\int_A (v + \Delta u)^3 \mathrm{d}A$$

$$= \frac{\rho g}{2g}\int_A (v^3 + 3 v^2 \Delta u + 3v \Delta u^2 + \Delta u^3)\,\mathrm{d}A$$

$$= \frac{\rho g}{2g}\Big(v^3 A + 3 v^2 \int_A \Delta u \mathrm{d}A + 3v \int_A \Delta u^2 \mathrm{d}A + \int_A \Delta u^3 \mathrm{d}A\Big)$$

根据平均值的数学性质:① $\int_A \Delta u \mathrm{d}A = 0$;② $\int_A \Delta u^2 \mathrm{d}A \geqslant 0$,忽略高次项 $\int_A \Delta u^3 \mathrm{d}A$,上式可以表示为

$$\int_A \frac{u^3}{2g}\rho g \mathrm{d}A = \frac{\rho g}{2g}\Big(v^3 A + 3v \int_A \Delta u^2 \mathrm{d}A\Big) = \frac{\rho g}{2g}\alpha v^3 A = \frac{\alpha v^2}{2g}\rho g Q$$

式中 α 称为动能修正系数,定义为过流断面上流体的实际动能与按相应断面平均流速求得的动能之比值。

$$\alpha = \frac{\int_A u^3 \mathrm{d}A}{v^3 A} = \frac{1}{A}\int_A \left(\frac{u}{v}\right)^3 \mathrm{d}A \tag{4.27}$$

α 值反映了总流过流断面上流速分布的不均匀程度, $\alpha \geqslant 1.0$,过流断面上实际流速为均匀分布时, $u = v$, $\alpha = 1.0$;实际流速分布越不均匀, α 值越大。一般的管流或明渠流中, $\alpha = 1.05 \sim 1.10$,工程上为简化计算,常取 $\alpha = 1.0$ 。

（3）水头损失积分 $\int_Q h'_w \rho g \mathrm{d}Q$ 这类积分表示单位时间内总流从过流断面 1-1 流至 2-2 的机械能损失。根据积分中值定理,可得

$$\int_Q h'_w \rho g \mathrm{d}Q = h_w \rho g Q$$

式中 h_w 是单位重量流体在两过流断面间的平均机械能损失,通常称为总流的水头损失。

将这三类积分分别代入前面的式子,可以得到

$$\Big(z_1 + \frac{p_1}{\rho g}\Big)\rho g Q_1 + \frac{\alpha_1 v_1^2}{2g}\rho g Q_1 = \Big(z_2 + \frac{p_2}{\rho g}\Big)\rho g Q_2 + \frac{\alpha_2 v_2^2}{2g}\rho g Q_2 + h_w \rho g Q$$

两断面间没有分流和汇流,有

$$Q_1 = Q_2 = Q$$

所以

$$z_1 + \frac{p_1}{\rho g} + \frac{\alpha_1 v_1^2}{2g} = z_2 + \frac{p_2}{\rho g} + \frac{\alpha_2 v_2^2}{2g} + h_w \tag{4.28}$$

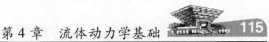

上式即为不可压缩黏性流体恒定总流的伯努利方程,它反映了总流中不同过流断面上测压管水头 $z + \dfrac{p}{\rho g}$ 和断面平均流速 v 的变化规律及其相互关系,是流体动力学的核心方程,它与连续性方程一起联合运用,可以解决许多流体力学问题。

恒定总流伯努利方程的适用条件:①流动必须是恒定流,并且流体是不可压缩的;②作用于流体上的质量力只有重力;③所取的上下游两个断面应在渐变流段中;④两断面间除了水头损失外,没有其他机械能的输入或输出;⑤两断面间没有流量的流入或流出,即总流的流量沿程不变。

对于理想不可压缩恒定总流,不考虑流动中的机械能损耗,单位时间里通过总流各过流断面的总能量相同,而由连续性方程决定了重量流量 $\rho g Q$ 沿程不变,所以在任意两个分别位于总流的渐变流段中的过流断面 1–1 和 2–2 中,有

$$z_1 + \frac{p_1}{\rho g} + \frac{\alpha_1 v_1^2}{2g} = z_2 + \frac{p_2}{\rho g} + \frac{\alpha_2 v_2^2}{2g} \tag{4.29}$$

上式就是理想流体恒定总流的伯努利方程。

4.3.2　总流伯努利方程的物理意义和几何意义

4.3.2.1　物理意义

z ——总流过流断面上某点(所取计算点)相对于某一基准面的单位重量流体所具有的位置势能。

$\dfrac{p}{\rho g}$ ——总流过流断面上某点(所取计算点)相对于大气压强的单位重量流体所具有的压强势能。

$z + \dfrac{p}{\rho g}$ ——总流过流断面上单位重量流体所具有的平均总势能。

$\dfrac{\alpha v^2}{2g}$ ——总流过流断面上单位重量流体所具有的平均动能。

$z + \dfrac{p}{\rho g} + \dfrac{\alpha v^2}{2g}$ ——总流过流断面上单位重量流体所具有的平均总机械能。

h_w ——总流过流断面上单位重量流体的平均机械能损失。

恒定总流伯努利方程的物理意义:总流各过流断面上单位重量流体所具有的势能平均值与动能平均值之和,亦即总机械能的平均值是沿流程减小的,部分机械能转化为热能等而损失掉,但各断面间总能量(包括损失)保持不变。

4.3.2.2　几何意义

z ——总流过流断面上某点(所取计算点)相对于某一基准面的单位重量流体所具有的位置水头。

$\dfrac{p}{\rho g}$ ——总流过流断面上某点(所取计算点)相对于大气压强的单位重量流体所具有

的压强水头。

$z + \dfrac{p}{\rho g}$ ——总流过流断面上单位重量流体所具有的测压管水头。

$\dfrac{\alpha v^2}{2g}$ ——总流过流断面上单位重量流体所具有的流速水头。

$z + \dfrac{p}{\rho g} + \dfrac{\alpha v^2}{2g}$ ——总流过流断面上单位重量流体的总水头。

h_w ——总流两断面间单位重量流体的水头损失。

恒定总流伯努利方程的几何意义:总流各过流断面上平均总水头沿流程是减小的,所减小的高度即为两过流断面间的水头损失。

4.3.3 水头线

4.3.3.1 水头线的画法

水头线是沿程水头(例如总水头或者测压管水头)的变化曲线,如图 4.9 所示。

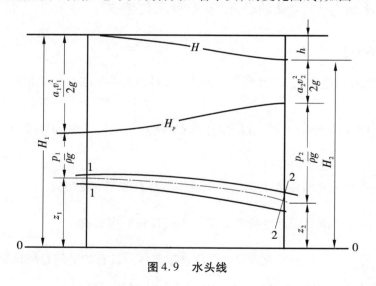

图 4.9 水头线

其具体做法如下。

(1)先选取基准面 0-0,并作出管道轴心线,得到各过流断面中心点距基准面的高度,即该断面的位置水头 z。

(2)从各断面的中心点向上作铅直线,分别在该铅直线截取线段长度等于相应截面上的压强水头 $\dfrac{p}{\rho g}$,得到各断面的测压管水头 $z + \dfrac{p}{\rho g}$。

(3)在测压管水头以上再分别截取线段长度等于相应断面的流速水头 $\dfrac{\alpha v^2}{2g}$,得到各

过流断面的总水头 $H = z + \dfrac{p}{\rho g} + \dfrac{\alpha v^2}{2g}$。

4.3.3.2　测压管水头线

测压管水头线是沿程各断面测压管水头 $H_p = z + \dfrac{p}{\rho g}$ 的连线。不论是理想流体还是黏性流体,此线沿程可升、可降,也可不变,其变化情况用测压管水头线坡度(简称测管坡度)J_p 表示

$$J_p = -\frac{\mathrm{d}H_p}{\mathrm{d}s} = -\frac{\mathrm{d}}{\mathrm{d}s}\left(z + \frac{p}{\rho g}\right) \tag{4.30}$$

J_p 表示单位长度流程上测压管水头 H_p 的减小值。由于 H_p 沿程可能增加或减小,在 $\dfrac{\mathrm{d}H_p}{\mathrm{d}s}$ 前加负号,使测压管水头线沿程下降时 J_p 为正值,沿程上升时为负值。

4.3.3.3　总水头线

总水头线是沿程各断面总水头 $H = z + \dfrac{p}{\rho g} + \dfrac{\alpha v^2}{2g}$ 的连线。黏性流体的总水头线是沿程单调下降的;理想流体总水头线是一条水平线,沿程保持不变。

总水头线沿程下降的快慢用水力坡度 J 表示

$$J = -\frac{\mathrm{d}H}{\mathrm{d}s} = \frac{\mathrm{d}h_w}{\mathrm{d}s} \tag{4.31}$$

式中　s ——流程长度,即两断面之间的长度;
　　　　h_w ——相应的水头损失。

水力坡度表示单位重量流体在单位流程上发生的水头损失。前面加负号的原因在于:$\mathrm{d}H$ 表示总水头沿程的增量,恒为负值,在 $\dfrac{\mathrm{d}H}{\mathrm{d}s}$ 前加负号,使 J 为正值。

4.3.4　恒定总流伯努利方程的扩展

4.3.4.1　有能量输入或输出的伯努利方程

总流伯努利方程是在两过流断面间除水头损失之外,再没有能量输入或输出的情况下导出的,当两过流断面间有水泵、水轮机等流体机械时,存在能量的输入和输出,如图4.10、图4.11 所示。

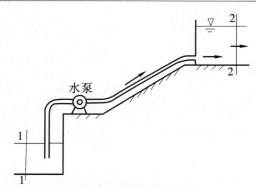

图 4.10　有能量输入总流

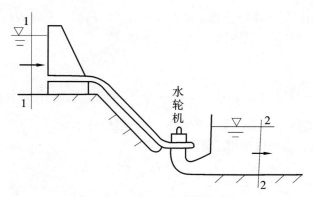

图 4.11　有能量输出总流

有能量输入或输出的伯努利方程可以表示为：

$$z_1 + \frac{p_1}{\rho g} + \frac{\alpha_1 v_1^2}{2g} \pm H_m = z_2 + \frac{p_2}{\rho g} + \frac{\alpha_2 v_2^2}{2g} + h_w \quad (4.32)$$

式中　$+ H_m$ ——单位重量流体通过流体机械（如水泵）获得的机械能；

　　　$- H_m$ ——单位重量流体给予流体机械（如水轮机）的机械能。

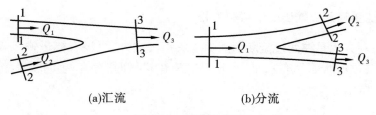

(a)汇流　　　　　　　　(b)分流

图 4.12　汇流和分流

4.3.4.2　两断面间有分流或汇流的伯努利方程

总流伯努利方程是在两过流断面间没有分流和汇流的条件下导出的,如图 4.12 所示,而实际的供水、供气管道中经常有分流和汇流。

(1)汇流情况

$$z_1 + \frac{p_1}{\rho g} + \frac{\alpha_1 v_1^2}{2g} = z_3 + \frac{p_3}{\rho g} + \frac{\alpha_3 v_3^2}{2g} + h_{w1-3} \tag{4.33a}$$

$$z_2 + \frac{p_2}{\rho g} + \frac{\alpha_2 v_2^2}{2g} = z_3 + \frac{p_3}{\rho g} + \frac{\alpha_3 v_3^2}{2g} + h_{w2-3} \tag{4.33b}$$

(2)分流情况

$$z_1 + \frac{p_1}{\rho g} + \frac{\alpha_1 v_1^2}{2g} = z_2 + \frac{p_2}{\rho g} + \frac{\alpha_2 v_2^2}{2g} + h_{w1-2} \tag{4.34a}$$

$$z_1 + \frac{p_1}{\rho g} + \frac{\alpha_1 v_1^2}{2g} = z_3 + \frac{p_3}{\rho g} + \frac{\alpha_3 v_3^2}{2g} + h_{w1-3} \tag{4.34b}$$

关键在于水头损失项的计算,应注意选取符合实际情况的水头损失系数值。

4.3.5 总流伯努利方程的应用

总流伯努利方程与连续性方程联立,可以解决一维流动速度和压强的求解等问题,方程应用的一般步骤是:分析流动现象,选择过流断面,选择基准面位置,选择计算点,列出方程,求解。

(1)分析流动现象:弄清楚流体运动的类型,判断是否满足应用总流伯努利方程的条件。

(2)选择过流断面:所选择的过流断面必须在渐变流或均匀流区段上。两断面之间不一定是渐变流,可以是急变流。

(3)选择基准面:对于两个不同的过流断面,必须选择同一个水平基准面。基准面的位置原则上可以任选,但一般选择在总流最低处,通常使 $z \geqslant 0$。

(4)选择过流断面上的计算点:计算点原则上可以任意选取,断面上任一点均可作为计算点。原因在于渐变流过流断面上各点的 $z + \dfrac{p}{\rho g}$ 近似为常数,速度值采用断面平均流速时,断面上的平均动能 $\dfrac{\alpha v^2}{2g}$ 又相同,故断面上任一点均可作为计算点,但断面上的压强 p 和位置高度 z 必须选择同一点的值。为方便计算,对管流一般取在管轴中心点,明渠流动一般选在自由液面上。

(5)方程中的流体动压强 p_1 和 p_2,可以采用绝对压强,也可以采用相对压强(原因在于伯努利方程两边同时增减 $\dfrac{p_a}{\rho g}$,不影响方程的恒等性),但方程两端必须统一,而且所采用的单位要统一。工程上多采用相对压强(压强水头是以当地大气压强等于零作为基准的)。

(6)全面分析和考虑所选取两过流断面间的水头损失。

【例4.2】 如图4.13所示,有一引水管道从水塔中引水,水塔上的储水箱的截面面积与引水管道截面面积相比很大,在引水过程中水塔上的水位保持恒定。已知引水管管

道直径 $d = 200$ mm，水塔上水箱中的水位至引水管出口中心的高度 $H = 4.5$ m，引水流量 $Q = 100$ L/s，试求水流的总水头损失。

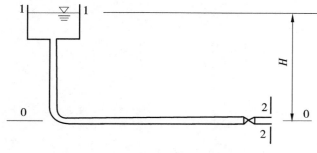

图4.13　例4.2图

【解】　选取水塔水面为 1-1 断面，引水管出口为 2-2 断面，基准面通过 2-2 断面的中心。由恒定总流的伯努利方程

$$z_1 + \frac{p_1}{\rho g} + \frac{\alpha_1 v_1^2}{2g} = z_2 + \frac{p_2}{\rho g} + \frac{\alpha_2 v_2^2}{2g} + h_w$$

得到

$$h_w = z_1 + \frac{p_1}{\rho g} + \frac{\alpha_1 v_1^2}{2g} - \left(z_2 + \frac{p_2}{\rho g} + \frac{\alpha_2 v_2^2}{2g} \right)$$

将 $z_1 - z_2 = H$ 和 $p_1 = p_2 = 0$ 代入上式，得到

$$h_w = H + \frac{\alpha_1 v_1^2}{2g} - \frac{\alpha_2 v_2^2}{2g}$$

因为水塔的截面面积很大，$v_1 \approx 0$，选取 $\alpha_1 = \alpha_2 = 1.0$，得到

$$h_w = H - \frac{v_2^2}{2g} = H - \frac{Q^2}{2g A^2}$$

将 $A = \frac{1}{4} \pi d^2 = \frac{1}{4} \times \pi \times 0.2^2 = 0.031$ m²，$H = 4.5$ m，$Q = 100$ L/s $= 0.1$ m³/s 代入上式，得到

$$h_w = 4.5 - \frac{0.1^2}{2 \times 9.8 \times 0.031^2} = 4.5 - 0.53 = 3.97 \text{ m}$$

【例4.3】　如图4.14所示，有一直径缓慢变化的锥形水管，断面 1-1 处直径 $d_1 = 0.15$ m，中心点 A 的相对压强为 7.2 kN/m²，断面 2-2 处直径 $d_2 = 0.3$ m，中心点 B 的相对压强为 6.1 kN/m²，断面平均流速 $v_2 = 1.5$ m/s，A、B 两点高差为 1 m。试判别管中水流方向，并求1、2两断面间的水头损失。

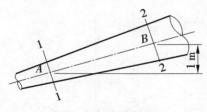

图 4.14　例 4.3 图

【解】　首先利用连续性方程求断面 1—1 的平均流速

$$v_1 A_1 = v_2 A_2$$

$$v_1 = \frac{A_2}{A_1} v_2 = \left(\frac{d_2}{d_1}\right)^2 v_2 = \left(\frac{0.3}{0.15}\right)^2 \times 1.5 = 6 \text{ m/s}$$

因为水管直径变化缓慢，断面 1—1 及 2—2 水流可近似看作渐变流，以过 A 点水平面为基准面分别计算两断面的总能量。两断面的水头分别为

$$H_1 = z_1 + \frac{p_1}{\rho g} + \frac{\alpha_1 v_1^2}{2g} = 0 + \frac{7.2 \times 1\,000}{1\,000 \times 9.8} + \frac{1 \times 6^2}{2 \times 9.8} = 2.57 \text{ m}$$

$$H_2 = z_2 + \frac{p_2}{\rho g} + \frac{\alpha_2 v_2^2}{2g} = 1 + \frac{6.1 \times 1\,000}{1\,000 \times 9.8} + \frac{1 \times 1.5^2}{2 \times 9.8} = 1.74 \text{ m}$$

因为 $H_1 > H_2$，所以管中水流应从 A 流向 B。

水头损失

$$h_w = H_1 - H_2 = 2.57 - 1.74 = 0.83 \text{ m}$$

【例 4.4】　文丘里流量计是常用的测量管道流量的仪器。文丘里流量计由收缩段、喉管和扩大管三部分组成，如图 4.15 所示，安装在需要测定流量的管道上。管道过流时，因为喉管断面缩小，流速增大，压强降低，压能转化成动能。据此，在收缩段进口前断面 1—1 和喉管断面 2—2 装测压管或者压差计，当测出两断面的测压管水头差，由伯努利方程就可算出管道中的流量。

【解】　选水平面 0—0 为基准面；选取收缩段进口前断面 1—1 和喉管断面 2—2 为量测断面，这两个断面均为渐变流断面，计算点取在管轴线上。由于收缩段的水头损失很小，忽略不计，取动能修正系数 $\alpha_1 = \alpha_2 = 1.0$，列伯努利方程

$$z_1 + \frac{p_1}{\rho g} + \frac{v_1^2}{2g} = z_2 + \frac{p_2}{\rho g} + \frac{v_2^2}{2g}$$

$$\frac{v_2^2}{2g} - \frac{v_1^2}{2g} = \left(z_1 + \frac{p_1}{\rho g}\right) - \left(z_2 + \frac{p_2}{\rho g}\right)$$

$$\left(z_1 + \frac{p_1}{\rho g}\right) - \left(z_2 + \frac{p_2}{\rho g}\right) = \Delta h$$

补充连续性方程：$v_1 A_1 = v_2 A_2$

$$v_2 = \frac{A_1}{A_2} v_1 = \left(\frac{d_1}{d_2}\right)^2 v_1$$

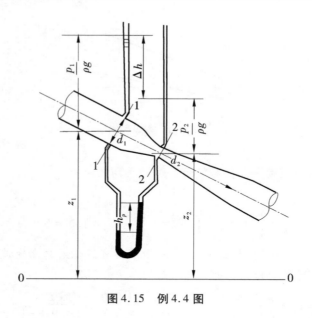

图 4.15　例 4.4 图

代入前式,解得

$$v_1 = \frac{1}{\sqrt{\left(\dfrac{d_1}{d_2}\right)^4 - 1}} \sqrt{2g} \sqrt{\left(z_1 + \frac{p_1}{\rho g}\right) - \left(z_2 + \frac{p_2}{\rho g}\right)} = \frac{1}{\sqrt{\left(\dfrac{d_1}{d_2}\right)^4 - 1}} \sqrt{2g} \sqrt{\Delta h}$$

流量

$$Q = v_1 A_1 = \frac{\dfrac{1}{4}\pi d_1^2}{\sqrt{\left(\dfrac{d_1}{d_2}\right)^4 - 1}} \sqrt{2g} \sqrt{\Delta h}$$

令

$$K = \frac{\dfrac{1}{4}\pi d_1^2}{\sqrt{\left(\dfrac{d_1}{d_2}\right)^4 - 1}} \sqrt{2g} \tag{4.35}$$

K 称为仪器常数,由文丘里流量计的结构尺寸 d_1 和 d_2 确定,则有

$$Q = K\sqrt{\Delta h} \tag{4.36}$$

由于 1-1 和 2-2 断面间存在有能量损失,实际通过的流量要比理论流量要小一些。通常在上面的计算公式中乘以一个小于 1 的系数 μ,则实际通过的流量为

$$Q = \mu K\sqrt{\Delta h} \tag{4.37}$$

μ 称为文丘里流量计的流量系数。μ 值随流动情况和管道收缩的几何形状不同而不同。

设 $d_1 = 100$ mm, $d_2 = 50$ mm, $\Delta h = 0.6$ m, $\mu = 0.98$,则有

$$K = \frac{\frac{1}{4}\pi d_1^2}{\sqrt{\left(\frac{d_1}{d_2}\right)^4 - 1}}\sqrt{2g} = \frac{\frac{1}{4}\times\pi\times0.1^2}{\sqrt{\left(\frac{0.1}{0.05}\right)^4 - 1}}\times\sqrt{2\times9.8} = 9\times10^{-3}\ \mathrm{m^{2.5}/s}$$

管道中的流量为

$$Q = \mu K\sqrt{\Delta h} = 0.98\times0.009\times\sqrt{0.6} = 6.83\times10^{-3}\ \mathrm{m^3/s} = 6.83\ \mathrm{L/s}$$

4.4　恒定总流动量方程

动量方程是理论力学中的动量守恒定理在工程流体力学中的应用,它反映了流体运动过的动量变化与作用力之间的关系,其特点在于不必知道流动范围内部的流动过程,只需要知道其边界上的流动情况,它可以用来方便地解决急变流动中流体与边界面之间的相互作用力问题。

4.4.1　恒定总流动量方程的推导

根据理论力学知道,质点系的动量定理可以表述为:在 dt 时间内,作用于质点系的外力的矢量和等于同一时间间隔内该质点系在外力作用下动量的变化率,即

$$\sum \boldsymbol{F} = \frac{d\boldsymbol{K}}{dt} = \frac{d(m\cdot\boldsymbol{u})}{dt}$$

把这个定理应用于运动流体,可以推导出流体运动的动量方程。

如图 4.16 所示,在恒定总流中,取 1−1,2−2 两个渐变流过流断面,面积分别为 A_1、A_2,以两断面间的流段为控制体,在总流中,任取一元流,两个断面的面积分别为 dA_1 和 dA_2,断面流速分别为 u_1 和 u_2。下面分析其动量变化和作用在其上外力之间的关系。

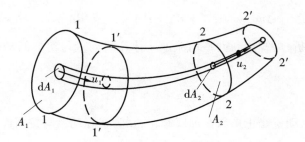

图 4.16　总流动量方程推导

控制体内的流体原来处于 1−1 断面和 2−2 断面之间,经过微小时段 dt 沿流动方向移动到 $1'-1'$ 断面和 $2'-2'$ 断面之间的位置。

因为流动是恒定流,元流的形状以及各空间点处的流速不随时间而变,且为不可压缩流体,密度不变,所以在断面 1−1 和断面 2−2 之间的流体在 dt 时段前和 dt 时段后,虽然流体质点不同,但该位置处的流体质量和流速均保持不变。因此可以认为:在 dt 时段前处于该位置的流体和 dt 时段后处于该位置的流体,所具有的动量相等,所以流体经 dt 时

段的动量变化实际上是 2-2 断面至 $2'-2'$ 断面之间的流体所具有的动量 $\boldsymbol{K}_{2-2'}$ 与 1-1 断面至 $1'-1'$ 断面之间的流体所具有的动量 $\boldsymbol{K}_{1-1'}$ 之差,即

$$d\boldsymbol{K} = \boldsymbol{K}_{2-2'} - \boldsymbol{K}_{1-1'} = dm_{2-2} \cdot \boldsymbol{u}_2 - dm_{1-1} \cdot \boldsymbol{u}_1 = \rho_2\, dQ_2\, dt \cdot \boldsymbol{u}_2 - \rho_1\, dQ_1\, dt \cdot \boldsymbol{u}_1$$

对于不可压缩流体,有

$$\rho_1 = \rho_2 = \rho$$

对于恒定流动,有

$$dQ_1 = dQ_2 = dQ$$

所以

$$d\boldsymbol{K} = \rho\, dQ\, dt(\boldsymbol{u}_2 - \boldsymbol{u}_1)$$

总流是无数元流的集合,总流在运动过程中产生的动量增量应等于所有元流动量增量的矢量和,即总流的动量增量应为:$\sum d\boldsymbol{K}$,因此,总流经过 dt 时段的运动所产生的动量增量为

$$\sum d\boldsymbol{K} = \int_{A_2} \rho\, dQ\, dt\, \boldsymbol{u}_2 - \int_{A_1} \rho\, dQ\, dt\, \boldsymbol{u}_1 = \rho\, dt\left(\int_{A_2} \boldsymbol{u}_2\, dQ - \int_{A_1} \boldsymbol{u}_1\, dQ\right)$$

即元流的动量增量沿总流过流断面积分。

因为实际流速 u 在断面上的分布一般难以确定,为了简化起见,在工程实际中通常用断面平均流速 v 来代替 u 计算总流的动量增量,断面平均流速与断面实际流速分布之间的关系为

$$u = v + \Delta u$$

$$\int_A u^2 dA = \int_A (v + \Delta u)^2 dA = \int_A (v^2 + 2v\Delta u + \Delta u^2)\, dA$$

$$= \int_A v^2 dA + 2v\int_A \Delta u\, dA + \int_A \Delta u^2 dA$$

因为 Δu 值有正有负,$\int_A \Delta u\, dA = 0$;$\int_A v^2 dA = v^2 A$;$\int_A \Delta u^2 dA > 0$

根据上面的分析,可知用断面平均流速 v 计算的动量与实际的动量之间存在一定的差异

$$\rho\int_A u^2 dA > \rho\, v^2 A$$

因此,需要引入动量修正系数 β 加以修正,β 为实际动量与按断面平均流速计算的动量的比值

$$\beta = \frac{\int_A u^2 dA}{v^2 A} \tag{4.38}$$

$\beta \geqslant 1.0$,β 值取决于总流过流断面上的速度分布,断面速度分布越均匀,β 值越趋近于 1.0,一般的流动 $\beta = 1.02 \sim 1.05$,工程计算中,为简化计算,通常取 $\beta = 1.0$。

引入动量修正系数 β 后,恒定总流的动量增量为

$$\sum d\boldsymbol{K} = \rho Q\, dt(\beta_2 \boldsymbol{v}_2 - \beta_1 \boldsymbol{v}_1)$$

根据质点系的动量定理：$\dfrac{\mathrm{d}\boldsymbol{K}}{\mathrm{d}t} = \sum \boldsymbol{F}$，恒定总流的动量方程可以表示为

$$\sum \boldsymbol{F} = \rho Q(\beta_2 \boldsymbol{v}_2 - \beta_1 \boldsymbol{v}_1) \tag{4.39}$$

上式即为不可压缩流体恒定总流动量方程，其物理意义是：在不可压缩流体恒定总流中，单位时间内从下游断面流出的流体动量与从上游断面流入的动量之差，等于总流流段上所受的外力之和。

恒定总流动量方程建立了流出与流入控制体的动量之差与控制体内流体所受外力之间的关系，避开了这段流动内部的细节。对于有些流体力学问题，能量损失事先难以确定，用动量方程来进行分析常常是方便的。

恒定总流动量方程中的 $\sum \boldsymbol{F}$ 包括：上游水流作用于断面 1-1 上的流体动压力 P_1，下游水流作用于断面 2-2 上的流体动压力 P_2，重力 G 和总流侧壁边界对这段水流的总作用力 R'。其中只有重力是质量力，其他都是表面力。

恒定总流动量方程是矢量方程，实际使用时一般都要写成投影形式，在直角坐标系中，恒定总流动量方程可以写为：

$$\left.\begin{array}{l} \sum F_x = \rho Q(\beta_2 v_{2x} - \beta_1 v_{1x}) \\[4pt] \sum F_y = \rho Q(\beta_2 v_{2y} - \beta_1 v_{1y}) \\[4pt] \sum F_z = \rho Q(\beta_2 v_{2z} - \beta_1 v_{1z}) \end{array}\right\} \tag{4.40}$$

式中　v_{1x}，v_{1y}，v_{1z}——1-1 断面平均流速 v_1 在 x，y，z 三个方向的投影；

　　　v_{2x}，v_{2y}，v_{2z}——2-2 断面平均流速 v_2 在 x，y，z 三个方向的投影；

　　　$\sum F_x$，$\sum F_y$，$\sum F_z$——作用在控制体内流体上的所有外力在 x，y，z 三个方向投影的代数和。

恒定总流动量方程的适用条件：①流体作恒定流动；②所选取的两个过流断面为渐变流过流断面；③流体为不可压缩流体；④作用于流体上的质量力只有重力。动量方程适用于理想流体，也适用于黏性流体。

4.4.2　应用恒定总流动量方程注意事项

（1）选择控制体：应用动量方程解决问题，无论是分析动量增量，还是分析流体受力都涉及控制体问题。控制体由以下几个部分曲面封闭组成：运动流体与固体边壁的接触面，上游、下游两渐变流过流断面，以及上、下游过流断面之间的整体流体边界。

（2）正确选择坐标系：一般采用直角坐标系，动量方程是矢量方程，应用时往往用其投影式进行计算。方程中的动量、作用力和速度都是矢量，在各坐标轴上的投影分量应注意其正负，一般以坐标轴的正向为正，反之为负。写投影式时应注意各项的正负号。如果待求力方向不能确定，可以假设其方向，进行计算，求解后，如果其值为正值，说明假设是正确的，如果为负值，说明其方向与假设方向相反，取反向符号即可。

（3）选择过流断面：需选择渐变流过流断面，要合理地选择总流段的上、下游断面，使

得控制体正好包括需要确定水流作用力的边界,同时所选断面宜位于渐变流区域,以便计算流体动压力,并取动量修正系数,用断面平均流速表示过流断面的动量。

(4)正确分析受力:应准确分析作用在控制体内流体上的力,包括所有的表面力和质量力。方程中的 $\sum F$ 指作用在控制体流体上的所有外力之和,包括:两断面上的动压力、重力,四周边界对流体的作用力,注意不能将外力遗漏。而工程中常常需要求水流对固体边界的作用力,其反力就是固体边界对流体的作用力,求解后取反向符号即可。

(5)分析动量增量:计算动量增量时应为流出控制体的流体所具有的动量减去流入控制体的流体所具有的动量。动量方程的右边是流出下游断面的动量与流入上游断面的动量之差,前者减后者,不要弄反。

(6)补充方程:实际工程问题中,常常是未知量比较多,一般必须补充能量方程和连续性方程联立求解,应注意能量方程中的各项为压强量纲,动量方程中的各项为压力量纲,两者不可混淆。

(7)列方程,进行求解。

【例4.5】 如图4.17所示,一沿铅垂放置的弯管,弯头转角为90°,起始断面1—1与终止断面2—2间的轴线长度 $L = 3.14$ m,两断面中心高差 $\Delta z = 2$ m,已知断面1—1中心处动水压强 $p_1 = 117.6$ kN/m^2,两断面之间水头损失 $h_w = 0.1$ m,管径 $d = 0.2$ m。试求当管中通过流量 $Q = 0.06$ m^3/s 时,水流对弯头的作用力。

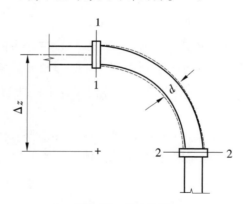

图4.17　例4.5图

【解】 (1)求管中流速
$$v = \frac{Q}{A} = \frac{4Q}{\pi d^2} = \frac{4 \times 0.06}{3.14 \times 0.2^2} = 1.91 \text{ m/s}$$

(2)求断面2—2中心处动水压强 p_2

以断面2—2为基准面,对断面1—1与2—2写能量方程

$$\Delta z + \frac{p_1}{\rho g} + \frac{\alpha v^2}{2g} = 0 + \frac{p_2}{\rho g} + \frac{\alpha v^2}{2g} + h_w$$

$$\frac{p_2}{\rho g} = \Delta z + \frac{p_1}{\rho g} - h_w$$

将 $h_w = 0.1 \text{ m}, p_1 = 117.6 \text{ kN/m}^2, \Delta z = 2 \text{ m}$ 代入上式,得 $p_2 = 136.2 \text{ kN/m}^2$。

（3）弯头内水重

$$G = \rho g V = \rho g \cdot L \cdot \frac{\pi}{4} d^2 = 1\,000 \times 9.8 \times 3.14 \times \frac{3.14}{4} \times 0.2^2 = 0.97 \text{ kN}$$

（4）计算作用于断面 1-1 与 2-2 上动水总压力

$$P_1 = p_1 \cdot \frac{\pi d^2}{4} = 117.6 \times \frac{3.14 \times 0.2^2}{4} = 3.69 \text{ kN}$$

$$P_2 = p_2 \cdot \frac{\pi d^2}{4} = 136.2 \times \frac{3.14 \times 0.2^2}{4} = 4.28 \text{ kN}$$

（5）对弯头内水流沿 x、y 方向分别写动量方程式,令管壁对水体的反作用力在水平和铅垂方向的分力为 R_x、R_y,沿 x 方向动量方程为

$$\rho Q(0 - \beta v) = P_1 - R_x$$

得到

$$R_x = P_1 + \beta \rho Q v = 3.69 + 1 \times 1 \times 0.06 \times 1.91 = 3.80 \text{ kN}$$

沿 y 方向动量方程为

$$\rho Q(-\beta v - 0) = P_2 - G - R_y$$

得到

$$R_y = P_2 - G + \beta \rho Q v = 4.28 - 0.97 + 1 \times 1 \times 0.06 \times 1.91 = 3.42 \text{ kN}$$

管壁对水流的总作用力

$$R = \sqrt{R_x^2 + R_y^2} = \sqrt{3.80^2 + 3.42^2} = 5.11 \text{ kN}$$

作用力 R 与水平轴 x 的夹角

$$\theta = \arctan\left(\frac{R_y}{R_x}\right) = \arctan\left(\frac{3.42}{3.80}\right) = 41.99°$$

水流对管壁的作用力与 R 大小相等,方向相反。

【例 4.6】 如图 4.19(a)所示,一压力容器内的水由喷嘴射出,容器内水位恒定。已知容器顶部压力表读值 $p_M = 0.5 \text{ MPa}$,喷嘴进口直径 $D = 0.1 \text{ m}$,喷嘴出口直径 $d = 0.05 \text{ m}$,水深 $h = 3 \text{ m}$。试求喷嘴连接螺栓所受的总拉力(不计喷嘴重及水重的影响)。

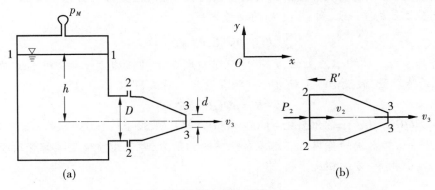

图 4.19 例 4.7 图

【解】 （1）计算喷嘴过水断面的流速和流量

以通过喷嘴轴线的水平面为基准面，列容器内水面 1－1 和喷口断面 3－3 的伯努利方程

$$z_1 + \frac{p_1}{\rho g} + \frac{\alpha_1 v_1^2}{2g} = z_3 + \frac{p_3}{\rho g} + \frac{\alpha_3 v_3^2}{2g}$$

考虑到 $v_1 \approx 0, z_3 = 0, p_3 = 0$，则

$$h + \frac{p_M}{\rho g} = \frac{v_3^2}{2g}$$

$$v_3 = \sqrt{2g\left(h + \frac{p_M}{\rho g}\right)} = \sqrt{2 \times 9.8\left(3 + \frac{5 \times 10^5}{1\,000 \times 9.8}\right)} = 32.54 \text{ m/s}$$

由连续性方程 $v_2 A_2 = v_3 A_3$，得

$$v_2 = v_3 \frac{A_3}{A_2} = v_3\left(\frac{d}{D}\right)^2 = 32.54 \times \left(\frac{0.05}{0.1}\right)^2 = 8.14 \text{ m/s}$$

流量

$$Q = v_2 A_2 = v_3 A_3 = 0.064 \text{ m}^3/\text{s}$$

（2）计算喷嘴过水断面的压强和压力

用动量方程计算螺栓所受的总拉力，要注意作用在控制体内水流上的力中，包括过流断面 2－2 上的动压力。考虑到扣除喷嘴外部大气压的作用，过流断面上的动压力须用相对压强计算。

列喷嘴进口断面 2－2 和喷口断面 3－3 的伯努利方程

$$\frac{p_2}{\rho g} + \frac{v_2^2}{2g} = \frac{v_3^2}{2g} \quad (\text{以相对压强计}, p_3 = 0)$$

$$p_2 = \frac{\rho}{2}(v_3^2 - v_2^2) = \frac{1\,000}{2} \times (32.54^2 - 8.14^2) = 496\,296 \text{ Pa}$$

$$P_2 = p_2 \frac{\pi D^2}{4} = 496\,296 \times \frac{\pi \times 0.1^2}{4} = 3\,895.92 \text{ N}$$

（3）计算喷嘴连接螺栓所受的总拉力

取喷嘴进、出口断面及管壁所围成的空间为控制体，选直角坐标系 xOy 图 4.19（b），令 Ox 轴与出流方向一致，列 Ox 方向的动量方程

$$\sum F_x = \rho Q(\beta_3 v_3 - \beta_2 v_2)$$

式中 作用在控制体内水流上的力，有喷嘴进口断面上的压力 P_2；喷嘴对水流的作用力 R'，此力是待求量，假设沿 $-x$ 轴方向。将各量代入前式，得

$$P_2 - R' = \rho Q(\beta_3 v_3 - \beta_2 v_2)$$

$$R' = P_2 - \rho Q(\beta_3 v_3 - \beta_2 v_2) = 3\,895.92 - 1\,000 \times 0.064 \times (1.0 \times 32.54 - 1.0 \times 8.14) = 2\,334.32 \text{ N}$$

所得 R' 是喷嘴对水流的作用力。水流对喷嘴的作用力，即等于喷嘴连接螺栓所受的总拉力，与 R' 大小相等，方向相反。

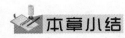 **本章小结**

1. 建立了控制流体运动的微分方程组,即理想流体运动微分方程(欧拉运动微分方程)和实际流体运动微分方程(纳维-斯托克斯方程)。

(1) 理想流体运动微分方程(欧拉运动微分方程)

$$\left. \begin{aligned} X - \frac{1}{\rho}\frac{\partial p}{\partial x} &= \frac{\partial u_x}{\partial t} + u_x\frac{\partial u_x}{\partial x} + u_y\frac{\partial u_x}{\partial y} + u_z\frac{\partial u_x}{\partial z} \\ Y - \frac{1}{\rho}\frac{\partial p}{\partial y} &= \frac{\partial u_y}{\partial t} + u_x\frac{\partial u_y}{\partial x} + u_y\frac{\partial u_y}{\partial y} + u_z\frac{\partial u_y}{\partial z} \\ Z - \frac{1}{\rho}\frac{\partial p}{\partial z} &= \frac{\partial u_z}{\partial t} + u_x\frac{\partial u_z}{\partial x} + u_y\frac{\partial u_z}{\partial y} + u_z\frac{\partial u_z}{\partial z} \end{aligned} \right\}$$

(2) 实际流体运动微分方程(纳维-斯托克斯方程)

$$\left. \begin{aligned} X - \frac{1}{\rho}\frac{\partial p}{\partial x} + \upsilon\left(\frac{\partial^2 u_x}{\partial x^2} + \frac{\partial^2 u_x}{\partial y^2} + \frac{\partial^2 u_x}{\partial z^2}\right) &= \frac{\partial u_x}{\partial t} + u_x\frac{\partial u_x}{\partial x} + u_y\frac{\partial u_x}{\partial y} + u_z\frac{\partial u_x}{\partial z} \\ Y - \frac{1}{\rho}\frac{\partial p}{\partial y} + \upsilon\left(\frac{\partial^2 u_y}{\partial x^2} + \frac{\partial^2 u_y}{\partial y^2} + \frac{\partial^2 u_y}{\partial z^2}\right) &= \frac{\partial u_y}{\partial t} + u_x\frac{\partial u_y}{\partial x} + u_y\frac{\partial u_y}{\partial y} + u_z\frac{\partial u_y}{\partial z} \\ Z - \frac{1}{\rho}\frac{\partial p}{\partial z} + \upsilon\left(\frac{\partial^2 u_z}{\partial x^2} + \frac{\partial^2 u_z}{\partial y^2} + \frac{\partial^2 u_z}{\partial z^2}\right) &= \frac{\partial u_z}{\partial t} + u_x\frac{\partial u_z}{\partial x} + u_y\frac{\partial u_z}{\partial y} + u_z\frac{\partial u_z}{\partial z} \end{aligned} \right\}$$

2. 在伯努利积分的基础上建立了理想流体元流伯努利方程和实际流体元流伯努利方程。

(1) 理想流体元流伯努利方程

$$z_1 + \frac{p_1}{\rho g} + \frac{u_1^2}{2g} = z_2 + \frac{p_2}{\rho g} + \frac{u_2^2}{2g}$$

(2) 实际流体元流伯努利方程

$$z_1 + \frac{p_1}{\rho g} + \frac{u_1^2}{2g} = z_2 + \frac{p_2}{\rho g} + \frac{u_2^2}{2g} + h_w'$$

3. 在实际流体元流伯努利方程的基础上建立了总流伯努利方程(即能量方程)

$$z_1 + \frac{p_1}{\rho g} + \frac{\alpha_1 v_1^2}{2g} = z_2 + \frac{p_2}{\rho g} + \frac{\alpha_2 v_2^2}{2g} + h_w$$

4. 根据动量守恒原理,建立了适合流体运动的恒定总流动量方程

$$\sum F = \rho Q(\beta_2 v_2 - \beta_1 v_1)$$

分量形式

$$\left. \begin{aligned} \sum F_x &= \rho Q(\beta_2 v_{2x} - \beta_1 v_{1x}) \\ \sum F_y &= \rho Q(\beta_2 v_{2y} - \beta_1 v_{1y}) \\ \sum F_z &= \rho Q(\beta_2 v_{2z} - \beta_1 v_{1z}) \end{aligned} \right\}$$

思考题

1. 实际流体的动压强和流体静压强有何不同？

2. 欧拉运动微分方程的应用条件是什么？

3. 伯努利积分的条件是什么？N-S方程的适用条件是什么？方程本身和其中各项的物理意义是什么？

4. 总流伯努利方程 $z_1 + \dfrac{p_1}{\rho g} + \dfrac{\alpha_1 v_1^2}{2g} = z_2 + \dfrac{p_2}{\rho g} + \dfrac{\alpha_2 v_2^2}{2g} + h_w$ 各项的物理意义和几何意义是什么？应用条件是什么？

5. 在应用总流能量方程 $z_1 + \dfrac{p_1}{\rho g} + \dfrac{\alpha_1 v_1^2}{2g} = z_2 + \dfrac{p_2}{\rho g} + \dfrac{\alpha_2 v_2^2}{2g} + h_w$ 时，其过流断面上的代表点，所取的基准面及压强标准是否可以任意选择？为什么？

6. 动能修正系数 α、动量修正系数 β 的物理本质是什么？如何定义的？其物理意义是什么？

7. 什么是水头线、总水头线和测压管水头线？总水头线、测压管水头线和位置水头线三者之间有什么关系？沿程是如何变化的？

8. 什么是水力坡度和测压管坡度？二者在什么情况下相等？

9. 在应用总流动量方程解决实际流动问题时，如何表示前后的动量变化？什么是控制体？如何正确选取控制体？

10. 总流的动量方程为 $\sum F = \rho Q(\beta_2 v_2 - \beta_1 v_1)$，试问：

（1）$\sum F$ 中都包括哪些力？

（2）在计算表面力时，如果采用不同的压强标准其结果是否一样？应如何解决？

（3）如果由动量方程求得的力为负值说明什么问题？

11. 结合公式的推导，总结总流动量方程的应用条件和应用注意事项。

习 题

一、单项选择题

1. 在总流伯努利方程中，速度 v 是_____速度。

A. 某点   B. 断面形心处   C. 断面上最大   D. 断面平均

2. 在_____流动中，伯努利方程不成立。

A. 恒定   B. 可压缩   C. 不可压缩   D. 理想流体

3. 文丘里管用于测量_____。

A. 点流速   B. 流量   C. 压强   D. 密度

4. 毕托管用于测量_____。

A. 点流速   B. 压强   C. 密度   D. 流量

5. 应用总流能量方程时,两断面之间_____ 。

A. 必须是渐变流　　　　　　　　B. 必须是急变流

C. 不能出现急变流　　　　　　　D. 允许出现急变流

6. 伯努利方程中 $z + \dfrac{p}{\rho g} + \dfrac{\alpha v^2}{2g}$ 表示_____ 。

A. 单位质量流体所具有的机械能　　B. 单位重量流体所具有的机械能

C. 单位体积流体所具有的机械能　　D. 通过过流断面流体的总机械能

7. 在列伯努利方程时,方程两边的压强项必须_____ 。

A. 均为相对压强　　　　　　　　B. 均为绝对压强

C. 同为相对压强或同为绝对压强　　D. 一边为相对压强一边为绝对压强

8. 黏性流体恒定总流的总水头线沿程变化规律是_____ 。

A. 沿程下降　　　　　　　　　　B. 沿程上升

C. 保持水平　　　　　　　　　　D. 前三种情况都有可能

9. 黏性流体恒定总流的测压管水头线沿程变化规律是_____ 。

A. 沿程下降　　　　　　　　　　B. 沿程上升

C. 保持水平　　　　　　　　　　D. 前三种情况都有可能

10. 理想流体的总水头线沿程的变化规律为_____ 。

A. 沿程下降　　　　　　　　　　B. 沿程上升

C. 沿程不变　　　　　　　　　　D. 前三种情况都有可能

11. 动能修正系数 $\alpha =$ _____ 。

A. $\dfrac{1}{A}\iint\limits_{A} \dfrac{u}{v} \mathrm{d}A$ 　　　　　　　　B. $\dfrac{1}{A}\iint\limits_{A} \left(\dfrac{u}{v}\right)^2 \mathrm{d}A$

C. $\dfrac{1}{A}\iint\limits_{A} \left(\dfrac{u}{v}\right)^3 \mathrm{d}A$ 　　　　　　D. $\dfrac{1}{A}\iint\limits_{A} \left(\dfrac{u}{v}\right)^4 \mathrm{d}A$

12. 动量修正系数 $\beta =$ _____ 。

A. $\dfrac{1}{A}\iint\limits_{A} \dfrac{u}{v} \mathrm{d}A$ 　　　　　　　　B. $\dfrac{1}{A}\iint\limits_{A} \left(\dfrac{u}{v}\right)^2 \mathrm{d}A$

C. $\dfrac{1}{A}\iint\limits_{A} \left(\dfrac{u}{v}\right)^3 \mathrm{d}A$ 　　　　　　D. $\dfrac{1}{A}\iint\limits_{A} \left(\dfrac{u}{v}\right)^4 \mathrm{d}A$

13. 在应用恒定总流的动量方程 $\sum F = \rho Q(\beta_2 v_2 - \beta_1 v_1)$ 解题时, $\sum F$ 中不应包括_____ 。

A. 重力　　　　B. 压力　　　　C. 阻力　　　　D. 惯性力

14. 动量方程 $\sum F = \rho Q(\beta_2 v_2 - \beta_1 v_1)$ 的适用条件是_____ 。

A. 仅适用于理想流体作恒定流动

B. 仅适用于黏性流体作恒定流动

C. 适用于理想流体与黏性流体作恒定流动

D. 适用于理想流体与黏性流体作恒定或非恒定流动

15. 动量方程表示,对不可压缩流体作恒定流动时,作用在控制体内流体上的合外力等于_____。

    A.控制体的流出动量减去流入动量

    B.控制体的动量对时间的变化率

    C.单位时间流出与流入控制体的流体动量的差值

    D.体积流量乘以流出与流入控制体的流体速度的差值

二、计算题

16. 如题 16 图所示,用一直径 $d = 100$ mm 的水管从水箱引水。水箱水面与管道出口断面中心的高差 $H = 4$ m,保持恒定,水头损失 $h_w = 3$ m 水柱。试求通过管道的流量 Q。

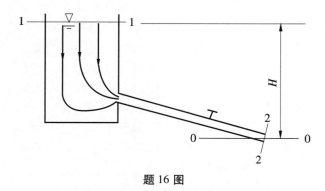

题 16 图

17. 一变直径的管段 AB,如题 17 图所示,$d_A = 0.2$ m,$d_B = 0.4$ m,高差 $\Delta z = 1.5$ m,今测得 $p_A = 30$ kPa,$p_B = 40$ kPa,B 点处断面平均流速 $v_B = 1.5$ m/s,试判断管中水流流动方向。

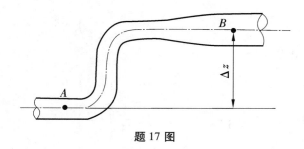

题 17 图

18. 某管道如题 18 图所示,直径 $d = 0.15$ m,测得水银压差计中液面差 $\Delta h = 0.2$ m,若断面平均流速 $v = 0.78 u_{\max}$,试求管中通过的流量 Q。

19. 利用皮托管原理,测量水管中的点流速 u,如题 19 图所示,已知读值 $\Delta h = 60$ mm,试求该点流速。

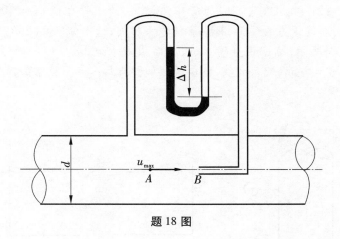

题 18 图

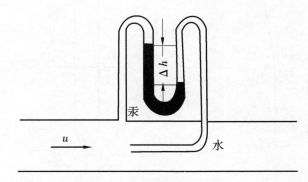

题 19 图

20. 为了测量石油管道的流量, 安装文丘里流量计, 如题 20 图所示, 管道直径 $d_1 =$ 200 mm, 流量计喉管直径 $d_2 = 100$ mm, 石油密度 $\rho = 850$ kg/m^3, 流量计流量系数 $\mu = 0.95$。现测得水银压差计读数 $h_p = 150$ mm, 问此时管中流量 Q 是多少?

21. 水管直径 $d = 50$ mm, 末端阀门关闭时, 压力表读值为 $p_M = 21$ kPa。如题 21 图所示, 阀门打开后读值降至 $p'_M = 5.5$ kPa, 若不计水头损失, 试求通过的流量 Q。

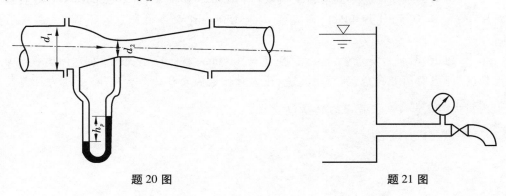

题 20 图   题 21 图

22. 如题 22 图所示,水在变直径竖管中流动,已知粗管直径 $d_1 = 300$ mm,流速 $v_1 = 6$ m/s。为使两断面的压力表读值相同,不计水头损失,试求细管直径 d_2。

23. 如题 23 图所示,有一铅直输水管,上游为一水池,出口接一管嘴,已知管径 $D = 10$ cm,出口直径 $d = 5$ cm,流入大气,其他尺寸如图所示。若不计水头损失,试求管中 A、B 两点的相对压强。

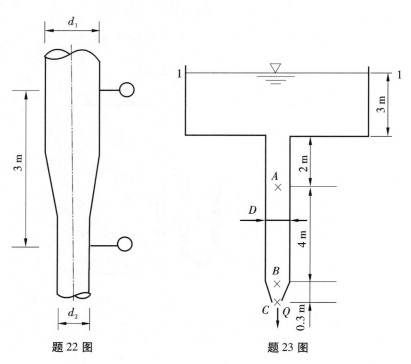

题 22 图 　　　　　　　　　　　题 23 图

24. 如题 24 图所示,管路出口接一收缩管嘴,已知水流射入大气的速度 $v_2 = 20$ m/s,管径 $d_1 = 0.1$ m,管嘴出口直径 $d_2 = 0.05$ m,压力表断面至出口断面高差 $H = 5$ m,两断面间的水头损失为 $0.5 \dfrac{v_1^2}{2g}$,试求此时压力表的读数 p_M。

25. 水箱中的水从一扩散短管流到大气中,如题 25 图所示,若直径 $d_1 = 100$ mm,该处绝对压强 $p_{abs1} = 0.5$ at(49 kPa),而直径 $d_2 = 150$ mm,水头损失忽略不计,试求作用水头 H。

26. 如题 26 图所示某水管,已知管径 $d = 100$ mm,当阀门全关时,压力计读数为 0.5 个大气压,而当阀门开启后,保持恒定流,压力计读数降至 0.2 个大气压,若压力计前段的总水头损失为 $2 \dfrac{v^2}{2g}$,试求管中的流量 Q。

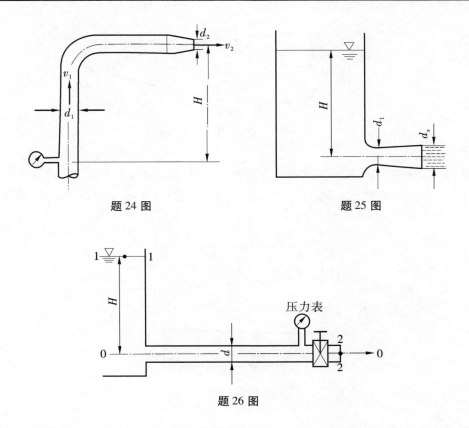

题 24 图　　　　　　　　　　题 25 图

题 26 图

27. 如题 27 图所示分流叉管,断面 1–1 处的过流断面面积 $A_1 = 0.1 \text{ m}^2$,高程 $z_1 = 75 \text{ m}$,流速 $v_1 = 3 \text{ m/s}$,压强 $p_1 = 98 \text{ kPa}$;断面 2–2 处 $A_2 = 0.05 \text{ m}^2$,$z_2 = 72 \text{ m}$,断面 3–3 处 $A_3 = 0.08 \text{ m}^2$,$z_3 = 60 \text{ m}$,$p_3 = 196 \text{ kPa}$,断面 1–1 至 2–2 和 3–3 的水头损失分别为 $h_{w1-2} = 3 \text{ m}$ 和 $h_{w1-3} = 5 \text{ m}$,试求:(1)断面 2–2 和 3–3 处的流速 v_2 和 v_3;(2)断面 2–2 处的压强 p_2。

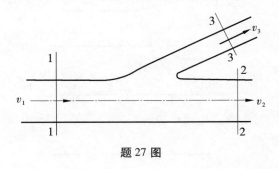

题 27 图

28. 如题 28 图所示,水由喷嘴射出,已知流量 $Q = 0.4 \text{ m}^3/\text{s}$,主管直径 $D = 0.4 \text{ m}$,喷口直径 $d = 0.1 \text{ m}$,水头损失不计,试求水流作用在喷嘴上的力。

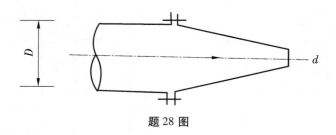

题 28 图

29. 如题 29 图所示,嵌入支座内的一段输水管,其直径 $d_1 = 1.5$ m 变化到 $d_2 = 1$ m,当支座前的压强 $p_1 = 4$ at(392 kPa)(相对压强),流量为 $Q = 1.8$ m³/s 时,试确定渐变段支座所受的轴向力 R(不计水头损失)。

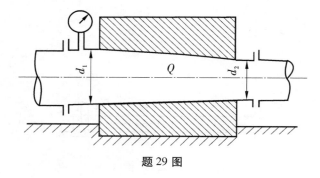

题 29 图

30. 如题 30 图所示,矩形断面的平底渠道,宽度 $b = 2.7$ m,渠底在某断面处抬高 $\Delta = 0.5$ m,已知该断面上游的水深为 $h_1 = 2$ m,抬高后下游水面降低 $\Delta h = 0.15$ m,忽略渠道边壁和渠底的阻力。试求:(1)渠道的流量;(2)水流对底坎的冲击力。

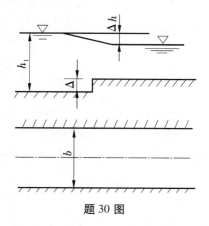

题 30 图

31. 如题 31 图所示,某矩形断面平底弯曲渠段,渠道由 $b_1 = 2.0$ m 的底宽断面 1,渐变为断面 2,底宽为 $b_2 = 3.0$ m。当通过渠道流量 $Q = 4.2$ m³/s 时,两断面水深分别为 $h_1 = $

1.5 m, $h_2 = 1.2$ m,两断面的平均流速 v_1 和 v_2 与 x 轴的夹角分别为 $\theta_1 = 30°$ 和 $\theta_2 = 60°$,试求水流对渠段侧壁的水平冲力。

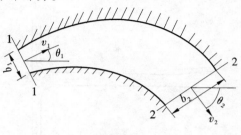

题 31 图

32. 如题 32 图所示,水平设置的渐缩输水弯管,转角 $\theta = 60°$,直径由 $d_1 = 200$ mm 变为 $d_2 = 150$ mm。已知转向前断面的压强 $p_1 = 18$ kPa(相对压强),输水流量 $Q = 0.1$ m³/s,不计弯管的水头损失。试求水流作用在弯管上的力。

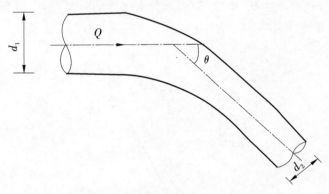

题 32 图

33. 如题 33 图所示水平分岔管道,干管直径 $d_1 = 600$ mm,两支管直径 $d_2 = 400$ mm,分岔角 $\theta = 30°$。已知分岔前断面的压力表读值 $p_M = 70$ kPa,干管流量 $Q = 0.6$ m³/s,不计水头损失。试求水流对分岔管的作用力。

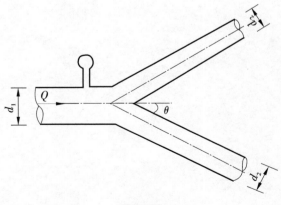

题 33 图

34. 如题 34 图所示，水力采煤用水枪在高压下喷射强力水柱冲击煤层，喷嘴出口直径 $d = 30$ mm，出口水流速度 $v = 54$ m/s，试求水流对煤层的冲击力。

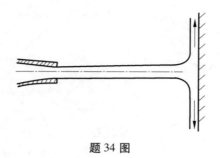

题 34 图

35. 如题 35 图所示，水自喷嘴射向一与其交角成 $60°$ 的光滑平板上（不计摩擦阻力），在水平面上的位置如图所示。若喷嘴出口直径 $d = 25$ mm，喷射流量 $Q = 33.4$ L/s，试求射流沿平板向两侧的分流流量 Q_1 和 Q_2，以及射流对平板的作用力 R。（假定水头损失可忽略不计，喷嘴轴线沿水平方向。）

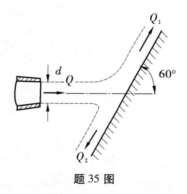

题 35 图

第 5 章　流动阻力和水头损失

要点提示

在第 4 章流体动力学基础中建立了黏性流体恒定总流伯努利方程,运用总流伯努利方程解决工程实际问题的关键是水头损失项的计算问题。水头损失的计算在工程实际中具有重要的意义,只有正确地计算出水头损失才能较准确地计算出有关的流动参数,如压力、速度等。本章主要研究流体在恒定流动情况下,流动阻力和水头损失的规律,其要点主要包括:黏性流体的两种流态——层流和紊流;在不同流态下,流体在管道、渠道内流动的阻力与水头损失的规律,并给出其定量计算方法。

5.1　流动阻力和水头损失的分类计算公式

5.1.1　流动阻力和水头损失的分类

实际流体都具有黏性,实际流体在管道、渠道内流动时,流体内部流层间因为相对运动而产生流动阻力。流动阻力做功,将流体的一部分机械能转化为热能而损失掉,形成了能量损失。为了便于分析计算,根据流动边界条件的不同,将流动阻力和能量损失分为以下几种形式。

5.1.1.1　沿程阻力与沿程损失

在边界沿流程没有变化(包括边壁形状、尺寸、流动方向均无变化)的均匀流流段上,产生的流动阻力称为沿程阻力。这种阻力来源于沿流程各流体质点或流层之间以及流体与固体壁之间的摩擦阻力。由于沿程阻力做功而引起的水头损失称为沿程水头损失,用 h_f 表示。沿程水头损失主要是由于摩擦阻力所引起的,其均匀分布在整个流段上,大小与流段的长度成正比。流体在等直径的直管中流动的水头损失就是沿程水头损失。

5.1.1.2　局部阻力与局部损失

在边界形状沿程急剧变化,流速分布急剧调整的局部区段上,集中产生的流动阻力称为局部阻力,由局部阻力做功而引起的水头损失称为局部水头损失,用 h_j 表示。发生在管道入口、管径突变处、弯管、阀门等各种管件处的水头损失,都是局部水头损失。局部水头损失是由于固体边界形状突然改变,各种阻碍破坏了流体的正常流动所引起的,其大小取决于各种阻碍的类型,特点是集中在一段较短的流程上。

例如:如图 5.1 所示管道,当流体经过 ab 段、bc 段、cd 段时各段只有沿程阻力,发生在这些管段中的水头损失是沿程水头损失,分别用 h_{fab}、h_{fbc}、h_{fcd} 表示。流体在流经管道入口 a,管道断面突然缩小处 b,阀门 c 处时,由于固体边界条件(形状、大小和方向)急剧变化,产生局部阻力,发生在这些地方的水头损失是局部水头损失,分别用 h_{ja}、h_{jb}、h_{jc} 表示。

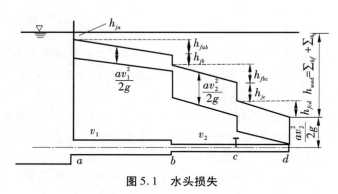

图 5.1   水头损失

5.1.1.3   总水头损失

流体在实际装置中流动时,不可避免地将出现沿程水头损失和局部水头损失。在实际流体总流伯努利方程中,h_w 包括单位重量流体在所取两断面间的所有水头损失,即

$$h_w = \sum h_f + \sum h_j \tag{5.1}$$

例如,整个管道的水头损失 h_w 等于各管段的沿程水头损失和所有局部水头损失的总和

$$h_w = \sum h_f + \sum h_j = h_{fab} + h_{fbc} + h_{fcd} + h_{ja} + h_{jb} + h_{jc}$$

5.1.2   水头损失的计算公式

掌握沿程水头损失和局部水头损失的规律和计算方法,对于研究流体力学问题,尤其对于工程问题的计算是十分必要的。水头损失计算公式的建立,经历了从经验到理论的发展过程。

5.1.2.1   沿程水头损失计算公式

19 世纪中叶,法国工程师达西(Darcy,1803 ~ 1858)和德国水力学家魏斯巴赫(Weisbach,1806 ~ 1871),在归纳总结前人实验的基础上,提出了圆管沿程水头损失计算公式

$$h_f = \lambda \frac{l}{d} \frac{v^2}{2g} \tag{5.2}$$

式中 h_f ——沿程水头损失,m;

l ——管长,m;

d ——管道直径,m;

v ——断面平均流速,m/s;

g ——重力加速度,m/s;

λ ——沿程水头损失系数,或沿程阻力系数。

该公式称为达西-魏斯巴赫公式,简称达西公式。式中的沿程水头损失系数 λ 并不是一个确定的常数,不同的流动情况有不同的 λ 值,一般由实验确定。这样,达西公式就把沿程水头损失的计算转化为研究确定沿程水头损失系数的问题。长期实践证明,达西公式在理论上是严密的,使用上是方便的。

5.1.2.2　局部水头损失计算公式

局部水头损失计算公式为

$$h_j = \zeta \frac{v^2}{2g} \qquad (5.3)$$

式中　h_j ——局部水头损失;

ζ ——局部水头损失系数,或局部阻力系数,由实验确定;

v ——与 ζ 对应的断面平均流速。

沿程水头损失计算公式和局部水头损失计算公式是长期工程实践经验的总结。计算水头损失的关键是各种流动条件下水头损失系数 λ 和 ζ 的计算。因为流体运动的复杂性,除了少数简单流动状态以外,λ 和 ζ 的计算目前只能通过实验和半实验半理论的方法获得。

5.2　黏性流体的两种流态

早在 19 世纪 30 年代,人们就已经发现了沿程水头损失和流速有一定的关系。在流速很小时,水头损失和流速的一次方成比例;在流速较大时,水头损失几乎和流速的平方成比例。1883 年,英国物理学家雷诺通过实验研究发现,水头损失规律之所以不同,是因为黏性流体存在着两种不同的流态。

5.2.1　雷诺实验

1883 年,英国物理学家雷诺用实验证明了两种流态的存在,确定了流态的判别方法及其与水头损失的关系。

雷诺实验装置如图 5.2 所示。A 为水平玻璃管,为了避免进口扰动,玻璃管管端做成圆滑喇叭口形状;B 为阀门,用以调节水平玻璃管中水的流速;C 为颜色水容器,里面装有与水密度相近的有色液体;D 为颜色水阀门,为了减少干扰,应适当调节阀门 D 的开度,使颜色水注入针管 E 中的流速与玻璃管 A 内注入点处的流速接近;E 为颜色水注入针管,颜色水通过此管注入玻璃管中;F 为水箱,实验过程中水箱内的水位保持恒定。

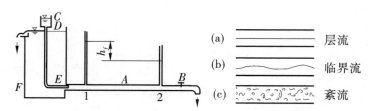

图5.2　雷诺实验装置

实验分为四个过程：

（1）阀门 B 微开，水以低速流过玻璃管 A，打开阀门 D，使有色液体流入玻璃管。可以观察到：玻璃管内的颜色水成一条位置固定、界限分明，与周围的清水不相混合的细直线，如图5.2（a）所示。这种现象表明：此时玻璃管中的流体作层状流动，各层流体质点互不掺混，这种流动状态称为层流。

（2）缓慢开大阀门 B，增大玻璃管内的水流速度，可以观察到：在一定的范围内仍保持层流运动状态。当速度增加到某一数值时，颜色水线出现波纹，局部地方可能出现中断现象，如图5.2（b）所示。这种现象表明：此时玻璃管中流体质点出现了横向运动，玻璃管内水层之间出现了不稳定的振荡现象。

（3）继续开大阀门 B 增加流速，可以观察到：颜色水线迅速加大波动和断裂，随后颜色水完全掺混到水流中去，如图5.2（c）所示。这种现象表明：此时管内流体质点运动轨迹杂乱无章，各层流体质点剧烈掺混，这种流动状态称为紊流。

（4）将以上实验按相反的顺序进行：先开大阀门 B，使玻璃管内成为紊流，然后逐渐关小阀门 B，则会按相反的顺序出现前面实验中发生的现象。所不同的是由紊流转变为层流的流速 v_c 小于由层流转变为紊流的流速 v_c'。流态发生转变的流速 v_c' 和 v_c 分别称为上临界流速和下临界流速。大量的实验表明：上临界流速 v_c' 是不稳定的，受初始扰动的影响很大，而下临界流速 v_c 是稳定的，不受初始扰动的影响，实用上把下临界流速 v_c 作为流态转变的临界流速。

雷诺实验表明：当流速不同时，流体质点会出现两种不同的运动状态。当流速小于某一数值时，流体质点互不掺混，作有条不紊的层状流动，即层流运动。而当流速大于某一数值时，流体质点在向前运动的同时互相掺混，做无规则运动，即紊流运动。介于两者之间的较小范围叫作过渡状态。

5.2.2　不同流态的阻力规律

为了分析不同流态沿程水头损失的变化规律，在雷诺实验的玻璃管中，选取过流断面1和2，并各自安装一根玻璃管，则1、2断面间的伯努利方程方程可以表达为

$$z_1 + \frac{p_1}{\rho g} + \frac{\alpha_1 v_1^2}{2g} = z_2 + \frac{p_2}{\rho g} + \frac{\alpha_2 v_2^2}{2g} + h_w$$

因为该管道为等直径直管，管流为均匀流，所以有

$$v_1 = v_2，\alpha_1 = \alpha_2$$

1、2 断面间只有沿程水头损失,没有局部水头损失,$h_w = h_f$,化简上式,得到

$$h_f = \left(z_1 + \frac{p_1}{\rho g}\right) - \left(z_2 + \frac{p_2}{\rho g}\right) \tag{5.4}$$

该式表明:均匀流两断面间的沿程水头损失,等于两断面的测压管水头差。

因为玻璃管水平放置,有 $z_1 = z_2$,上式可以进一步简化为

$$h_f = \frac{p_1}{\rho g} - \frac{p_2}{\rho g} \tag{5.5}$$

上式表明均匀流两断面间的沿程水头损失,等于两断面测压管中的液面高差,即两根测压管中的液面高差为两断面间的沿程水头损失。

通过阀门调节流速,测定不同断面平均流速 v 时,相应的沿程水头损失 h_f,可以得到 $h_f - v$ 的关系曲线,如图 5.3 所示。

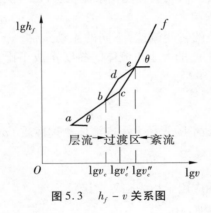

图 5.3　$h_f - v$ 关系图

　(1)当流速 v 由小变大时,实验曲线为 $abcef$,c 点是层流过渡到紊流的转换点,对应的流速为上临界流速 v_c';当流速 v 由大到小时,实验曲线为 $fedba$,b 点为紊流过渡到层流的转换点,对应的流速为下临界流速 v_c,水头损失可以表达为

$$h_f = kv^m$$

　在对数坐标下,直线方程为:$\lg h_f = \lg k + m\lg v$

式中　$\lg k$ 为截距;m 为直线的斜率。

　(2)ab 段:$v < v_c$,流动为稳定的层流,ab 直线的斜率 $m_1 = 1.0$,$h_f = kv^{1.0}$,沿程水头损失与断面平均流速 v 的一次方成正比。

　(3)ef 段:$v > v_c'$,流动只能是紊流,ef 直线的斜率 $m_2 = 1.75 \sim 2.0$,即 $h_f = kv^{1.75 \sim 2.0}$,沿程水头损失与断面平均流速 v 的 $1.75 \sim 2.0$ 次方成正比。

　(4)在层流与紊流状态之间的区域(be 段)为过渡区,流动状态是不稳定的,既取决于流动的初始流态,又取决于外界扰动的大小。实验过程中流速逐渐增大时实验点将沿 bce 移动,流速逐渐减小时,将沿 edb 移动。

　(5)bc 段为层流与紊流的过渡区域,$v_c < v < v_c'$,流动状态既取决于流动的初始流态,又取决于外界扰动的大小。

　(6)bd 和 ce 段是流态不稳定的过渡区。

从以上分析可以看出:流态不同,沿程阻力的变化规律不同,沿程水头损失的规律也不同。在分析流体运动,计算水头损失时,首先必须先判别流态,然后由所确定的流态按不同的规律进行计算。

5.2.3 流态的判别——雷诺数

5.2.3.1 圆管流动

流动状态可以按管中流速值分为以下 3 种情况:

(1)当 $v > v_c'$ 时,管中流动为紊流状态;

(2)当 $v < v_c$ 时,管中流动为层流状态;

(3)当 $v_c < v < v_c'$ 时,管中流动既可能是紊流状态,也可能是层流状态,在这个范围内流动处于不稳定的过渡状态。

临界流速是层流和紊流的转变流速,不同的流动条件,v_c 值大小不等。雷诺通过实验发现:圆管流动,临界流速 v_c 的大小与流体的黏度 μ 成正比,与流体的密度 ρ 和管径 d 成反比,即

$$v_c = Re_c \frac{\mu}{\rho d}$$

式中 Re_c——比例常数,是不随管径大小和流体物理性质(ρ,μ)变化的无量纲数。

$$Re_c = \frac{v_c \rho d}{\mu} = \frac{v_c d}{\nu} \tag{5.6}$$

Re_c 称为下临界雷诺数,实际应用中称为临界雷诺数。

对于任一断面平均流速 v ,有

$$Re = \frac{vd}{\nu} \tag{5.7}$$

用临界雷诺数作为流态判别标准,应用上十分方便:当 $Re < Re_c$,流动为层流;当 $Re > Re_c$,流动为紊流。

大量的实验证明:当管径或流体介质不同时,下临界流速 v_c 不同,但下临界雷诺数 Re_c 却是一个比较稳定的数,其值约为 2 320。工程实际中,为简便起见,采用的临界雷诺数为 2 300,即

$$Re_c = \frac{v_c d}{\nu} = 2\ 300 \tag{5.8}$$

下临界雷诺数 Re_c 不随流体性质、管径或流速大小而变,而上临界雷诺数 Re_c' 则不稳定。实际流动中,当 $Re > Re_c$ 时,层流处于不稳定状态,如果没有外界扰动,层流流态理论上仍可继续保持下去,直至上临界雷诺数 Re_c',而 Re_c' 的大小视流动的平静程度及来流有无扰动而定,在实际流动中扰动总是存在的,因此用 Re_c' 来判别流态没有什么实际意义。工程实际中,为使计算结果安全起见,通常采用下临界雷诺数 Re_c 作为流态判别的标准。

$$Re < 2\ 300 ,流动为层流$$

$$Re > 2\ 300 ,流动为紊流$$

$$Re = 2\ 300 ,流动为临界流$$

5.2.3.2　非圆管流动

在工程中,使用的管道并不都是圆形截面管道。对于明渠水流和非圆断面管流,同样可以用雷诺数判别流态,只是需要引入一个综合反映断面大小和几何形状对流动影响的特征长度来代替圆管雷诺数中的直径 d,这个特征长度称为水力半径,用 R 表示。水力半径 R 是过流断面面积 A 与湿周 χ 的比值,即

$$R = \frac{A}{\chi} \tag{5.9}$$

式中　R——水力半径;

　　A——过流断面面积;

　　χ——过流断面上流体与固体壁面接触的周界线,称为湿周。

水力半径是一个非常重要的水力要素,水力半径的量纲是长度 L,常用的单位是 m 或 cm。它综合反映了断面大小和几何形状对流动影响的特征长度。水力半径与几何半径是两个不同的概念。

对于矩形断面渠道,如图 5.4(a)所示,其水力半径为

$$R = \frac{bh}{b + 2h} \tag{5.10}$$

对于直径为 d 的圆管流动,如图 5.4(b)所示,其水力半径为

$$R = \frac{\frac{1}{4}\pi d^2}{\pi d} = \frac{d}{4} \tag{5.11}$$

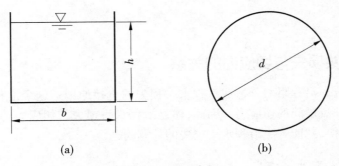

(a)　　　　　　　　　　　　(b)

图 5.4　水力半径

以水力半径 R 为特征长度,相应的临界雷诺数

$$Re_{c \cdot R} = \frac{v_c R}{v} = 575 \tag{5.12}$$

由此可见,采用不同的特征长度,有不同的临界雷诺数。

5.2.3.3　雷诺数的物理意义

雷诺数反映了惯性力与黏滞力作用的对比关系,当 $Re < Re_c$ 时,黏性对流动起主导作

用,因受微小扰动所产生的紊动,在黏性的阻滞作用下会逐渐衰减下来,流动仍然保持为层流;随着 Re 增大,黏性作用减弱,惯性对紊动的激励作用增强。当 $Re > Re_c$ 时,惯性对流动起主导作用,流动转变为紊流。雷诺数之所以能够判别流态,正是因为它反映了流态决定性因素的对比关系。

【例 5.1】 有一直径 $d = 25$ mm 的水管,流速 $v = 1.0$ m/s,水温为 10 ℃。(1)试判别管中水的流态;(2)使管内保持层流状态的最大流速是多少?

【解】 (1)10 ℃时水的运动黏度为 $v = 1.31 \times 10^{-6}$ m²/s,管中的雷诺数为

$$Re = \frac{vd}{v} = \frac{1.0 \times 0.025}{1.31 \times 10^{-6}} = 19\ 100 > 2\ 300$$

$Re > Re_c$,此管中水流是紊流。

(2)保持层流的最大流速是临界流速

$$v_c = \frac{Re_c v}{d} = \frac{2\ 300 \times 1.31 \times 10^{-6}}{0.025} = 0.12\ \text{m/s}$$

【例 5.2】 有一矩形断面的小排水沟,水深 $h = 15$ cm,底宽 $b = 20$ cm,流速 $v = 0.15$ m/s,水温 10 ℃,试判别流态。

【解】 10 ℃时,水的运动黏度为 $v = 1.31 \times 10^{-6}$ m²/s,水力半径

$$R = \frac{bh}{b + 2h} = \frac{0.2 \times 0.15}{0.2 + 0.15 \times 2} = 0.06\ \text{m}$$

雷诺数

$$Re = \frac{vR}{v} = \frac{0.15 \times 0.06}{1.31 \times 10^{-6}} = 6\ 870 > 575$$

所以流态是紊流。

5.3 沿程水头损失与切应力的关系

前面已经指出,沿程阻力是造成沿程水头损失的直接原因。这个沿程阻力对于均匀流来说,就是内部流层间的切应力。因此,建立沿程水头损失与切应力的关系式,再找出切应力的变化规律,就能解决沿程水头损失的计算问题。

5.3.1 均匀流基本方程

取圆管中恒定均匀流段 1—2,如图 5.5 所示。作用于该流段上的外力有:两端压力 $P_1 = p_1 A$、$P_2 = p_2 A$;壁面对流段的摩擦阻力 $T = \tau_0 \chi l$;重力 $G = \rho g A l$。因为均匀流是等速直线流动,在流动方向上压力、摩擦阻力与重力三者相互平衡,即

$$P_1 - P_2 + G\cos \alpha - T = 0$$

即

$$p_1 A - p_2 A + \rho g A l \cos \alpha - \tau_0 \chi l = 0$$

式中　τ_0——单位管壁面上的摩擦阻力,即壁面切应力;

　　　χ——湿周。

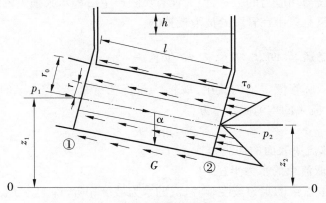

图 5.5 圆管均匀流动

将 $l\cos\alpha = z_1 - z_2$ 代入上式,并用 $\rho g A$ 除以式中各项,可以得到

$$\left(z_1 + \frac{p_1}{\rho g}\right) - \left(z_2 + \frac{p_2}{\rho g}\right) = \frac{\tau_0 \chi l}{\rho g A} \qquad (5.13)$$

1—2 断面间的水头损失只有沿程损失 h_f,列 1—1,2—2 断面间的伯努利方程,得到

$$z_1 + \frac{p_1}{\rho g} = z_2 + \frac{p_2}{\rho g} + h_f \qquad (5.14)$$

将式(5.14)代入式(5.13),可以得到

$$h_f = \frac{\tau_0 \chi l}{\rho g A} = \frac{\tau_0 l}{\rho g R} \qquad (5.15)$$

或

$$\tau_0 = \rho g R \cdot \frac{h_f}{l} = \rho g R J \qquad (5.16)$$

式中　R——水力半径,$R = \dfrac{A}{\chi}$;

　　　J——水力坡度,$J = \dfrac{h_f}{l}$。

公式(5.15)和公式(5.16)给出了圆管均匀流沿程水头损失与壁面切应力的关系,称为均匀流基本方程。该公式表明:总流的沿程水头损失 h_f 与流程长度 l,边壁上的切应力 τ_0 成正比,与总流的水力半径 R 成反比。

　　均匀流基本方程适用于层流和紊流,原因在于均匀流基本方程只是根据作用在恒定均匀流段上的外力相平衡得到的平衡关系式,反映了均匀流动中压力、重力和切向力三者的平衡关系。公式的推导并没有涉及流体质点的运动状态。无论是层流还是紊流,只要是恒定均匀流动,这三种外力就一定是平衡的。因此,均匀流基本方程对层流和紊流都适用。

　　层流和紊流虽有相同的均匀流基本方程,但在层流和紊流中,切应力有各自的规律。正因为如此,层流和紊流的流速分布和水头损失的规律不同。另外,均匀流基本方程虽然表示沿程水头损失与切应力的关系,但并没有反映产生沿程水头损失的物理本质,不能认为流体的机械能只是集中在管壁处被消耗掉的。

5.3.2　圆管过流断面上切应力分布

在图 5.5 所示圆管恒定均匀流中,取轴线与管轴重合,半径为 r 的流束进行受力分析,同样可以求得流束的均匀流基本方程

$$\tau = \rho g R' J' \tag{5.17}$$

式中　τ ——所取流束表面的切应力;

R' ——所取流束的水力半径;

J' ——所取流束的水力坡度,与总流的水力坡度相等,即 $J' = J$。

将 $R = \dfrac{r_0}{2}$,$R' = \dfrac{r}{2}$ 分别代入式(5.16)和式(5.17),可以得到

$$\tau_0 = \rho g \frac{r_0}{2} J \tag{5.18}$$

$$\tau = \rho g \frac{r}{2} J' \tag{5.19}$$

上述两式相比,可以得到

$$\tau = \frac{r}{r_0} \tau_0 \tag{5.20}$$

公式(5.20)表明:圆管均匀流过流断面上的切应力呈直线分布,在管轴中心处 $r = 0$,切应力达到最小值 $\tau = 0$;在管壁处 $r = r_0$,切应力达到最大值 $\tau = \tau_0$,如图 5.6 所示。

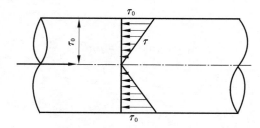

图 5.6　圆管均匀流切应力分布

5.3.3　阻力速度

为了建立沿程水头损失系数 λ 与壁面切应力 τ_0 的关系,将达西公式 $h_f = \lambda \dfrac{l}{d} \dfrac{v^2}{2g}$ 和圆管水力半径 $R = \dfrac{d}{4}$ 代入均匀流基本方程中,可以得到

$$\tau_0 = \rho g R \cdot \frac{h_f}{l} = \rho g \cdot \frac{d}{4} \cdot \frac{\lambda \dfrac{l}{d} \dfrac{v^2}{2g}}{l} = \rho \frac{\lambda}{8} v^2$$

则

$$\sqrt{\frac{\tau_0}{\rho}} = v\sqrt{\frac{\lambda}{8}}$$

定义 $v^* = \sqrt{\dfrac{\tau_0}{\rho}}$，$v^*$ 具有速度量纲，是反映壁面切应力大小的一个流速，称为阻力速度。

$$v^* = v\sqrt{\frac{\lambda}{8}} \tag{5.21}$$

公式(5.21)给出了 v^*、λ、v 三者之间的关系，该式在分析紊流沿程损失中广为引用。

【例 5.3】　一矩形断面渠道，其水流为均匀流，已知水力坡度 $J = 0.005$，水深 $h = 3$ m，底宽 $b = 6$ m，试求：渠底壁面上的切应力 τ_0。

【解】　矩形断面水力半径

$$R = \frac{bh}{b + 2h} = \frac{6 \times 3}{6 + 2 \times 3} = 1.5 \ \text{m}$$

由均匀流基本方程 $\tau_0 = \rho g R J$ 得到

$$\tau_0 = \rho g R J = 1\,000 \times 9.8 \times 1.5 \times 0.005 = 73.5 \ \text{Pa}$$

5.4　圆管中的层流运动

在实际工程中，绝大多数流动都是紊流运动，层流常见于很细的管道流动，或者低速、高黏性流体的管道流动，例如原油输油管道、润滑系统内的流动以及地下水的流动等。研究层流运动不仅具有工程实际意义，而且可以加深对紊流的认识。

最早研究圆管层流的学者是法国生物学家泊肃叶（J. Poisuille，1799～1869），他在 1841 年推导出了圆管层流速度分布式，现在人们把长直圆管中的层流运动，称为泊肃叶流动，它是最简单的流动情况之一。层流运动规律是流体黏度量测和研究紊流运动的基础。

5.4.1　圆管层流速度分布

层流各流层质点互不掺混，对于圆管来说，各层质点沿平行于管轴线的方向运动。与管壁接触的一层速度为零，管轴线上速度最大，整个管流如同无数薄壁圆筒一个套着一个滑动，如图 5.7 所示。

流体在圆管中作层流运动，各流层间切应力服从牛顿内摩擦定律，即

$$\tau = \mu \frac{\mathrm{d}u}{\mathrm{d}y}$$

式中　y 是流层到边壁的距离，$y = r_0 - r$，则有

$$\tau = -\mu \frac{\mathrm{d}u}{\mathrm{d}r}$$

将 $\tau = -\mu \dfrac{\mathrm{d}u}{\mathrm{d}r}$ 代入圆管中流束的均匀流基本方程 $\tau = \rho g \dfrac{r}{2} J$，可以得到

$$-\mu \frac{\mathrm{d}u}{\mathrm{d}r} = \rho g \frac{r}{2} J$$

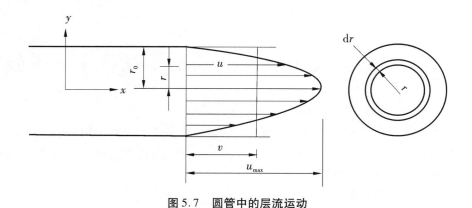

图 5.7　圆管中的层流运动

分离变量

$$\mathrm{d}u = -\frac{\rho g J}{2\mu} r \mathrm{d}r$$

式中 ρ、g、J 和 μ 都是常数,对上式进行积分,可以得到

$$u = -\frac{\rho g J}{4\mu} r^2 + C$$

积分常数 C 由边界条件确定,当 $r = r_0$,$u = 0$ 求得 $C = \frac{\rho g J}{4\mu} r_0^2$,代回上式可得

$$u = \frac{\rho g J}{4\mu}(r_0^2 - r^2) \tag{5.22}$$

公式(5.22)即为流体沿等直径圆管作恒定层流运动时的速度分布规律。其物理意义是:圆管层流运动过流断面上各点的速度分布与所在半径 r 成抛物线规律,称为抛物线速度分布规律,这是圆管层流运动的重要特征之一。

将 $r = 0$ 代入上式,可以得到圆管层流的最大流速(管轴处)为

$$u_{\max} = \frac{\rho g J}{4\mu} r_0^2 \tag{5.23}$$

流量

$$Q = \int_A u \mathrm{d}A = \int_0^{r_0} \frac{\rho g J}{4\mu}(r_0^2 - r^2) \, 2\pi r \mathrm{d}r = \frac{\rho g J}{8\mu} \pi r_0^4 \tag{5.24}$$

公式(5.24)是圆管层流时广泛采用的流量计算公式,通常称为哈根-泊肃叶公式。该公式表明:流体作圆管层流运动时,圆管中的流量与管道半径的四次方成正比。由此可见,管径对流量的影响很大,人们常把直径很小的短管作为节流措施,原因就在于此。

断面平均流速

$$v = \frac{Q}{A} = \frac{Q}{\pi r_0^2} = \frac{\rho g J}{8\mu} r_0^2 = \frac{1}{2} u_{\max} \tag{5.25}$$

即圆管层流运动的断面平均流速是最大流速的一半,说明圆管层流的过流断面上流速分布不均匀。

圆管层流运动的动能修正系数 α 为

$$\alpha = \frac{\int_A u^3 dA}{v^3 A} = \frac{\int_0^{r_0} \left[\frac{\rho g J}{4\mu}(r_0^2 - r^2) \right]^3 2\pi r dr}{\left[\left(\frac{\rho g J}{8\mu} \right) r_0^2 \right]^3 \pi r_0^2} = 2 \tag{5.26}$$

圆管层流运动的动量修正系数 β 为

$$\beta = \frac{\int_A u^2 dA}{v^2 A} = \frac{\int_0^{r_0} \left[\frac{\rho g J}{4\mu}(r_0^2 - r^2) \right]^2 2\pi r dr}{\left[\left(\frac{\rho g J}{8\mu} \right) r_0^2 \right]^2 \pi r_0^2} = 1.33 \tag{5.27}$$

5.4.2　圆管层流沿程水头损失的计算

将 $r_0 = \frac{d}{2}$, $J = \frac{h_f}{l}$ 代入 $v = \frac{\rho g J}{8\mu} r_0^2$,可以得到

$$h_f = \frac{32\mu l}{\rho g d^2} v \tag{5.28}$$

该式从理论上证明了层流沿程水头损失与断面平均流速的一次方成正比,该结论与雷诺实验的结果相一致。将上式写为计算沿程水头损失的一般形式

$$h_f = \frac{32\mu l}{\rho g d^2} v = \frac{64}{Re} \cdot \frac{l}{d} \cdot \frac{v^2}{2g} = \lambda \frac{l}{d} \cdot \frac{v^2}{2g}$$

由此式,可以得到圆管层流的沿程水头损失系数的计算式

$$\lambda = \frac{64}{Re} \tag{5.29}$$

公式(5.29)表明:圆管层流中,沿程水头损失系数 λ 只是雷诺数 Re 的函数,与管壁的粗糙度没有关系。

【例 5.4】　设圆管的直径 $d = 2$ cm ,流速 $v = 12$ cm/s ,水温 $t = 10$ ℃。试求在管长 $l = 1\,000$ m 上的沿程水头损失。

【解】　(1)先判别流态

10 ℃时水的运动黏度 $v = 1.31 \times 10^{-6}$ m^2/s 。

$$Re = \frac{vd}{v} = \frac{0.12 \times 0.02}{1.31 \times 10^{-6}} = 1\,832 < 2\,300$$

故为层流。

(2)求沿程水头损失系数 λ

$$\lambda = \frac{64}{Re} = \frac{64}{1\,832} = 0.034\,9$$

(3)计算沿程水头损失

沿程水头损失为

$$h_f = \lambda \frac{l}{d} \frac{v^2}{2g} = 0.034\,9 \times \frac{1\,000}{0.02} \times \frac{0.12^2}{2 \times 9.8} = 1.282 \text{ m}$$

【例 5.5】　在管径 $d = 1$ cm ,管长 $l = 5$ m 的圆管中,冷冻机润滑油作层流运动。测得流量为 $Q = 80$ cm^3/s ,水头损失 $h_f = 30$ m(油柱),试求油的运动黏度 v 。

【解】 （1）求断面平均流速 v

由 $Q = vA$ 得到，润滑油的平均流速：

$$v = \frac{Q}{A} = \frac{80 \times 10^{-6}}{\frac{\pi}{4} \times 0.01^2} = 1.02 \text{ m/s}$$

（2）求沿程水头损失系数 λ

由 $h_f = \lambda \frac{l}{d} \frac{v^2}{2g}$ 得到沿程水头损失系数为

$$\lambda = \frac{h_f}{\frac{l}{d} \frac{v^2}{2g}} = \frac{30}{\frac{5}{0.01} \times \frac{1.02^2}{2 \times 9.8}} = 1.13$$

（3）求 Re

因为是层流，由 $\lambda = \frac{64}{Re}$ 得到

$$Re = \frac{64}{\lambda} = \frac{64}{1.13} = 56.6 < 2\ 300$$

（4）求运动黏度

由 $Re = \frac{vd}{v}$ 得到，润滑油的运动黏度为

$$v = \frac{vd}{Re} = \frac{1.02 \times 0.01}{56.6} = 1.80 \times 10^{-4} \text{ m}^2/\text{s}$$

【例5.6】 一水平放置的输油管道，已知 AB 段长 $l = 500$ m，测得 A 点压强 $p_A = 294$ kPa，B 点压强 $p_B = 196$ kPa，通过的流量 $Q = 0.016$ m³/s，油的运动黏度 $v = 171 \times 10^{-6}$ m²/s，密度 $\rho = 890$ kg/m³，计算输油管道直径。

【解】 （1）计算沿程损失

$$h_f = \left(z_A + \frac{p_A}{\rho g} \right) - \left(z_B + \frac{p_B}{\rho g} \right)$$

由于水平放置输油管道，$z_A = z_B$，所以

$$h_f = \frac{p_A - p_B}{\rho g} = \frac{(3-2) \times 9.8 \times 10^4}{890 \times 9.8} = 11.24 \text{ m（油柱）}$$

（2）假设管中为层流运动

$$h_f = \frac{32 \mu l v}{\rho g d^2}$$

将 $\mu = \rho v$，$v = \frac{Q}{A} = \frac{4Q}{\pi d^2}$ 代入上式，得

$$h_f = \frac{32 \rho v l}{\rho g d^2} \frac{4Q}{\pi d^2}$$

整理得到

$$d^4 = \frac{128 v l Q}{\pi g h_f} = \frac{128 \times 171 \times 10^{-6} \times 500 \times 0.016}{\pi \times 9.8 \times 11.24}$$

解得 $d = 0.15$ m

　　（3）验算

$$v = \frac{4Q}{\pi d^2} = \frac{4 \times 0.016}{\pi \times 0.15^2} = 0.91 \text{ m/s}$$

$$Re = \frac{vd}{\nu} = \frac{0.91 \times 0.15}{171 \times 10^{-6}} = 798 \; < \; 2\,300$$

管中流动为层流，假设正确。

5.5　紊流运动

　　自然界和工程中的大多数流动都是紊流，工业生产中的许多工艺流程都涉及紊流问题，因此紊流更具有普遍意义，对紊流的研究具有更为重要的理论意义和更为广泛的实际意义。

5.5.1　紊流的基本特征与时均化

5.5.1.1　紊流的基本特征

　　紊流中流体质点的运动极不规则，在流动过程中流体质点不断相互掺混，流体质点的掺混使得流场中固定空间点上各种运动要素，例如流速、压强、浓度等都随时间无规则地变化，这种现象称为紊流脉动。

　　紊流与层流相比较，表现出如下的特征：

　　（1）有旋性　紊流具有复杂的旋涡结构。现代实验量测技术已经发现，由于各种原因，紊流中不断地产生无数尺度大小不等、转向不同、随时都在无规则地运动和变化着的旋涡。有紊流则必定有旋涡的存在，紊流是靠旋涡来维持的。

　　（2）脉动性　研究发现，紊流的脉动具有如下特点。

　　1）随机性　即紊流的脉动是一个随机过程，脉动值时大时小，方向有正有负，但总是围绕一个平均值波动。

　　2）三维性　即紊流的脉动总是三维的，虽然主流脉动只沿一个方向，却都产生三个方向的脉动速度，其中沿主流流动方向的脉动量最大，而以既垂直于主流流动方向又垂直于固体壁面方向的脉动量最小。

　　3）脉动量的数值有时候很大，不能把它当作微量进行处理。

　　紊流的脉动现象对很多工程问题都有直接的影响，例如压强的脉动会在壁面上产生较大的瞬时荷载，流速的脉动会提高紊流所挟带物质的扩散能力等。

　　（3）扩散性　雷诺实验中观察到的各层流体质点相互掺混就是紊流扩散性的表现。紊流具有把一个地方的质量、热量和动量等扩散到其他地方的性能，只要分布不均匀，紊流的这种性能就会起作用。紊流中沿过流断面上的流速分布，要比层流情况下均匀得多。

　　（4）耗能性　紊流运动总是要消耗能量的，切应力不断地把紊流运动的能量转化成流体的内能而消失，紊流运动的维持需要有能量的不断补给，否则紊流运动将会衰减，以致消失。紊流运动中的能量损失比相同条件下的层流运动要大得多。

总之,紊流运动是流动的一种特定形态,并不是流体固有的性质。

5.5.1.2 紊流运动的时均化

紊流运动是一种非常复杂的不规则运动,想要精确地描述、预测瞬时流速或瞬时压强随时间、空间的变化规律是非常困难的。到目前为止,流体工程设计、研究中通常采用时间平均法(简称时均法)来研究紊流运动。时间平均法将紊流运动看作是两种流动的叠加

$$瞬时流动 = 时间平均流动 + 脉动流动$$

如图5.8所示,是一个平面流动一个空间点上沿流动方向(x方向)瞬时流速u_x随时间的变化曲线。从图上可以看到,u_x随时间无规则地围绕某一平均值上下波动。

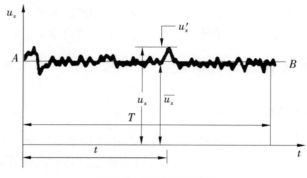

图5.8　紊流瞬时流速

取某一时段T,将u_x对该时段T平均,即

$$\overline{u_x} = \frac{1}{T} \int_0^T u_x \mathrm{d}t \tag{5.30}$$

$\overline{u_x}$与时段T的长短有关,当时段T取得过短时,时均值$\overline{u_x}$不稳定;当时段T取得足够长时,$\overline{u_x}$值将趋于稳定而与时段T无关,则$\overline{u_x}$就是该点x方向的时均流速。从图形上看,$\overline{u_x}$是T时段内与时间轴平行的直线AB的纵坐标,AB线与时间轴所包围的面积,等于$u_x = f(t)$曲线与时间轴所包围的面积。

瞬时流速u_x与时均流速$\overline{u_x}$之差,称为脉动流速u_x',即

$$u_x' = u_x - \overline{u_x} \tag{5.31}$$

脉动流速u_x'本身有正有负,随时间而变化,在时段T内,脉动流速的时均值为零,即

$$\overline{u_x'} = \frac{1}{T} \int_0^T u_x' \mathrm{d}t = \frac{1}{T} \int_0^T (u_x - \overline{u_x}) \mathrm{d}t = \overline{u_x} - \overline{u_x} = 0 \tag{5.32}$$

同样,紊流中的瞬时压强p,时均压强$\overline{p}$和脉动压强p'之间的关系为

$$p = \overline{p} + p' ; \quad \overline{p} = \frac{1}{T} \int_0^T p \mathrm{d}t ; \quad \overline{p'} = \frac{1}{T} \int_0^T p' \mathrm{d}t$$

在引入时均化概念的基础上,紊流可以分解为时均流动和脉动流动的叠加。这样,可以对时均流动和脉动流动分别进行研究。在这两种流动当中,时均流动是主要的,它反映

了流动的基本特征。从瞬时来看,紊流不是恒定流,总是非恒定的。但是,紊流的时均值可以是恒定的。根据运动要素的时均值是否随时间变化,将紊流分为时均恒定流和时均非恒定流。这样,第 4 章中关于恒定流动的基本方程也都适用于紊流。

5.5.2　紊流切应力

5.5.2.1　紊流切应力概念

在层流流动中,流体质点成层相对运动,其切应力是由黏性所引起的,可以用牛顿内摩擦定律进行计算。

在紊流流动中,切应力由两部分组成:

(1)因为流层相对运动而产生的时均黏性切应力 $\bar{\tau}_1$,仍然符合牛顿内摩擦定律,即

$$\bar{\tau}_1 = \mu \frac{\mathrm{d}\bar{u}_x}{\mathrm{d}y} \tag{5.33}$$

式中　$\bar{u}_x$ 为流体质点沿流动方向的时均流速;$\dfrac{\mathrm{d}\bar{u}_x}{\mathrm{d}y}$ 为时均流速梯度。

(2)因为紊流脉动,上下层质点相互掺混,在相邻流层间产生了动量交换,从而在流层分界面上形成的紊流附加切应力 $\bar{\tau}_2$,又称为雷诺应力。

$$\bar{\tau}_2 = -\rho \overline{u'_x u'_y} \tag{5.34}$$

式中　u'_y 为垂直于流动方向的脉动流速,$\overline{u'_x u'_y}$ 为脉动流速乘积的时均值,$\rho \overline{u'_x u'_y}$ 的物理意义是脉动引起的动量交换。因为 u'_x、u'_y 异号,为了使附加切应力 $\bar{\tau}_2$ 与黏性切应力 $\bar{\tau}_1$ 表示方法一致,以正值出现,在 $\rho \overline{u'_x u'_y}$ 前面加"−"号。

公式(5.34)表明:紊流附加切应力只与流体密度和脉动流速有关,而与流体黏性无关,如图 5.9 所示。

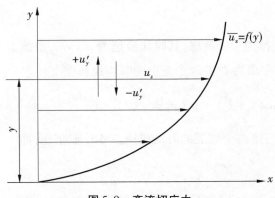

图 5.9　紊流切应力

紊流切应力可以表示为

$$\bar{\tau} = \bar{\tau}_1 + \bar{\tau}_2 = \mu \frac{d\bar{u}_x}{dy} - \rho \overline{u'_x u'_y} \qquad (5.35)$$

式中两部分切应力所占的比重随紊流运动情况而异。在雷诺数较小,紊流脉动较弱时,$\bar{\tau}_1$ 占主导地位;随着雷诺数增大,紊流脉动加剧,$\bar{\tau}_2$ 不断增大;当雷诺数很大时,紊流运动充分发展,$\bar{\tau}_1$ 与 $\bar{\tau}_2$ 相比非常小,$\bar{\tau}_1$ 可以忽略不计,则有

$$\bar{\tau} = \bar{\tau}_2 = -\rho \overline{u'_x u'_y} \qquad (5.36)$$

5.5.2.2 混合长度理论

在紊流附加切应力表达式 $\bar{\tau}_2 = -\rho \overline{u'_x u'_y}$ 中,脉动流速 u'_x、u'_y 都是随机变量,随时间无规则地变化,不容易确定,需要把它转化为用时均流速表示的形式。1925 年,德国力学家普朗特比拟气体分子自由程的概念,提出混合长度理论解决了这个问题。

混合长度理论假设为:

(1)流体质点因为横向脉动流速作用,在紊动掺混过程中,存在一个与气体分子自由程相当的距离 l',在该行程内该流体质点不与其他流体质点相撞,保持原有运动特性,直到经过 l' 行程才与周围的流体质点相碰,发生动量交换,失去原有运动特性,如图 5.10 所示。

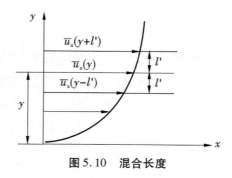

图 5.10 混合长度

根据该假设,纵坐标为 y 的流层,其时均流速为 $\bar{u}_x(y)$,距该点 l' 处流体质点的时均流速为 $\bar{u}_x(y + l')$,则距离为 l' 的两个流层的时均流速差

$$\Delta \bar{u}_x = \bar{u}_x(y + l') - \bar{u}_x(y) = \bar{u}_x(y) + l' \frac{d\bar{u}_x}{dy} - \bar{u}_x(y) = l' \frac{d\bar{u}_x}{dy}$$

(2)脉动流速 u'_x 与这两个流层的时均流速差 $\Delta \bar{u}_x$ 成正比,即

$$u'_x = \pm c_1 l' \frac{d\bar{u}_x}{dy}$$

(3)横向脉动流速 u'_y 与纵向脉动流速 u'_x 成正比,但符号相反,即

$$u'_y = \mp c_2 l' \frac{d\bar{u}_x}{dy}$$

于是

$$\overline{\tau_2} = -\rho\,\overline{u_x'\,u_y'} = \rho\,c_1\,c_2\,(l')^2\left(\frac{\mathrm{d}\overline{u_x}}{\mathrm{d}y}\right)^2$$

令 $l^2 = c_1\,c_2\,(l')^2$，则有

$$\overline{\tau_2} = \rho\,l^2\left(\frac{\mathrm{d}\overline{u_x}}{\mathrm{d}y}\right)^2 \tag{5.37}$$

这就是用时均流速表示的紊流附加切应力公式,式中 l 称为混合长度。将公式(5.37)代入公式(5.36)可以得到

$$\overline{\tau} = \rho\,l^2\left(\frac{\mathrm{d}\overline{u_x}}{\mathrm{d}y}\right)^2 \tag{5.38}$$

为了简便起见,略去下标 x 和表示时均量的横标线,则公式(5.38)可以简化为

$$\tau = \rho\,l^2\left(\frac{\mathrm{d}u}{\mathrm{d}y}\right)^2 \tag{5.39}$$

5.5.3　紊流断面流速分布

为了推求紊流的断面流速分布,普朗特进一步假定:

(1)壁面附近的切应力保持不变,等于壁面上的切应力,即

$$\tau = \tau_0$$

(2)混合长度 l 不受黏性影响,只与质点到壁面的距离 y 有关,混合长度 l 与质点到壁面的距离 y 成正比,即

$$l = \kappa y \tag{5.40}$$

式中　κ——称为卡门常数,实验表明 $\kappa \approx 0.4$。

将 $\tau = \tau_0$ 和 $l = \kappa y$ 代入公式(5.39)可以得到

$$\tau_0 = \rho\,(\kappa y)^2\left(\frac{\mathrm{d}u}{\mathrm{d}y}\right)^2 = \rho\,\kappa^2\,y^2\left(\frac{\mathrm{d}u}{\mathrm{d}y}\right)^2$$

$$\mathrm{d}u = \frac{1}{\kappa}\sqrt{\frac{\tau_0}{\rho}}\,\frac{\mathrm{d}y}{y}$$

对上面的式子进行积分,其中 τ_0 为定值,阻力速度 $v^* = \sqrt{\dfrac{\tau_0}{\rho}}$ 为常数,得到

$$u = \frac{v^*}{\kappa}\ln y + C \tag{5.41}$$

公式(5.41)是紊流断面流速分布的对数公式,称为普朗特-卡门对数分布律。虽然它是根据壁面附近的条件推导出来的,实验研究表明,公式(5.41)适用于除黏性底层以外的整个过流断面。由于紊流运动中流体质点的横向掺混,断面流速分布呈对数分布形式,与层流的抛物线分布对比,紊流过流断面上的流速分布要均匀得多。

上面根据混合长度理论给出了紊流附加切应力表达式(5.39)和流速对数分布规律(5.41)。但是该理论也存在明显不足之处,表现为基本假设不够严谨。该理论假设流体

质点经过混合长度以后，才一次性与周围的流体质点进行动量交换，失去原有运动特性。然而根据流体连续介质概念，流体质点在横向运动过程中不断地与周围的流体质点进行动量交换，流体质点不可能直到穿过混合长度以后才与其他流体质点相碰撞。另一方面，也需要看到该理论的合理性，它是从紊流的基本特征出发，建立紊流附加切应力与时均流速的联系，并在理论式中保留了一个待定参数（混合长度 l）由实测资料确定，使理论结果与实验比较一致，而且理论推导简单。到目前为止，该理论仍是工程上得到广泛应用的紊流阻力理论。

5.5.4　黏性底层

5.5.4.1　黏性底层定义

所谓黏性底层是指管道内紧靠壁面，黏性切应力起主导作用的很薄的一层流体层，如图 5.11 所示。

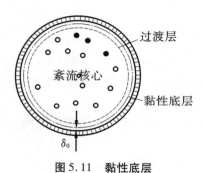

图 5.11　黏性底层

圆管紊流过流断面上的流速分布大致可以分为三个区域：

（1）黏性底层　紧贴管壁的一层流体黏附在壁面上（满足黏性流体壁面上无滑移条件），使得紧靠壁面很薄的流层内，流速由零很快增至一定值。在这一薄层内流速虽然很小，但流速梯度却很大，黏性切应力起主导作用，其流态基本上属于层流。另一方面，由于壁面限制了流体质点的横向掺混，使得在壁面处的脉动流速和附加切应力都趋于消失。所以，紧靠壁面附近存在有一个黏性切应力起主导作用的很薄的流体层，称为黏性底层。

（2）紊流核心　由于紊流的脉动，流体质点间相互掺混，产生动量交换，使得离边壁不远处到管中心的绝大部分区域内流速分布比较均匀，流体处于紊流运动状态，紊流附加切应力起主导作用，这一区域称为紊流核心。

（3）过渡层　在紊流核心和黏性底层之间存在着范围很小的过渡层，在该层中，黏性切应力与紊流附加切应力同时起作用。因为它实际意义不大，可以不予考虑。

5.5.4.2　黏性底层内的流速分布

黏性底层内的流动属于层流运动，紊流附加切应力为零，流体受到的切应力只有黏性切应力，即

$$\tau = \mu \frac{\mathrm{d}u}{\mathrm{d}y}$$

式中　y——点到壁面的距离。黏性底层很薄,在此薄层内流体的切应力可以视为常数,它等于壁面上的切应力,即

$$\tau = \tau_0 = \mu \frac{\mathrm{d}u}{\mathrm{d}y} \tag{5.42}$$

分离变量,对式(5.42)进行积分,得到

$$u = \frac{\tau_0}{\mu} y + C$$

由边界条件:壁面上 $y = 0$ 时,$u = 0$,可以得到 $C = 0$。

从而有

$$u = \frac{\tau_0}{\mu} y \tag{5.43}$$

由公式(5.43)可以看出:在黏性底层中,流速呈线性分布,在壁面上流速为零。

将 $\mu = \rho v$,$v^* = \sqrt{\dfrac{\tau_0}{\rho}}$ 代入公式(5.43),得到

$$\frac{u}{v^*} = \frac{v^* \cdot y}{v} \tag{5.44}$$

$\dfrac{v^* \cdot y}{v}$ 从形式上看是某一雷诺数,当 $y < \delta_0$ 时为层流,而当 $y \to \delta_0$ 时,$\dfrac{v^* \cdot y}{v}$ 为某一数值的临界雷诺数,实验资料表明此数值为 $\dfrac{v^* \cdot \delta_0}{v} = 11.6$,由此可以得到

$$\delta_0 = 11.6 \frac{v}{v^*} \tag{5.45}$$

将 $v^* = \sqrt{\dfrac{\tau_0}{\rho}}$ 代入式(5.45),可以得到

$$\delta_0 = 11.6 \frac{v}{v\sqrt{\dfrac{\lambda}{8}}} = \frac{32.8d}{Re\sqrt{\lambda}} \tag{5.46}$$

公式(5.46)为黏性底层理论厚度计算公式,实际厚度比理论厚度要小一些,它表明:δ_0 随 Re 的增加而减小。黏性底层厚度虽然很薄,通常不到 1 mm,但它对紊流的流速分布和流动阻力却有着重大的影响。

【例5.7】　已知新铸铁管的直径 $d = 100$ mm,在长 $l = 100$ m 的输水管路上的水头损失 $h_f = 2$ m,水温 $T = 20$ ℃。试求黏性底层的厚度。

【解】　根据均匀流基本方程 $\tau_0 = \rho g R J$ 得到

$$\tau_0 = \rho g R J = \rho g \frac{d}{4} \frac{h_f}{l} = 1\,000 \times 9.8 \times \frac{0.1}{4} \times \frac{2}{100} = 4.9 \ \text{N/m}^2$$

阻力速度

$$v^* = \sqrt{\frac{\tau_0}{\rho}} = \sqrt{\frac{4.9}{1\,000}} = 0.07 \ \text{m/s}$$

水温 $T = 20\,℃$,运动黏度 $\upsilon = 1.003 \times 10^{-6}\,\mathrm{m^2/s}$

黏性底层的厚度

$$\delta_0 = 11.6 \times \frac{\upsilon}{\upsilon^*} = 11.6 \times \frac{1.003 \times 10^{-6}}{0.07} = 0.166 \times 10^{-3}\,\mathrm{m} = 0.166\,\mathrm{mm}$$

5.6   紊流的沿程水头损失

　　计算紊流沿程水头损失,关键是如何确定沿程水头损失系数 λ 的值。由于紊流运动的复杂性,紊流的沿程水头损失系数至今不能像层流那样,严格地从理论上推导出来。为了探索紊流沿程水头损失系数的变化规律,验证和发展普朗特混合长度理论,1933年德国力学家尼古拉兹在人工均匀砂粒粗糙管道中进行了系统的沿程水头损失系数和断面流速分布的测定工作,称为尼古拉兹实验。

5.6.1 尼古拉兹实验

5.6.1.1   沿程水头损失系数 λ 的影响因素

　　进行沿程水头损失系数 λ 实验之前,首先分析一下影响 λ 的因素。圆管层流的阻力仅是黏性阻力,圆管层流沿程水头损失系数仅与雷诺数 Re 有关, $\lambda = \dfrac{64}{Re}$,与管壁的粗糙度无关,而紊流的阻力是由黏性切应力和附加切应力形成的,壁面的粗糙度在一定条件下会成为产生附加切应力的主要外因。每一个粗糙点都将成为不断产生并向管流中输送旋涡引起紊流的源泉。对于紊流来说,管壁的粗糙度是影响 λ 的一个重要因素,也就是说,对于紊流来说,沿程水头损失系数 λ 值不仅与 Re 有关,而且还与管壁的粗糙度有关。

　　壁面的粗糙一般包括粗糙突起的高度、形状、疏密和排列等许多因素。为了便于分析粗糙的影响,尼古拉兹在实验中采用了一种简化的粗糙模型——人工粗糙,即选用经过筛选的均匀砂粒,紧密地贴在管道的内壁上,如图5.12所示,这样粗糙的特性可以认为是一致的。对于这种简化的粗糙形式,可以用砂粒的突起高度 k_s (砂粒直径),表示壁面的粗糙,称为绝对粗糙度, k_s 与管道直径 d 之比,称为相对粗糙度,表示了不同直径管道管壁粗糙的影响。从以上的分析可以看出:雷诺数和相对粗糙度是紊流沿程水头损失系数的两个影响因素,即

$$\lambda = \lambda(Re, k_s/d)$$

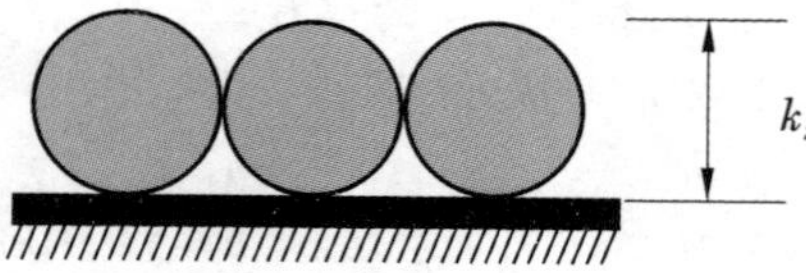

图5.12   人工粗糙管

5.6.1.2 沿程水头损失系数的测定和阻力分区图

尼古拉兹采用类似雷诺实验的装置(拆除注颜色水细管),采用人工粗糙管进行实验,实验管道的相对粗糙度的变化范围为 $\dfrac{k_s}{d} = \dfrac{1}{30} \sim \dfrac{1}{1\,014}$,对于每一根管道(对应一个确定的 k_s/d)实测不同流量的断面平均流速 v 和沿程水头损失 h_f,再由公式 $Re = \dfrac{vd}{v}$,$\lambda = \dfrac{d}{l} \dfrac{2g}{v^2} h_f$,求出 Re 和 λ 的值,将对应的点绘在对数坐标纸上,就得到 $\lambda = \lambda(Re, k_s/d)$ 曲线,即尼古拉兹实验曲线图,如图 5.13 所示。

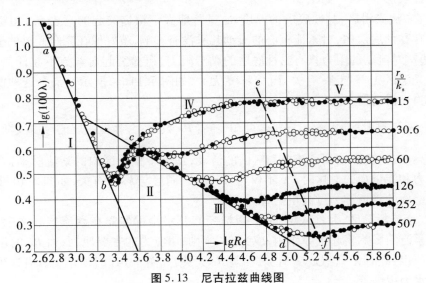

图 5.13　尼古拉兹曲线图

根据 λ 的变化特性,尼古拉兹实验曲线分为五个阻力区:

(1) I 区——层流区: $\lg Re < 3.36$, $Re < 2\,300$

在该区不同相对粗糙管的实验点都在同一直线 ab 线上,表明: λ 与相对粗糙度 k_s/d 无关,只是 Re 的函数,并且符合 $\lambda = \dfrac{64}{Re}$。

(2) II 区——临界区: $\lg Re = 3.36 \sim 3.6$, $Re = 2\,300 \sim 4\,000$

在该区不同相对粗糙管的实验点都在同一曲线 bc 线上,表明: λ 与相对粗糙度 k_s/d 无关,只是 Re 的函数。此区是层流向紊流的过渡区,范围很窄,实用意义不大。

(3) III 区——紊流光滑区: $\lg Re > 3.6$, $Re > 4\,000$

在该区不同相对粗糙管的实验点都在同一条曲线 cd 线上,表明: λ 与相对粗糙度 k_s/d 无关,只是 Re 的函数。需要注意的是,随着 Re 的增大, k_s/d 大的管道,实验点在 Re 较低时,便偏离了光滑区曲线;而 k_s/d 小的管道,在 Re 较大时,才偏离光滑区曲线。

(4) IV 区——紊流过渡区: cd 、 ef 之间的曲线簇在该区不同相对粗糙管的实验点分别落在不同的曲线上,表明:λ 既与 Re 有关,又与 k_s/d 有关。

(5)V区——紊流粗糙区:ef 右侧的水平直线簇

在该区不同相对粗糙管的实验点分别落在不同的水平直线上,表明:λ 只与相对粗糙度 k_s/d 有关,与 Re 无关。在这个阻力区,对于一定的管道(k_s/d 一定),λ 是常数,根据 $h_f = \lambda \dfrac{l}{d} \dfrac{v^2}{2g}$,沿程水头损失与速度的平方成正比,因此紊流粗糙区又称为阻力平方区。

从尼古拉兹实验可以看出:紊流沿程水头损失系数 λ 值确实是决定于 Re 和 k_s/d 这两个因素。为什么紊流又分为三个阻力区,各区的 λ 变化规律却又不相同呢? 其原因在于存在黏性底层的缘故,如图5.14所示。

(1)在紊流光滑区,黏性底层的厚度 δ_0 显著地大于粗糙突起的高度 k_s,粗糙突起完全被掩盖在黏性底层内,对紊流核心的流动几乎没有影响,就好像在完全光滑的壁面上流动一样,边壁对流动的阻力只有黏性底层的黏滞阻力,粗糙突起对紊流不起任何作用,因而在紊流光滑区 λ 只与 Re 有关,而与 k_s/d 无关,如图5.14(a)所示。具有这种壁面的管道称为水力光滑管。

(2)在紊流过渡区,由 $\delta_0 = \dfrac{32.8d}{Re\sqrt{\lambda}}$ 可知,随着 Re 数增大,黏性底层的厚度变薄,接近粗糙突起的高度,粗糙影响到紊流核心区内的流动,加大了核心区内的紊流脉动作用,增加了流动阻力和能量损失。这时,λ 不仅与 Re 有关,而且与 k_s/d 有关,如图5.14(b)所示。具有这种壁面的管道称为过渡粗糙管。

(3)在紊流粗糙区,黏性底层更薄,粗糙突起几乎全部暴露在紊流核心之中,边壁粗糙突起对紊流的影响将起主导作用,成为产生附加切应力的主要原因,而 Re 的影响已微不足道。所以,此时 λ 只与 k_s/d 有关,而与 Re 无关,如图5.14(c)所示。具有这种壁面的管道称为水力粗糙管。

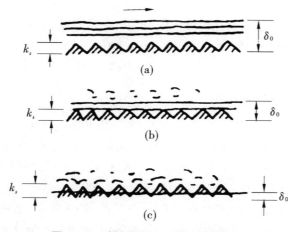

图5.14 黏性底层变化对紊流的影响

5.6.1.3　阻力区的判别

在紊流不同的阻力区,阻力规律是不同的,表现为其沿程水头损失系数 λ 的计算公式是不一样的。在计算沿程水头损失系数 λ 之前,必须判别流动处于哪一个阻力区域,才能正确地选用相应的公式。紊流不同的阻力区是由壁面粗糙突起高度 k_s 与黏性底层的厚度 δ_0 的相互关系决定的。

黏性底层厚度 $\delta_0 = 11.6 \dfrac{v}{v^*}$,将上式两边同时除以绝对粗糙度 k_s,得到

$$\frac{\delta_0}{k_s} = 11.6 \frac{v}{v^* k_s} \tag{5.47}$$

$$\frac{k_s}{\delta_0} = \frac{1}{11.6} \times \frac{v^* k_s}{v} = \frac{1}{11.6} \times Re^* \tag{5.48}$$

式中　$Re^* = \dfrac{v^* k_s}{v}$,称为粗糙雷诺数,它是一个无量纲的表示壁面粗糙的量。Re^* 可以作为人工粗糙管紊流阻力分区的标准,根据尼古拉兹实验,人工粗糙管紊流三个阻力区的判别标准为:

$$\text{紊流光滑区:} 0 < Re^* \leqslant 5, \text{或} \frac{k_s}{\delta_0} \leqslant 0.4 \tag{5.49a}$$

$$\text{紊流过渡区:} 5 < Re^* \leqslant 70, \text{或} 0.4 < \frac{k_s}{\delta_0} \leqslant 6 \tag{5.49b}$$

$$\text{紊流粗糙区:} Re^* > 70, \text{或} \frac{k_s}{\delta_0} > 6 \tag{5.49c}$$

5.6.2　人工粗糙管沿程水头损失系数的半经验公式

紊流沿程水头损失系数的半经验公式是根据普朗特半经验理论,求得断面流速分布,再结合尼古拉兹实验结果推导出来的。尼古拉兹通过实测流速分布,完善了由混合长度理论得到的速度分布一般公式,使之具有实用意义。

5.6.2.1　紊流光滑区

(1)流速分布　紊流光滑区的流速分布分为黏性底层和紊流核心两部分。在黏性底层,流速按线性分布,即

$$u = \frac{\tau_0}{\mu} y \qquad (y \leqslant \delta_0)$$

在紊流核心,流速为对数分布,即

$$u = \frac{v^*}{\kappa} \ln y + C$$

由边界条件 $y = \delta_0$ 时,$u = u_b$,代入上式可得

$$C = u_b - \frac{v^*}{\kappa} \ln \delta_0$$

由 $u = \dfrac{\tau_0}{\mu} y$ 得

$$u_b = \frac{\tau_0}{\mu} \delta_0$$

$$\delta_0 = \frac{u_b \cdot \mu}{\tau_0} = \frac{u_b \cdot \rho \upsilon}{\tau_0} = \frac{u_b \cdot \upsilon}{(v^*)^2}$$

将 C、δ_0 的值代入 $u = \dfrac{v^*}{\kappa} \ln y + C$,整理得到

$$\frac{u}{v^*} = \frac{1}{\kappa} \ln \frac{v^* \cdot y}{\upsilon} + \frac{u_b}{v^*} - \frac{1}{\kappa} \ln \frac{u_b}{v^*}$$

令 $C_1 = \dfrac{u_b}{v^*} - \dfrac{1}{\kappa} \ln \dfrac{u_b}{v^*}$,则有:

$$\frac{u}{v^*} = \frac{1}{\kappa} \ln \frac{v^* \cdot y}{\upsilon} + C_1$$

根据尼古拉兹实验,取 $\kappa = 0.4$,$C_1 = 5.5$,代入上式,并且把自然对数换算成常用对数,得到紊流光滑区的流速分布公式

$$\frac{u}{v^*} = 5.75 \lg \frac{v^* \cdot y}{\upsilon} + 5.5 \tag{5.50}$$

紊流光滑区的流速分布除了上述半经验公式外,尼古拉兹根据实验结果,还提出了一个更为简便的指数公式

$$\frac{u}{u_{\max}} = \left(\frac{y}{r_0} \right)^n \tag{5.51}$$

式中　$u_{\max}$——管轴处的最大流速;

　　　r_0——圆管半径;

　　　n——指数,随雷诺数而变化,见表5.1。

表5.1　紊流速度分布指数

Re	4×10^3	2.3×10^4	1.1×10^5	1.1×10^6	2.0×10^6	3.2×10^6
n	$1/6.0$	$1/6.6$	$1/7.0$	$1/8.8$	$1/10$	$1/10$
$v / u_{\max}$	0.791	0.808	0.817	0.849	0.865	0.865

紊流光滑区的流速分布指数公式完全是经验性的,由于它形式简单,被广泛应用。表5.1 同时还列出了断面平均流速 v 与最大流速 $u_{\max}$ 的比值和 Re 关系,据此只要测得管轴上的最大流速,便可求出断面平均流速和流量。

（2）断面平均流速　由于黏性底层很薄,计算流量时可略去不计,则得

$$v = \frac{Q}{A} = \frac{\int_A u \, \mathrm{d}A}{A} = \frac{\int_0^{r_0} u \cdot 2\pi r \, \mathrm{d}r}{\pi r_0^2}$$

将 $\dfrac{u}{v^*} = 5.75\lg\dfrac{v^* \cdot y}{v} + 5.5$，$r = r_0 - y$ 代入上式，积分可以得到

$$v = v^*\left(5.75\lg\dfrac{v^* \cdot r_0}{v} + 1.75\right) \tag{5.52}$$

（3）λ 的半经验公式　将 $v^* = v\sqrt{\dfrac{\lambda}{8}}$ 代入上式，整理可得到

$$\dfrac{1}{\sqrt{\lambda}} = 2.03\lg(Re \cdot \sqrt{\lambda}) - 0.9$$

根据尼古拉兹实验，将上式中的常数分别修正为 2.0 和 0.8，得到紊流光滑区沿程水头损失系数 λ 的半经验公式

$$\dfrac{1}{\sqrt{\lambda}} = 2\lg(Re\sqrt{\lambda}) - 0.8 \tag{5.53}$$

或

$$\dfrac{1}{\sqrt{\lambda}} = 2\lg\dfrac{Re \cdot \sqrt{\lambda}}{2.51} \tag{5.54}$$

上式也称为尼古拉兹光滑管公式。

5.6.2.2　紊流粗糙区

（1）流速分布　由于粗糙区的黏性底层厚度远小于壁面粗糙突起的高度，黏性底层已经被破坏，黏性底层已经没有实际意义，整个断面按紊流核心处理，整个断面上流速分布可以认为符合对数分布

$$\dfrac{u}{v^*} = \dfrac{1}{\kappa}\ln y + C$$

式中　C 与管壁的粗糙度有关，采用边界条件 $y = k_s$（粗糙突起高度），$u = u_s$ 代入上式，得到积分常数

$$C = \dfrac{u_s}{v^*} - \dfrac{1}{\kappa}\ln k_s$$

将 C 代回公式 $\dfrac{u}{v^*} = \dfrac{1}{\kappa}\ln y + C$，整理得到

$$\dfrac{u}{v^*} = \dfrac{1}{\kappa}\ln\dfrac{y}{k_s} + \dfrac{u_s}{v^*} = \dfrac{1}{\kappa}\ln\dfrac{y}{k_s} + C_2$$

式中　$C_2 = \dfrac{u_s}{v^*}$，根据尼古拉兹实验，取 $\kappa = 0.4$，无量纲数 $C_2 = 8.48$ 代入上式，并把自然对数换算为常用对数，便得到紊流粗糙区流速分布半经验公式

$$\dfrac{u}{v^*} = 5.75\lg\dfrac{y}{k_s} + 8.48 \tag{5.55}$$

（2）断面平均流速　将 $\dfrac{u}{v^*} = 5.75\lg\dfrac{y}{k_s} + 8.48$，$r = r_0 - y$ 代入 $v = \dfrac{Q}{A} = \dfrac{\int_0^{r_0} u \cdot 2\pi r\,dr}{\pi r_0^2}$，积

分可得

$$\frac{v}{v^*} = 5.75 \lg \frac{r_0}{k_s} + 4.75 \tag{5.56}$$

（3）λ 半经验公式　将 $v^* = v\sqrt{\dfrac{\lambda}{8}}$ 代入 $\dfrac{v}{v^*} = 5.75\lg\dfrac{r_0}{k_s} + 4.75$，可以得到

$$\frac{1}{\sqrt{\lambda}} = 2.03 \lg \frac{r_0}{k_s} + 1.68$$

根据尼古拉兹实验，将式中常数分别修正为 2.0 和 1.74，上式可以改写为

$$\frac{1}{\sqrt{\lambda}} = 2\lg \frac{r_0}{k_s} + 1.74 \tag{5.57}$$

或者

$$\frac{1}{\sqrt{\lambda}} = 2\lg \frac{3.7d}{k_s} \tag{5.58}$$

上式称为紊流粗糙区沿程水头损失系数 λ 的半经验公式，也称为尼古拉兹粗糙管公式。从公式可以看出：对于紊流粗糙区，λ 仅取决于相对粗糙度 $\dfrac{k_s}{d}$。

5.6.3　工业管道和柯列勃洛克公式

根据普朗特的混合长度理论，并结合尼古拉兹实验，得到了紊流光滑区和紊流粗糙区沿程水头损失系数 λ 的半经验公式，但是没有求得紊流过渡区沿程水头损失系数 λ 的计算公式。另外，这两个半经验公式都是在人工粗糙管的基础上得到的，而人工粗糙管和一般工业管道的粗糙有很大差异。如何把这两种不同的粗糙形式联系起来，使尼古拉兹半经验公式也能适用于一般的工业管道是一个实际问题。

在紊流光滑区，工业管道和人工粗糙管虽然粗糙情况不同，但都被黏性底层所掩盖，粗糙对紊流核心没有什么影响，实验研究表明：公式 $\dfrac{1}{\sqrt{\lambda}} = 2\lg\dfrac{Re \cdot \sqrt{\lambda}}{2.51}$ 也适用于工业管道。

在紊流粗糙区，工业管道和人工粗糙管的粗糙突起都几乎完全突入了紊流核心，λ 有相同的变化规律，实验表明：公式 $\dfrac{1}{\sqrt{\lambda}} = 2\lg\dfrac{3.7d}{k_s}$ 也适用于工业管道。问题是如何确定公式中的 k_s 值。工业管道粗糙突起的高度、形状和分布都没有规律，为解决此问题，以尼古拉兹实验采用的人工粗糙管为度量标准，把工业管道的粗糙度折算成人工粗糙度，引入当量粗糙度的概念。所谓当量粗糙度是指和工业管道粗糙区 λ 值相等的同直径尼古拉兹粗糙管的粗糙突起高度，就是以工业管道紊流粗糙区实测的 λ 值，代入尼古拉兹粗糙管公式 $\dfrac{1}{\sqrt{\lambda}} = 2\lg\dfrac{3.7d}{k_s}$ 反算得出的 k_s 值。工业管道的当量粗糙度是按沿程水头损失效果相同的人工粗糙突起得出的折算高度，它反映了粗糙各种因素对 λ 的综合影响。有了当

量粗糙度,公式 $\dfrac{1}{\sqrt{\lambda}} = 2\lg \dfrac{3.7d}{k_s}$ 就可以应用于工业管道了。常用工业管道的当量粗糙度如表5.2所示。

表5.2　常用工业管道的当量粗糙度

管道材料	k_s/mm	管道材料	k_s/mm
新氯乙烯管	$0 \sim 0.002$	镀锌钢管	0.15
铅管、铜管、玻璃管	0.01	新铸铁管	$0.15 \sim 0.5$
钢管	0.046	旧铸铁管	$1 \sim 1.5$
涂沥青铸铁管	0.12	混凝土	$0.3 \sim 3.0$

在紊流过渡区,工业管道的不均匀粗糙突破黏性底层深入紊流核心是一个逐渐过程,不同于粒径均匀的人工粗糙同时突入紊流核心,两者 λ 的变化规律相差很大。因此,尼古拉兹过渡区实验资料完全不适用于工业管道。1939年,美国工程师柯列勃洛克(C. F. Colebrook)根据大量的工业管道实验资料,给出了工业管道紊流过渡区的 λ 计算公式

$$\frac{1}{\sqrt{\lambda}} = -2\lg\left(\frac{k_s}{3.7d} + \frac{2.51}{Re \cdot \sqrt{\lambda}}\right) \tag{5.59}$$

式中　k_s——工业管道的当量粗糙度。公式(5.59)称为柯列勃洛克公式。

柯列勃洛克公式实际上是尼古拉兹光滑管公式和粗糙管公式的结合。当 Re 值很小时,公式右边括号内第一项相对于第二项很小,柯列勃洛克公式接近于尼古拉兹光滑管公式;当 Re 值很大时,公式右边括号内第二项很小,柯列勃洛克公式又接近于尼古拉兹粗糙管公式。因此,柯列勃洛克公式不仅适用于工业管道过渡区,而且可以用于紊流的全部三个阻力区,故该公式又称为紊流沉积水头损失 λ 的综合公式。由于该公式适用范围广,与工业管道实验结果符合良好,在国内外得到了广泛应用。

采用紊流沿程水头损失系数分区计算公式计算沿程水头损失系数时,必须首先判别实际流动所处的紊流阻力区,才能选择有关的计算公式。而工业管道和人工粗糙管由于粗糙均匀性不同,两种管道不仅 λ 值的变化规律不同,而且紊流阻力区的范围也有很大差异。工业管道在 $Re^* = \dfrac{k_s \cdot v^*}{\nu} \approx 0.3$ 时,已从紊流光滑区转变为紊流过渡区。因此,工业管道的紊流阻力区的划分标准为

$$\text{紊流光滑区}: Re^* \leqslant 0.3, \text{或} \frac{k_s}{\delta_0} \leqslant 0.025 \tag{5.60a}$$

$$\text{紊流过渡区}: 0.3 < Re^* \leqslant 70, \text{或} 0.025 < \frac{k_s}{\delta_0} \leqslant 6 \tag{5.60b}$$

$$\text{紊流粗糙区}: Re^* > 70, \text{或} \frac{k_s}{\delta_0} > 6 \tag{5.60c}$$

5.6.4 紊流沿程水头损失系数的经验公式

圆管紊流沿程水头损失系数除了上述两个半经验公式和柯列勃洛克公式外,还有许多根据实验资料整理得到的经验公式。下面介绍几个应用最广的公式,这些公式形式非常简单,计算很方便。

5.6.4.1 布拉休斯公式

1913 年,德国水力学家布拉修斯在总结前人实验资料的基础上,提出紊流光滑区经验公式:

$$\lambda = \frac{0.316\,4}{Re^{0.25}} \tag{5.61}$$

式(5.61)适用于紊流光滑区,在 $Re < 10^5$ 范围内,有较高的精度,得到广泛应用。

5.6.4.2 希弗林松公式

$$\lambda = 0.11\left(\frac{k_s}{d}\right)^{0.25} \tag{5.62}$$

该公式适用于紊流粗糙区。该公式形式简单,计算方便,工程界经常采用。

5.6.4.3 阿里特苏里公式

$$\lambda = 0.11\left(\frac{k_s}{d} + \frac{68}{Re}\right)^{0.25} \tag{5.63}$$

该公式为柯列勃洛克公式的近似公式,其形式简单,计算方便,也是适用于紊流三个阻力区的综合公式。当 Re 很小时,括号内第一项可以忽略,公式变为紊流光滑区的布拉休斯公式,即:

$$\lambda = 0.11\left(\frac{68}{Re}\right)^{0.25} = \frac{0.316\,4}{Re^{0.25}}$$

当 Re 很大时,括号内第二项可以忽略,则公式变为紊流粗糙区的希弗林松公式

$$\lambda = 0.11\left(\frac{k_s}{d}\right)^{0.25}$$

5.6.4.4 舍维列夫公式

对于旧钢管和旧铸铁管来说,在紊流过渡区(即 $v < 1.2\ \text{m/s}$)为

$$\lambda = \frac{0.017\,9}{d^{0.3}}\left(1 + \frac{0.867}{v}\right)^{0.3} \tag{5.64}$$

在紊流粗糙区(即 $v \geq 1.2\ \text{m/s}$)为:

$$\lambda = \frac{0.021}{d^{0.3}} \tag{5.65}$$

式中　d ——管径,以 m 计;

v ——断面平均流速，以 m/s 计。

该公式主要用于给水、排水工程设计。该公式是针对旧管的计算公式，对于新管也应按此公式计算，因为新管使用一定时间后总是会发生锈蚀和沉垢变旧。

5.6.4.5　谢才公式

将达西公式 $h_f = \lambda \dfrac{l}{d} \dfrac{v^2}{2g}$ 变换成下列形式

$$v^2 = \frac{2g}{\lambda} d \cdot \frac{h_f}{l}$$

以 $d = 4R$，$J = \dfrac{h_f}{l}$ 代入，整理可得

$$v = \sqrt{\frac{8g}{\lambda}} \sqrt{RJ} = C\sqrt{RJ} \qquad (5.66)$$

式中　v ——断面平均流速；

　　　R ——水力半径；

　　　J ——水力坡度；

　　　C ——谢才系数，$C = \sqrt{\dfrac{8g}{\lambda}}$，$\mathrm{m}^{0.5}/\mathrm{s}$。

该公式称为谢才公式，它给出了谢才系数 C 和沿程水头损失系数 λ 的关系，表明 C 和 λ 一样是反映沿程摩擦阻力的一个系数。对于谢才系数 C 的确定，目前应用较广的是曼宁公式和巴甫洛夫斯基公式：

（1）曼宁公式

$$C = \frac{1}{n} R^{\frac{1}{6}} \qquad (5.67)$$

式中　n ——粗糙系数，是综合反映壁面对水流阻滞作用的一个系数，各种壁面的粗糙系数 n 值如表 5.3 所示；

　　　R ——水力半径。

对于 $n<0.02$，$R<0.5$ m 的输水管道和小型渠道，曼宁公式的计算结果与实际相符，到目前为止，仍被国内外工程界广泛应用。其适用范围是：$0.011 \leqslant n \leqslant (0.035 \sim 0.040)$，$0.1\ \mathrm{m} \leqslant R \leqslant (3 \sim 4)\mathrm{m}$。

（2）巴甫洛夫斯基公式

$$C = \frac{1}{n} R^y \qquad (5.68)$$

式中指数 y 由下式确定

$$y = 2.5\sqrt{n} - 0.13 - 0.75\sqrt{R}(\sqrt{n} - 0.10) \qquad (5.69)$$

或者近似地根据

$$R < 1.0\ \mathrm{m}，y = 1.5\sqrt{n} \qquad (5.70)$$

$$R > 1.0\ \mathrm{m}，y = 1.3\sqrt{n} \qquad (5.71)$$

来计算。巴甫洛夫斯基公式的适用范围较广,为 $0.1 \leqslant R \leqslant 3.0 \text{ m}$,$0.011 \leqslant n \leqslant 0.04$。

需要指出的是,就谢才公式本身而言,可适用于有压或无压均匀流的各阻力区,但是曼宁公式和巴甫洛夫斯基公式中谢才系数 C 的计算只与 R 和 n 有关,而与 Re 无关,用这两个公式计算的 C 值,谢才公式理论上仅适用于紊流粗糙区。

表 5.3　各种不同粗糙面的粗糙系数 n

等级	槽壁种类	n	$\dfrac{1}{n}$
1	涂覆珐琅或釉质的表面;极精细刨光而拼合良好的木板	0.009	111.1
2	刨光的模板;纯粹水泥的粉饰面	0.010	100.0
3	水泥(含 1/3 细砂)粉饰面;安装和接合良好(新)的陶土、铸铁管和钢管	0.011	90.9
4	未刨的木板,但拼合良好;在正常情况下内无显著积垢的给水管;极洁净的排水管;极好的混凝土面	0.012	83.3
5	琢石砌体;极好的砖砌体;正常情况下的排水管;略微污染的给水管;非完全精密拼合的未刨的木板	0.013	76.9
6	"污染"的给水管和排水管;一般的砖砌体;一般情况下渠道的混凝土面	0.014	71.4
7	粗糙的砖砌体;未琢磨的石砌体,有洁净修饰的表面,石块安置平整;极污垢的排水管	0.015	66.7
8	普通块石砌体,其状况良好的;旧破砖砌体;较粗糙的混凝土;光滑的开凿的极好的岩岸	0.017	58.8
9	覆有坚厚淤泥层渠槽,用致密黄土和致密卵石做成,而为整片淤泥薄层所覆盖的均无不良情况的渠槽	0.018	55.6
10	很粗糙的块石砌体;用大块石的干砌体;碎石铺筑面;纯由岩山中开筑的渠槽;由黄土、卵石和致密泥土做成而为淤泥薄层所覆盖的渠槽(正常情况)	0.020	50.0
11	尖角的大块乱石铺筑,表面经过普通处理的岩石渠槽;致密黏土渠槽;由黄土、卵石和泥土做成而为非整片(有些地方断裂的)淤泥薄层所覆盖的渠槽;大型渠槽受到中等以上的养护	0.0225	44.4
12	受到中等以上养护的大型土渠;受到良好养护的小型土渠;在有利条件下的小河和溪涧(自由流动无淤塞和显著水草等)	0.025	40.0
13	中等条件以下的大渠道;中等条件的小渠槽	0.0275	36.4
14	条件较坏的渠道和小河(例如有些地方有水草和乱石或显著的茂草、有局部的坍坡等)	0.030	33.3
15	条件很坏的渠道和小河(断面不规则,严重地受到石块和水草的阻塞等)	0.035	28.6
16	条件特别坏的渠道和小河(沿河有崩崖的巨石、绵密的树根、深潭、坍岸等)	0.040	25.0

5.6.5 非圆管道的沿程水头损失计算

在实际工程中,用来输送流体的管道不一定都是圆形断面,根据工程需要,也常选用非圆形截面管道,例如通风管道大多是矩形或方形的。对于这些非圆形断面的管道,圆管流动的沿程水头损失计算公式以及雷诺数仍然适用,只是需要把公式中的直径 d 用当量直径 d_e 来代替。

由于水力半径是综合反映过流断面和几何形状对流动影响的物理量,如果非圆形管道的水力半径等于某圆管的水力半径,当其他条件 (v, l) 相同时,可以认为这两个管道的沿程水头损失是相等。因此,和非圆形管道的水力半径相等的圆管直径称为该非圆形管道的当量直径,用 d_e 表示。和圆形管道相类比,非圆形管道当量直径是水力半径的 4 倍,即

$$d_e = 4R \tag{5.72}$$

边长为 a, b 的矩形管道,其当量直径为

$$d_e = 4R = 4 \frac{A}{\chi} = 4 \frac{ab}{2(a+b)} = \frac{2ab}{a+b} \tag{5.73}$$

边长为 a 的方形管道,其当量直径为

$$d_e = 4R = 4 \frac{A}{\chi} = 4 \frac{a^2}{4a} = a \tag{5.74}$$

圆环形断面,其当量直径为

$$d_e = \frac{4(\pi r_2^2 - \pi r_1^2)}{2\pi r_1 + 2\pi r_2} = 2(r_2 - r_1) \tag{5.75}$$

式中 r_1, r_2 是圆环形断面内、外半径。

有了当量直径,用 d_e 代替 d,仍可用达西公式来计算非圆形管道的沿程水头损失,即

$$h_f = \lambda \frac{l}{d_e} \frac{v^2}{2g}$$

式中 v 为非圆形管道的断面平均流速, $v = \frac{Q}{A}$, A 为非圆形管道的实际过流面积; λ 为非圆形管道的沿程水头损失系数,用当量直径 d_e 计算。

以当量直径为特征长度,非圆形管道的雷诺数为

$$Re = \frac{v \cdot d_e}{v} = \frac{v \cdot 4R}{v} \tag{5.76}$$

用当量直径计算的雷诺数也可近似用于判别非圆管道的流态,其临界值仍然是 2 300。同样可以用当量相对粗糙 k_s / d_e 代入沿程水头损失系数公式计算非圆管流的 λ 值。

根据非圆形断面管道和圆管的 $\lambda - Re$ 对比实验发现,应用当量直径计算非圆形管道的沿程水头损失并不适用于所有情况,主要表现在以下几个方面:

(1)实验表明:断面形状同圆管差异很大的非圆管,如长缝形($b/a > 8$),狭环形($d_2 < 3d_1$),应用当量直径 d_e 计算存在较大的误差。

(2)由于层流的流速分布和紊流不一样,流动阻力和沿程损失不像紊流那样集中在管壁附近,所以在层流中应用当量直径进行计算,会造成较大误差。

【例5.8】 某镀锌输水钢管长 $l = 1\ 000$ m,直径为 $d = 250$ mm,流量为 $Q = 80$ L/s,水温为 $10\ ℃$,试求该段输水管的沿程水头损失。

【解】 (1)计算雷诺数 Re 和 k_s/d

已知 $Q = 80$ L/s, $d = 250$ mm,则

$$v = \frac{Q}{A} = \frac{4Q}{\pi d^2} = \frac{4 \times 0.08}{\pi \times 0.25^2} = 1.63 \text{ m/s}$$

查表,$t = 10\ ℃$,水的运动黏度 $v = 1.306 \times 10^{-6} \text{m}^2/\text{s}$,则

$$Re = \frac{vd}{v} = \frac{1.63 \times 0.25}{1.306 \times 10^{-6}} = 3.12 \times 10^5 > 2\ 300$$

镀锌钢管当量粗糙度 $k_s = 0.15$ mm,则

$$\frac{k_s}{d} = \frac{0.15}{250} = 0.000\ 6$$

(2)确定沿程水头损失系数

$$\lambda = 0.11 \left(\frac{k_s}{d} + \frac{68}{Re}\right)^{0.25} = 0.11 \times \left(0.000\ 6 + \frac{68}{3.12 \times 10^5}\right)^{0.25} = 0.018\ 6$$

(3)计算沿程水头损失

$$h_f = \lambda \frac{l}{d} \frac{v^2}{2g} = 0.018\ 6 \times \frac{1\ 000}{0.25} \times \frac{1.63^2}{2 \times 9.8} = 10.09 \text{ m}$$

【例5.9】 修建长 $1\ 000$ m 的钢筋混凝土输水管,粗糙系数 $n = 0.013$,直径 $d = 250$ mm,通过流量 $Q = 200$ m³/h。试用谢才公式求沿程水头损失。

【解】 (1)计算谢才系数 C

$$R = \frac{d}{4} = \frac{0.25}{4} = 0.062\ 5 \text{ m}$$

$$C = \frac{1}{n} R^{1/6} = \frac{1}{0.013} \times 0.062\ 5^{1/6} = 48.45 \text{ m}^{0.5}/\text{s}$$

(2)计算 h_f

$$A = \frac{\pi d^2}{4} = \frac{3.14 \times 0.25^2}{4} = 0.049\ 1 \text{ m}^2$$

$$v = \frac{Q}{A} = \frac{200}{3\ 600 \times 0.049\ 1} = 1.13 \text{ m/s}$$

由谢才公式 $v = C\sqrt{RJ}$,得到:

$$J = \frac{v^2}{C^2 R} = \frac{1.13^2}{48.45^2 \times 0.062\ 5} = 8.7 \times 10^{-3}$$

由 $J = \frac{h_f}{l}$ 得到:

$$h_f = J \times l = 8.7 \times 10^{-3} \times 1\ 000 = 7.7 \text{ m}$$

5.7　局部水头损失

在工业管道或渠道中,往往设有控制闸门,弯管、分岔管、变直径管等部件和设备,用以控制和调节管内或渠道中的流动。流体在流经这些部件时,均匀流动受到破坏,流速的大小、方向和分布发生变化。在较短的范围内,由于流动的急剧调整,而集中产生的流动阻力称为局部阻力,所引起的能量损失称为局部水头损失,造成局部水头损失的部件和设备称为局部阻碍。

众多的实验表明:局部水头损失和沿程水头损失一样,不同的流态有不同的规律。在实际工程中,由于局部阻碍的强烈扰动作用,使流动在较小的雷诺数时就达到了充分的紊动,因此我们重点讨论紊动条件下的局部损失问题。图 5.15 列出了几种典型的局部阻碍。

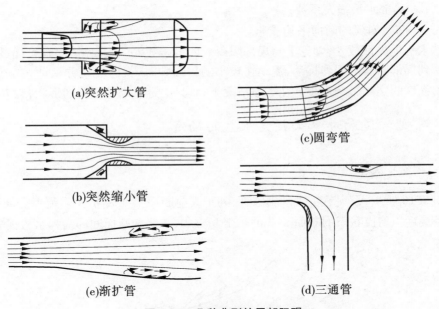

(a)突然扩大管

(c)圆弯管

(b)突然缩小管

(e)渐扩管

(d)三通管

图 5.15　几种典型的局部阻碍

5.7.1　局部水头损失产生的原因

(1)主流与边壁分离,在主流和边壁间形成旋涡区是产生局部水头损失的主要原因。

流体在通过突然扩大、突然缩小管等局部阻碍时,因为惯性作用,主流与边壁分离,在主流和边壁间形成旋涡区。局部水头损失同旋涡区的形成有关,在旋涡区内,旋涡加剧了流体的紊动,加大了能量损失;同时旋涡区和主流区不断进行质量交换,旋涡运动质点被主流带向下游,加剧了下游一定范围内主流的紊动强度,进一步加大了能量损失。此外,局部阻碍附近,流速分布的重新调整,加大了紊流梯度和流层间的切应力,也将造成一定的能量损失。实验结果表明:局部阻碍处旋涡区越大,旋涡强度越强,局部水头损失越大。

（2）流动方向的变化形成二次流,将产生一定的水头损失。

当实际流体流经弯管时,不但会发生分离,形成旋涡区,而且会产生与主流方向正交的流动,称为二次流。这是由于沿着弯管运动的流体质点在离心惯性力的作用下,使得弯管外侧流体的压强高于内侧,在外侧和内侧的压强差作用下,有部分流体沿管壁从外侧向内侧流动（即从高压处向低压处流动）,管中心出现回流。这样,就形成了双旋涡形式的二次流动。这个二次流和主流叠加,将加大弯管的水头损失。

5.7.2 局部水头损失系数的影响因素

局部水头损失计算公式为:

$$h_j = \zeta \frac{v^2}{2g}$$

式中 ζ ——局部水头损失系数;

v ——与 ζ 对应的断面平均流速。

局部水头损失系数 ζ,理论上与局部阻碍处的雷诺数 Re 和边界情况有关,但是,实际上流体受到局部阻碍的强烈扰动,流动在较小的雷诺数时,就已经充分紊动,雷诺数的变化对紊动程度的实际影响很小。在一般情况下,ζ 只决定于局部阻碍的形状,与 Re 无关。

5.7.3 常见管道局部水头损失系数的确定

5.7.3.1 突然扩大管

如图 5.16 所示,设突然扩大同轴圆管,列扩大前断面 1-1 和扩大后流速分布与紊流脉动已经接近均匀流状态的断面 2-2 的伯努利方程,忽略两断面间的沿程水头损失,有

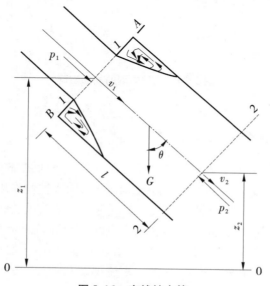

图 5.16 突然扩大管

$$z_1 + \frac{p_1}{\rho g} + \frac{\alpha_1 v_1^2}{2g} = z_2 + \frac{p_2}{\rho g} + \frac{\alpha_2 v_2^2}{2g} + h_j$$

得到

$$h_j = \left(z_1 + \frac{p_1}{\rho g}\right) - \left(z_2 + \frac{p_2}{\rho g}\right) + \frac{\alpha_1 v_1^2 - \alpha_2 v_2^2}{2g}$$

对 AB ，2-2 断面和两断面间侧壁面所构成的控制体，列流动方向的动量方程

$$\sum \boldsymbol{F} = \rho Q(\beta_2 v_2 - \beta_1 v_1)$$

式中，$\sum F$ 包括：①作用在断面 1-1 上的总压力 $P_1 = p_1 A_1$。②作用在断面 2-2 上的总压力 $P_2 = p_2 A_2$。③ AB 环形面积（$A_2 - A_1$）管壁对流体的作用力 P_{AB}，也就是旋涡区内流体作用于环形面积上的反力。实验表明：环形面积上流体压强基本上符合静压强分布规律，则总压力 $P_{AB} = p_1(A_2 - A_1)$。④重力在管轴上的投影：$G\cos\theta = \rho g A_2 (z_1 - z_2)$。⑤断面 AB 至 2-2 截面间流体所受管壁的摩擦力，与上面几个力相比较，摩擦力可以忽略不计。因此，流动方向的动量方程为

$$p_1 A_1 - p_2 A_2 + p_1(A_2 - A_1) + \rho g A_2(z_1 - z_2) = \rho Q(\beta_2 v_2 - \beta_1 v_1)$$

以 $Q = A_2 v_2$ 代入，并除以 $\rho g A_2$，得到

$$\left(z_1 + \frac{p_1}{\rho g}\right) - \left(z_2 + \frac{p_2}{\rho g}\right) = \frac{v_2}{g}(\beta_2 v_2 - \beta_1 v_1)$$

代入伯努利方程 $h_j = \left(z_1 + \frac{p_1}{\rho g}\right) - \left(z_2 + \frac{p_2}{\rho g}\right) + \frac{\alpha_1 v_1^2 - \alpha_2 v_2^2}{2g}$，得到

$$h_j = \frac{v_2}{g}(\beta_2 v_2 - \beta_1 v_1) + \frac{\alpha_1 v_1^2 - \alpha_2 v_2^2}{2g}$$

取 $\alpha_1 = \alpha_2 = \beta_1 = \beta_2 = 1$，得到

$$h_j = \frac{(v_1 - v_2)^2}{2g} \tag{5.77}$$

这就是截面突然扩大的管道其局部水头损失的计算公式。该公式表明：截面突然扩大的局部水头损失等于以突扩前后断面平均流速差计算的流速水头，该公式又称为包达公式，实验表明该公式具有足够的准确性。

式中　v_1——断面扩大前的流速；

　　　v_2——断面扩大后的流速。

由 $\dfrac{v_1}{v_2} = \dfrac{A_2}{A_1}$，可以得到：$v_2 = v_1 \dfrac{A_1}{A_2}$ 和 $v_1 = v_2 \dfrac{A_2}{A_1}$

从而

$$h_j = \left(1 - \frac{A_1}{A_2}\right)^2 \frac{v_1^2}{2g} = \zeta_1 \frac{v_1^2}{2g} \tag{5.78}$$

$$h_j = \left(\frac{A_2}{A_1} - 1\right)^2 \frac{v_2^2}{2g} = \zeta_2 \frac{v_2^2}{2g} \tag{5.79}$$

则突然扩大管道的局部水头损失系数为

$$\zeta_1 = \left(1 - \frac{A_1}{A_2}\right)^2 \tag{5.80}$$

$$\zeta_2 = \left(\frac{A_2}{A_1} - 1\right)^2 \tag{5.81}$$

上述两个局部水头损失系数,分别与突然扩大前、后两个断面的平均流速对应。

作为突然扩大管道的特例,当流体从管道流入断面很大的容器中时,如图 5.17 所示,则有 $\frac{A_1}{A_2} \approx 0$,$\zeta_1 = 1$,称为管道的出口损失系数。

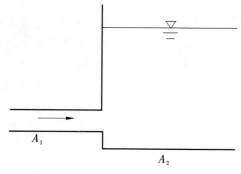

图 5.17　管道出口

5.7.3.2　突然缩小管

突然缩小管如图 5.18 所示,其水头损失主要发生在细管内收缩断面 $c - c$ 附近的旋涡区。突然缩小管的局部水头损失可以表达为

$$h_j = 0.5\left(1 - \frac{A_2}{A_1}\right)\frac{v_2^2}{2g}$$

则有

$$\zeta = 0.5\left(1 - \frac{A_2}{A_1}\right) \tag{5.82}$$

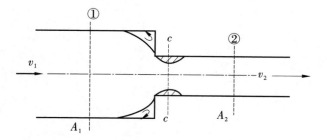

图 5.18　突然缩小管

作为突然缩小管道的特例,当流体由断面很大的容器流入管道时,如图 5.19 所示,则有 $\dfrac{A_2}{A_1} \approx 0$, $\zeta = 0.5$,称为管道的入口损失系数。

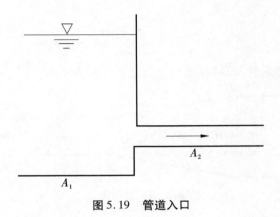

图 5.19　管道入口

5.7.3.3　渐扩管

如图 5.20 所示,渐扩管的局部水头损失系数可以表示为

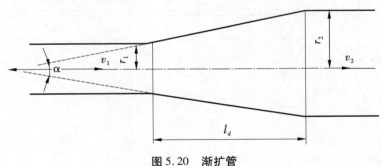

图 5.20　渐扩管

$$\zeta = k \left(\frac{A_2}{A_1}\right)^2 \tag{5.83}$$

$\alpha\,/\,°$	8	10	12	15	20	25
k	0.14	0.16	0.22	0.30	0.42	0.62

其中: α 为扩张角。

则渐扩管的局部水头损失计算公式为

$$h_j = \zeta \frac{v_2^2}{2g}$$

当 $\alpha = 2° \sim 5°$ 时,则有

$$h_j = 0.2 \frac{(v_1 - v_2)^2}{2g} \qquad (5.84)$$

式中　v_1——断面扩大前的流速；

　　　v_2——断面扩大后的流速。

5.7.3.4　渐缩管

如图 5.21 所示渐缩管,其局部水头损失系数可以表示为

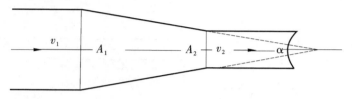

图 5.21　渐缩管

$$\zeta = k_1 \left(\frac{1}{k_2} - 1 \right)^2 \qquad (5.85)$$

$\alpha /(°)$	10	20	40	60	80	100	140
k_1	0.40	0.25	0.20	0.20	0.30	0.40	0.60

A_2/A_1	0.1	0.3	0.5	0.7	0.9
k_2	0.40	0.36	0.30	0.20	0.10

渐缩管的局部水头损失可以表示为

$$h_j = \zeta \frac{v_2^2}{2g}$$

5.7.3.5　弯管

弯管是另一类典型的局部障碍,如图 5.22 所示,它只改变流动方向,不改变平均流速的大小。弯管的局部水头损失,包括旋涡损失和二次流损失两部分。弯管的局部水头损失系数取决于弯管的转角 θ 和曲率半径与管道直径之比 R/d。弯管的局部水头损失系数可以表示为

$$\zeta = \left[0.131 + 0.163 \left(\frac{d}{R} \right)^{3.5} \right] \cdot \left(\frac{\theta}{90°} \right)^{0.5} \qquad (5.86)$$

式中　d——弯管直径；

　　　R——弯管管轴曲率半径；

　　　θ——弯管中心角。

弯管局部水头损失为

$$h_j = \zeta \frac{v^2}{2g}$$

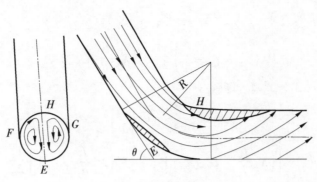

图 5.22　弯管二次流

5.7.4　局部阻碍之间的相互干扰

以上给出的局部水头损失系数 ζ ,是在局部阻碍前后都有足够长的均匀流段的条件下,由实验得到的。如果局部阻碍之间的距离,由于条件限制相隔很近,流体流出前一个局部阻碍,在流速分布和紊流脉动还没有达到正常均匀流之前,又流入后一个局部阻碍。这两个相连的局部阻碍,存在相互干扰,其损失系数不等于正常条件下,两个局部阻碍的损失系数之和。实验研究表明:如果局部阻碍直接连接,其局部损失可能出现大幅度的增加或减小,变化幅度约为单个正常局部损失总和的 $0.5 \sim 3$ 倍。

在工程计算中,为了简化计算过程,可以把管路的局部损失按沿程损失计算,即把局部损失折合成具有同一沿程损失的管段,这个管段的长度称为等值长度 l 。因为 $h_f = \lambda \dfrac{l}{d} \dfrac{v^2}{2g}$, $h_j = \zeta \dfrac{v^2}{2g}$,根据定义, $h_f = h_j$,即可得到 $l = \dfrac{\zeta d}{\lambda}$ 。

【例 5.10】　压力水箱中的水,经由两段串接在一起的管道恒定出流。如图 5.23 所示,已知压力表的读值 $p_M = 98\,000$ N/m^2 ,水头 $H = 2$ m ,管长 $l_1 = 10$ m , $l_2 = 20$ m ,直径 $d_1 = 100$ mm , $d_2 = 200$ mm ,沿程水头损失系数 $\lambda_1 = \lambda_2 = 0.03$,阀门局部损失系数 $\zeta_v = 1.5$,试求流量。

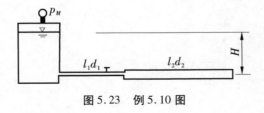

图 5.23　例 5.10 图

【解】　列水箱内水面和管道出口断面的伯努利方程

$$H + \frac{p_M}{\rho g} = \frac{v^2}{2g} + h_w$$

水头损失有两个管段的沿程损失和各项局部损失,包括:管道入口、阀门、突然扩大损失,即

$$h_w = \lambda_1 \frac{l_1}{d} \frac{v_1^2}{2g} + \zeta_e \frac{v_1^2}{2g} + \zeta_v \frac{v_1^2}{2g} + \lambda_2 \frac{l_2}{d} \frac{v_2^2}{2g} + \zeta_{se} \frac{v_2^2}{2g}$$

$$= \left(\lambda_1 \frac{l_1}{d} + \zeta_e + \zeta_v \right) \frac{v_1^2}{2g} + \left(\lambda_2 \frac{l_2}{d} + \zeta_{se} \right) \frac{v_2^2}{2g}$$

由连续性方程式: $v_1 A_1 = v_2 A_2$, 得到

$$v_1 = v_2 \frac{A_2}{A_1} = v_2 \left(\frac{d_2}{d_1} \right)^2$$

$$h_w = \left[\left(\lambda_1 \frac{l_1}{d_1} + \zeta_e + \zeta_v \right) \left(\frac{d_2}{d_1} \right)^4 + \left(\lambda_2 \frac{l_2}{d_2} + \zeta_{se} \right) \right] \frac{v_2^2}{2g}$$

沿程水头损失系数 $\lambda_1 = \lambda_2 = 0.03$

各项局部损失系数:管道入口 $\zeta_e = 0.5$, 阀门 $\zeta_v = 1.5$

突然扩大 $\zeta_{se} = \left(\frac{A_2}{A_1} - 1 \right)^2 = \left(\frac{d_2^2}{d_1^2} - 1 \right)^2 = \left(\frac{0.2^2}{0.1^2} - 1 \right)^2 = 9$

将各项水头损失系数代入 h_w 计算式,得到

$$h_w = \left[\left(0.03 \times \frac{10}{0.1} + 0.5 + 1.5 \right) \left(\frac{0.2}{0.1} \right)^4 + \left(0.03 \times \frac{20}{0.2} + 9 \right) \right] \frac{v_2^2}{2g} = 92 \frac{v_2^2}{2g}$$

代入伯努利方程

$$2 + \frac{98\,000}{9\,800} = \frac{v_2^2}{2g} + 92 \frac{v_2^2}{2g}$$

$$v_2 = \sqrt{\frac{19.6 \times 12}{93}} = 1.59 \ \text{m/s}$$

$$Q = v_2 A_2 = v_2 \frac{\pi d_2^2}{4} = 1.59 \times \frac{\pi \times 0.2^2}{4} = 0.05 \ \text{m}^3/\text{s}$$

【例5.11】 如图5.24所示,直径 $d=500$ mm 的引水管从上游水库引水至下游水库,管道倾斜段的倾角 $\theta=30°$,弯头 a 和 b 均为折管,引水流量 $Q=0.4 \ \text{m}^3/\text{s}$,上游水库水深 $h_1=3.0$ m,过流断面宽度 $B_1=5.0$ m,下游水库水深 $h_2=2.0$ m,过流断面宽度 $B_2=3.0$ m,求引水管进口、出口处损失的水头。

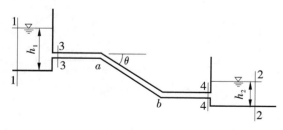

图5.24 例5.11图

【解】

引水管截面面积: $A = \frac{\pi}{4} d^2 = \frac{3.14}{4} \times 0.5^2 = 0.196 \ \text{m}^2$

断面平均流速：$v = \dfrac{Q}{A} = \dfrac{0.4}{0.196} = 2.04 \text{ m/s}$

（1）引水管进口

选取断面 1-1 位于上游水库内，断面 3-3 位于引水管进口。则断面 1-1 与 3-3 间为突然缩小式流道。$A_1 = B_1 h_1$，$A_3 = A$，假定进口局部损失可以按圆断面突然缩小情况来近似

$$h_{j1-3} = \zeta_{1-3} \frac{v^2}{2g} , \quad \zeta_{1-3} = 0.5\left(1 - \frac{A_3}{A_1}\right)$$

因此

$$\zeta_{1-3} = 0.5\left(1 - \frac{A_3}{A_1}\right) = 0.5 \times \left(1 - \frac{0.196}{5 \times 3}\right) = 0.493$$

$$h_{j1-3} = \zeta_{1-3} \frac{v^2}{2g} = 0.493 \times \frac{2.04^2}{2 \times 9.8} = 0.10 \text{ m}$$

（2）引水管出口

选取断面 2-2 位于下游水库内，断面 4-4 位于引水管出口，则断面 4-4 与 2-2 间为突然扩大式流道：$A_2 = B_2 h_2$。

$$h_{j4-2} = \zeta_{4-2} \frac{v^2}{2g} , \quad \zeta_{4-2} = \left(1 - \frac{A_4}{A_2}\right)^2$$

$$\zeta_{4-2} = \left(1 - \frac{A_4}{A_2}\right)^2 = \left(1 - \frac{0.196}{3 \times 2}\right)^2 = 0.936$$

$$h_{j4-2} = \zeta_{4-2} \frac{v^2}{2g} = 0.936 \times \frac{2.04^2}{2 \times 9.8} = 0.20 \text{ m}$$

本章小结

本章以理论研究结合经典实验结果，阐述了流动阻力和水头损失的规律及其计算方法。

1. 按流动边界条件的不同，将流动阻力及由此产生的水头损失 h_w 分为沿程水头损失 h_f 与局部水头损失 h_j 。

$$h_w = h_f + h_j = \lambda \frac{l}{d} \frac{v^2}{2g} + \zeta \frac{v^2}{2g}$$

2. 黏性流体存在两种不同的流态——层流和紊流，可以用临界雷诺数来判别流态。不同的流态，水头损失的规律不同。

（1）层流

特征：①有序性，流体质点呈层状流动，各层质点互不掺混，质点作有序的直线运动；②切应力为黏性切应力，黏性起主要作用，遵循牛顿内摩擦定律；③过流断面上流速呈抛物线分布；④沿程水头损失与流速的 1 次方成比例；⑤沿程水头损失系数 $\lambda = \dfrac{64}{Re}$ 。

判别：$Re = \dfrac{vd}{v} < 2\ 300$ 或 $Re_R = \dfrac{vR}{v} < 575$。

（2）紊流

特征：①无序性，流体质点间相互掺混和紊流脉动；②切应力包括黏性切应力和附加切应力，受黏性和紊动的共同作用；③过流断面上流速呈对数曲线分布；④沿程水头损失与流速的 $1.75 \sim 2.0$ 次方成比例；⑤沿程水头损失系数 $\lambda = f(Re, k_s/d)$。

判别：$Re = \dfrac{vd}{v} > 2\ 300$ 或 $Re_R = \dfrac{vR}{v} > 575$。

3. 均匀流基本方程

均匀流基本方程 $\tau_0 = \rho g RJ$ 建立了沿程水头损失与切应力的关系。不同流态切应力的产生和变化有本质不同，最终决定层流与紊流水头损失的规律不同。

4. 圆管层流

（1）切应力：$\tau = -\mu \dfrac{\mathrm{d}u}{\mathrm{d}r}$。

（2）流速分布：$u = \dfrac{\rho g J}{4\mu}(r_0^2 - r^2)$。

（3）沿程水头损失系数：$\lambda = \dfrac{64}{Re}$。

5. 紊流

（1）切应力：包括黏性切应力和附加切应力两部分。

（2）流速分布：对数规律分布，比层流分布要均匀，$u = \dfrac{1}{\kappa} v^* \ln y + c$。

（3）沿程水头损失系数：不同阻力区，紊流沿程水头损失系数 λ 不同。

6. 尼古拉兹实验

尼古拉兹实验全面揭示了沿程水头损失系数 λ 的变化规律，不同阻力区 λ 的影响因素不同，计算公式也不同：紊流光滑区 $\lambda = f(Re)$，紊流过渡区 $\lambda = f\left(Re, \dfrac{k_s}{d}\right)$，紊流粗糙区 $\lambda = f\left(\dfrac{k_s}{d}\right)$。

7. 局部水头损失

局部水头损失的主要原因是主流脱离边壁，形成旋涡区。一般情况下，局部水头损失系数值决定于局部阻碍的形状，一般由实验确定。

❓ 思考题

1. 什么是层流？什么是紊流？怎样判别黏性流体的这两种不同的流态？理想流体是否有层流和紊流之分？

2. 为什么用下临界雷诺数而不用上临界雷诺数判别流态？

3. 为什么均匀流基本方程既能适用于层流又能适用于紊流？

4.什么是水力半径？它与管道半径有何区别？

5.什么是人工粗糙？什么是天然粗糙？什么是当量粗糙？三者有何区别和联系？当量粗糙高度 k_s 是怎样得到的。

6.什么是黏性底层？它对紊流分析有何影响？

7. $\tau_0 = \rho g R J$ ， $h_f = \lambda \dfrac{l}{d}\dfrac{v^2}{2g}$ ， $v = C\sqrt{RJ}$ 三个公式之间有何联系和区别？这三个式子是否在管流和明流中，层流和紊流中，均匀流和非均匀流中均适用？

8.局部水头损失产生的主要原因是什么？

习　题

一、单项选择题

1.雷诺数 Re 表征的是惯性力与_____之比。

A.重力　　　　B.黏性力　　　　C.弹性力　　　　D.压力

2.圆管流中，雷诺数 $Re = $_____。

A. $\dfrac{vd}{v}$ 　　B. $\dfrac{\mu v}{d}$ 　　C. $\dfrac{\mu vd}{\rho}$ 　　D. $\dfrac{vd}{v}$

3.圆管流中，临界雷诺数为_____。

A.1　　　　B.500　　　　C.2 300　　　　D.4 000

4.明渠流中，雷诺数 $Re = $_____。

A. $\dfrac{vR}{\mu}$ 　　B. $\dfrac{\mu v}{R}$ 　　C. $\dfrac{vR}{v}$ 　　D. $\dfrac{vR\mu}{\rho}$

5.层流中，沿程水头损失与速度的_____次方成正比。

A.0.5　　　　B.1.0　　　　C.1.75　　　　D.2.0

6.流量和温度不变的管流中，若两个断面直径比为 $d_1/d_2 = 2$ ，则这两个断面的雷诺数之比 $\dfrac{Re_1}{Re_2} = $_____。

A. $\dfrac{1}{4}$ 　　B. $\dfrac{1}{2}$ 　　C.2　　　　D.4

7.圆管流的临界雷诺数_____。

A.随管径变化　　　　　　　　B.随流体的密度变化

C.随流体的黏度变化　　　　　D.不随以上各量变化

8.圆管均匀流过流断面上切应力分布为_____。

A.均匀分布　　　　　　　　C.管轴处为零，管壁处最大，且为线性分布

B.抛物线分布　　　　　　　D.管壁处为零，管轴处最大，且为线性分布

9.圆管层流中，断面流速分布符合_____。

A.均匀分布　　B.指数分布　　C.对数分布　　D.抛物线分布

10.圆管紊流中，断面流速分布符合_____。

A.均匀规律　　B.直线变化规律　　C.抛物线规律　　D.对数曲线规律

11. 圆管层流运动,实测管轴线上流速为 0.9 m/s ,则断面平均流速为 _____ 。

A. 0.3 m/s B. 0.45 m/s C. 0.6 m/s D. 0.9 m/s

12. 均匀流基本方程式 $\tau_0 = \rho g R J$ _____ 。

A. 仅适用于层流   B. 仅适用于紊流

C. 层流和紊流均适用   D. 层流和紊流均不适用

13. 紊流的动能修正系数 _____ 层流的动能修正系数。

A. $>$ B. $\geqslant$ C. $<$ D. $=$

14. 半圆形明渠,半径 $r_0 = 4 \text{ m}$,水力半径 R 为 _____ 。

A. 1 m B. 2 m C. 3 m D. 4 m

15. 圆管紊流过渡区的沿程水头损失系数 λ 与 _____ 有关。

A. Re B. k_s/d C. Re 和 k_s/d D. Re 和 k_s/l

16. 圆管紊流粗糙区的沿程水头损失系数 λ 与 _____ 有关。

A. Re B. k_s/d C. Re 和 k_s/d D. Re 和 k_s/l

17. 工业管道的沿程水头损失系数 λ 在紊流过渡区随 Re 数的增加而 _____ 。

A. 增大   B. 减小   C. 不变   D. 无法确定

18. 管道断面突然扩大的局部水头损失 $h_j =$ _____ 。

A. $\dfrac{v_1^2 - v_2^2}{2g}$ B. $\dfrac{v_1^2 + v_2^2}{2g}$ C. $\dfrac{(v_1 + v_2)^2}{2g}$ D. $\dfrac{(v_1 - v_2)^2}{2g}$

二、计算题

19. 水和油的运动黏度分别为 $\upsilon_1 = 1.79 \times 10^{-6} \text{ m}^2/\text{s}$ 、 $\upsilon_2 = 30 \times 10^{-6} \text{ m}^2/\text{s}$,若它们以 $v = 0.5 \text{ m/s}$ 的流速在直径为 $d = 100 \text{ mm}$ 的圆管中流动,试确定其流动形态。

20. 如题 20 图所示,应用细管式黏度计测定油的黏度,已知细管直径 $d = 6 \text{ mm}$,测量段长 $l = 2 \text{ m}$ 。实测油的流量 $Q = 77 \text{ cm}^3/\text{s}$,水银压差计的读值 $h_p = 30 \text{ cm}$,油的密度 $\rho = 900 \text{ kg/m}^3$ 。试求油的运动黏度 υ 和动力黏度 μ 。

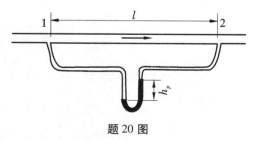

题 20 图

21. 为了确定圆管内径,在管内通过 $\upsilon = 0.013 \text{ cm}^2/\text{s}$ 的水,实测流量 $Q = 35 \text{ cm}^3/\text{s}$,长 $l = 15 \text{ m}$ 管段上的水头损失 $h_f = 2 \text{ cm}$ 水柱。试求此圆管的内径 d 。

22. 输油管的直径 $d = 150 \text{ mm}$,流量 $Q = 16.3 \text{ m}^3/\text{h}$,油的运动黏度 $\upsilon = 0.2 \text{ cm}^2/\text{s}$,试求每公里长的沿程水头损失 h_f 。

23. 做沿程水头损失试验的管道直径 $d = 1.5 \text{ cm}$,量测段长度 $l = 4.0 \text{ m}$,水温为 4 ℃ ,问:(1)当流量 $Q = 0.02 \text{ L/s}$ 时,管道中是层流还是紊流?(2)此时管道中的沿程水头损失系数 λ 为多少?(3)此时量测段两断面间的水头损失 h_f 为多少?

24. 圆管直径 $d = 2.5$ cm，当量粗糙度 $k_s = 0.4$ mm，管中水流的断面平均流速为 $v = 2.5$ m/s，水的运动黏度 $\upsilon = 0.01$ cm²/s。求管壁切应力 τ_0 的大小，并求其相应的阻力流速 v^* 和黏性底层的厚度。

25. 设有一均匀流管路，水头直径 $d = 200$ mm，水力坡度 $J = 0.008$，试求边壁上的切应力 τ_0 和 100 m 长管路上的沿程损失 h_f。

26. 有一矩形渠道，其水流为均匀流，底宽 $b = 5$ m，水深 $h = 2.5$ m，单位长度上的水头损失为 0.003，试求矩形渠道上的边壁切应力 τ_0。

27. 某镀锌输水钢管长 $l = 500$ m，直径 $d = 200$ mm，流量 $Q = 50$ L/s，水温 $t = 10$℃，试求该管段的沿程水头损失。

28. 某给水干管长 $l = 1\,000$ m，内径 $d = 300$ mm，管壁当量粗糙度 $k_s = 1.2$ mm，水温 $T = 10$℃，求水头损失 $h_f = 7.05$ m 时所通过的流量 Q。

29. 钢筋混凝土输水管直径 $d = 300$ mm，长度 $l = 500$ m，沿程水头损失 $h_f = 1$ m，试用谢才公式求管道中流速 v。

30. 有一混凝土压力输水管，管径 $d = 1.0$ m，管长 $l = 500$ m，当通过流量 $Q = 1.50$ m³/s 时，试用谢才公式求管中的沿程水头损失。

31. 一有压输水管路，长度 $l = 100$ m，管径 $d = 25$ mm，管路当量粗糙度为 $k_s = 0.2$ mm，水温为 15℃。当通过流量 $Q = 0.6$ L/s 时，试求：(1)沿程水头损失系数；(2)该管段的沿程水头损失。

32. 如题 32 图所示，由高位水箱向低位水箱输水。已知两水箱水面的高差 $H = 3$ m，输水管段的直径和长度分别为 $d_1 = 40$ mm，$l_1 = 25$ m；$d_2 = 70$ mm，$l_2 = 15$ m。沿程摩阻系数 $\lambda_1 = 0.025$，$\lambda_2 = 0.02$，阀门的局部水头损失系数 $\zeta_v = 3.5$。试求输水流量 Q。

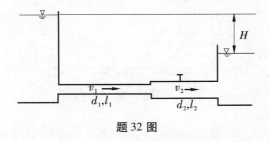

题 32 图

33. 自引水池中引出一根具有三段不同直径的水管如题 33 图所示，已知直径 $d = 50$ mm，$D = 200$ mm，长度 $l = 100$ m，水位 $H = 12$ m，进口局部阻力系数 $\zeta_1 = 0.5$，阀门 $\zeta_2 = 5.0$，沿程水头损失系数 $\lambda = 0.03$。求管中通过的流量 Q。

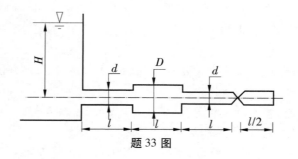

题 33 图

34. 如题 34 图,水箱中的水经管道出流,已知管道直径 $d = 25$ mm ,长度 $l = 6$ m ,水位 $H = 13$ m ,沿程水头损失系数 $\lambda = 0.02$,试求流量 Q 。

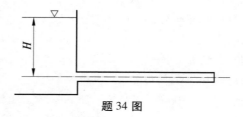

题 34 图

35. 如题 35 图所示,一水塔输水管路,已知铸铁管的管长 $l = 250$ m ,管径 $d = 100$ mm ,管路进口为直角进口,有一个弯头和一个闸阀,弯头的局部水头损失系数 $\zeta_b = 0.8$ 。当闸门全开时,管路出口流速 $v = 1.6$ m/s ,试求水塔水面高度 H 。

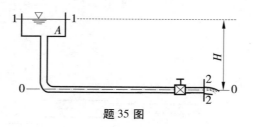

题 35 图

36. 如题 36 图,某水库的混凝土放水涵管,进口为直角进口,管径 $d = 1.5$ m ,管长 $l = 50$ m ,上下游水面差 $z = 8$ m 。当管道出口的河道中流速仅为管中流速的 0.2 倍时,求管中通过的流量 Q 。

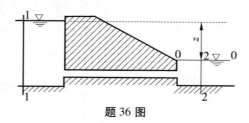

题 36 图

第 6 章 孔口、管嘴出流和有压管流

本章介绍流体动力学基本方程和水头损失计算方法在压力流中的应用。内容要点是孔口、管嘴出流和有压管流的水力特点,水力计算方法和基本公式,以及有压管流中的水击现象。

前面几章介绍了流体动力学基本方程和各种水头损失的计算方法。本章运用前面讲过的理论和方法,研究孔口、管嘴出流和有压管流问题,为工程设计提供必要的分析计算方法。

研究孔口、管嘴出流和有压管流有很大的实用意义。例如,在市政和水利工程中常用的取水、泄水闸孔,以及某些量测流量设备均属孔口。水力机械化施工用水枪及消防水枪都是管嘴的应用,有压管流则是输送液体和气体的主要方式。

孔口、管嘴出流和有压管流同属压力流动,又有各自的水力特点。孔口、管嘴出流沿流动方向边界长度很短,孔口出流只有局部损失,管嘴出流虽然有沿程损失,但与局部损失相比很小,可以忽略不计。进行孔口、管嘴出流的水力计算,只需要考虑局部损失,不计沿程损失。而有压管流沿流动方向有一定的边界长度,水头损失包括沿程水头损失和局部水头损失。

6.1 孔口出流

在装有流体的容器壁上开孔,流体经过孔口流出的水力现象称为孔口出流。其水力特点是:沿流动方向边界长度很小,水头损失主要是局部水头损失,沿程水头损失通常可以忽略不计。孔口是工程技术上用来控制流动、调节流量的装置,给排水工程中的各类取水孔口、泄水孔口中的水流,通风工程中通过门、窗的气流等都属于孔口出流。孔口出流计算的核心问题是应用流体运动的连续性原理和总流能量方程,以及流体流动的能量损失规律,计算给定条件下通过孔口的流量。

6.1.1 孔口出流分类

在实际工程中,孔口具有各种不同的形式,根据孔口的出流条件,孔口出流可分为以下几类:

6.1.1.1 薄壁孔口出流和厚壁孔口出流

按孔壁的厚度及形状对出流的影响分为薄壁孔口出流和厚壁孔口出流。

(1)薄壁孔口 设 d 代表孔口直径,l 代表壁厚,当 $l/d \leqslant 2$ 时,出流流体与孔口边壁近似成线状接触,孔口的壁厚对出流没有影响,这样的孔口称为薄壁孔口。

(2)厚壁孔口 当 $2 < l/d < 4$ 时,出流流体与孔口边壁成面状接触,孔口的壁厚对出流有一定的影响,这样的孔口称为厚壁孔口。

6.1.1.2 小孔口出流和大孔口出流

根据孔口直径 d 与孔口形心以上水头 H 的比值大小,孔口可以分为大孔口和小孔口。

(1)小孔口 当孔口直径或高度 d 与孔口中心至自由液面的高差 H 的比值 $d/H \leqslant 0.1$ 时,作用于孔口断面上各点的水头可近似认为与形心点上的水头都相等,这样的孔口称为小孔口。

(2)大孔口 当孔口直径或高度 d 与孔口中心至自由液面的高差 H 的比值 $d/H > 0.1$ 时,作用于孔口断面上部和下部的水头有明显的差别,需要考虑孔口断面上水力参数沿孔口高度的变化,这样的孔口称为大孔口。

6.1.1.3 恒定孔口出流和非恒定孔口出流

按孔口断面形心点以上水头 H 是否随时间变化分为恒定孔口出流和非恒定孔口出流。

(1)恒定孔口出流 当孔口出流时,水箱中水量如能得到源源不断的补充,从而使孔口的水头不变,此时的出流称为恒定出流。

(2)非恒定孔口出流 当孔口出流时,水箱中水量得不到补充,则孔口的水头随时间不断发生变化,此时的出流称为非恒定出流。

6.1.1.4 自由出流和淹没出流

根据孔口出流后周围介质条件的不同,孔口出流可以分为自由出流和淹没出流。

(1)自由出流 液体经孔口直接流入大气中的出流,称为自由出流。

(2)淹没出流 液体由孔口流入到液面高于孔口的容器中,称为淹没出流。

6.1.2 薄壁小孔口恒定自由出流

对于薄壁小孔口恒定自由出流,容器中的水流是从各个方向流向孔口的,由于流体质点的惯性作用,流线不能在孔口处突然改变方向,需要有一个连续的变化过程,在趋近孔口时产生流线的弯曲现象。出口后水流过流断面将发生收缩,收缩断面的位置,对于圆形小孔口来说,位于离孔口约 $d/2$ 处。当水流流过收缩断面之后,流体在重力作用下下落,如图 6.1 所示。

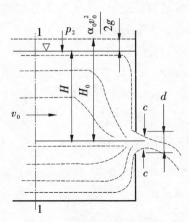

图 6.1　薄壁孔口自由出流

设孔口断面面积为 A ,收缩断面面积为 A_c 。收缩断面面积 A_c 与孔口断面面积 A 之比称为孔口收缩系数,用 ε 表示,即

$$\varepsilon = \frac{A_c}{A} \tag{6.1}$$

对于薄壁圆形小孔口,根据实验测得 $\varepsilon = 0.60 \sim 0.64$,一般可取其平均值 $\varepsilon = 0.62$。

设孔口为圆形,其直径为 d,孔口断面面积为 A,以通过孔口形心的水平面为基准面,基准面到自由液面的距离为 H,1–1 断面的计算点选在自由液面上,c–c 断面的计算点选在断面中心上。取过流断面 1–1 断面和 c–c 断面列伯努利方程,设收缩断面的平均流速为 v_c,则伯努利方程可以表示为

$$H + \frac{p_a}{\rho g} + \frac{\alpha_0 v_0^2}{2g} = 0 + \frac{p_c}{\rho g} + \frac{\alpha_c v_c^2}{2g} + h_w$$

式中　h_w 为过流断面 1–1 到 c–c 的水头损失。对于孔口出流,水头损失主要是流经孔口的局部水头损失,沿程水头损失忽略不计,则有

$$h_w = h_j = \zeta_c \frac{v_c^2}{2g}$$

在小孔口自由出流情况下,$p_a \approx p_c$,于是伯努利方程可以改写为

$$H + \frac{\alpha_0 v_0^2}{2g} = (\alpha_c + \zeta_c) \frac{v_c^2}{2g}$$

令 $H_0 = H + \frac{\alpha_0 v_0^2}{2g}$,代入上式,整理得到收缩断面平均流速

$$v_c = \frac{1}{\sqrt{\alpha_c + \zeta_c}} \sqrt{2gH_0} = \varphi \sqrt{2gH_0} \tag{6.2}$$

式中　ζ_c ——孔口局部水头损失系数;

　　φ ——孔口自由出流时的流速系数,$\varphi = \frac{1}{\sqrt{\alpha_c + \zeta_c}} \approx \frac{1}{\sqrt{1 + \zeta_c}}$。

实验研究结果表明:在大雷诺数情况下,薄壁圆形孔口的 $\varphi \approx 0.97$,相应的局部水头损失系数 $\zeta_c = 0.06$。

通过薄壁小孔口自由出流的流量为

$$Q = v_c A_c = \varepsilon A \varphi \sqrt{2gH_0} = \mu A \sqrt{2gH_0} \qquad (6.3)$$

式中　μ——孔口流量系数,$\mu = \varepsilon \varphi$,对于薄壁小孔口,有

$$\mu = \varepsilon \varphi = 0.64 \times 0.97 = 0.62$$

H_0——作用水头(包括行近流速),$H_0 = H + \dfrac{\alpha_0 v_0^2}{2g}$,当 $v_0 \approx 0$ 时,则有 $H_0 = H$。

公式(6.3)即为薄壁小孔口自由出流的基本关系式,它表明:孔口的过流能力与作用在孔口上的水头 H_0 的平方根成正比。

6.1.3　薄壁孔口恒定淹没出流

如图 6.2 所示淹没出流,流出的水流被下游水位淹没以后,不同于自由出流的只是收缩断面 $c - c$ 的压强不是大气压强,而近似地等于下游水深所形成的静水压强。所以淹没后收缩断面的压强可按静水压强分布考虑。

对于淹没出流,作用于孔口断面上各点的水头均相等,都等于上、下游水位差,所以,淹没出流没有小孔口和大孔口之分,其计算方法相同。

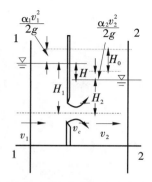

图 6.2　薄壁孔口淹没出流

在淹没出流情况下,水流同样发生收缩,经过收缩断面 $c - c$ 后水流会迅速扩散。据此可以将局部水头损失分成两部分:水流收缩产生的局部水头损失与水流扩散产生的局部水头损失。其中,前者与孔口自由出流相同,而后者可按突然扩大来计算。据此,可以采用与孔口自由出流相类似的方法来推导孔口淹没出流的基本公式。

以通过孔口形心的水平面为基准面,上游液面到基准面的距离为 H_1,下游液面到基准面的距离为 H_2,对过流断面 $1 - 1$、$2 - 2$ 列伯努利方程

$$H_1 + \frac{p_a}{\rho g} + \frac{\alpha_1 v_1^2}{2g} = H_2 + \frac{p_a}{\rho g} + \frac{\alpha_2 v_2^2}{2g} + h_j$$

式中　h_j 为局部水头损失,包括水流经孔口的局部水头损失和经收缩断面后突然扩大的局部水头损失两项,即

$$h_j = (\zeta_1 + \zeta_2) \frac{v_c^2}{2g}$$

式中　ζ_1——孔口局部水头损失系数,与自由出流相同;

ζ_2——水流通过收缩断面突然扩大的局部水头损失系数,当 $A_2 >> A_c$ 时,$\zeta_2 = \left(1 - \dfrac{A_c}{A_2}\right)^2 \approx 1.0$。

当 $v_1 \approx 0$,$v_2 \approx 0$ 时,伯努利方程可以改写为

$$H_1 = H_2 + (\zeta_1 + \zeta_2)\frac{v_c^2}{2g}$$

由此可得收缩断面的流速

$$v_c = \frac{1}{\sqrt{\zeta_1 + \zeta_2}}\sqrt{2gH_0} = \varphi\sqrt{2gH_0} \qquad (6.4)$$

式中 φ ——孔口淹没出流的流速系数，$\varphi = \dfrac{1}{\sqrt{\zeta_1 + \zeta_2}} \approx \dfrac{1}{\sqrt{1 + \zeta_1}}$，与孔口自由出流的流

速系数相同，$\varphi = 0.97 \sim 0.98$；

H_0 ——作用水头，$H_0 = H_1 - H_2$，为上、下游液面的高差。

收缩断面的流量

$$Q = A_c v_c = \varepsilon A \cdot \varphi\sqrt{2gH_0} = \varepsilon\varphi A\sqrt{2gH_0} = \mu A\sqrt{2gH_0} \qquad (6.5)$$

式中 μ ——孔口淹没出流的流量系数，$\mu = \varepsilon\varphi$，与孔口自由出流的流量系数相同，$\mu = 0.60 \sim 0.62$。

比较淹没出流公式和自由出流公式可以看出：这两个公式形式相同，各项系数值也相同，不同的是自由出流的作用水头是液面到孔口形心的高度，而淹没出流的作用水头为上、下游液面高差。

6.1.4 影响孔口出流流量系数 μ 的因素

从前面的推导过程可知，表征孔口出流性能的主要是孔口的收缩系数 ε、流速系数 φ 和流量系数 μ。流速系数 φ 和流量系数 μ 取决于局部水头损失系数 ζ_c 和收缩系数 ε。工程中遇到的孔口出流，雷诺数 Re 都足够大，可以认为孔口出流特性主要与边界条件有关。在孔口出流边界条件中，孔口形状、孔口边缘情况和孔口在壁面上的位置三个方面是影响流量系数的因素。对于薄壁小孔口，不同形状的孔口对流量系数的影响很小，薄壁小孔口的流量系数主要取决于孔口在壁面上的位置。

孔口在壁面上的位置对收缩系数有直接的影响，如图 6.3 所示。当孔口的全部边界都不与相邻的容器底边和侧边重合时，孔口出流时的四周流线都发生收缩，这种孔口称为全部收缩孔口，如图 6.3 中孔口 A 和 B，否则称为不全部收缩孔口，如图 6.3 中孔口 C 和 D。全部收缩孔口又分为完善收缩孔口和不完善收缩孔口。

当孔口与相邻壁面的距离大于同方向孔口尺寸的 3 倍（$L>3a$ 或 $L>3b$）时，孔口出流的收缩不受距壁面远近的影响，称为完善收缩，如孔口 A。不满足上述条件的孔口出流为不完善收缩，如孔口 B。

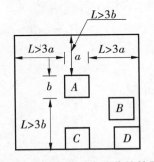

图 6.3 孔口位置对出流收缩的影响

附带指出，小孔口自由出流的流量公式也适用于大孔口的自由出流。实际工程中，由于大孔口出流几乎都是非全部收缩和不完善收缩，其流量系数往往大于小孔口的流量系

数。大孔口出流的流量系数值如表 6.1 所示。

表 6.1　大孔口出流流量系数 μ 值

收缩情况	流量系数 μ
全部不完善收缩	0.70
底部无收缩,侧向有适度收缩	0.65 ~ 0.70
底部无收缩,侧向有很小收缩	0.70 ~ 0.75
底部无收缩,侧向有极小收缩	0.80 ~ 0.90

6.1.5　孔口变水头出流

在实际工程中,还会遇到在变水头下的非恒定流动。孔口出流过程中,容器内水位随时间变化,导致孔口的流量随时间变化的流动,称为孔口的非恒定出流或变水头出流。例如,油箱放油孔放油时,容器油箱的液面是连续不断地变化的,因而油液经底部孔口的出流是非恒定流动,此时,应考虑液流流动的惯性力。容器泄流时间、蓄水库的流量调节等问题,都可按非恒定出流计算。

当孔口的过流面积远小于容器的横截面积时,容器液面的变化相当缓慢,非恒定流的惯性项可以忽略不计,则可把整个出流过程划分为许多微小时段,在每一微小时段内,认为出流水头不变,可当作恒定流处理,孔口出流的基本公式仍然适用。

如图 6.4 所示,截面面积为 F 的柱形容器,水经孔口变水头出流。设孔口出流过程中,某时刻容器中水面高度为 h,在微小时段 dt 内,孔口流出水的体积为

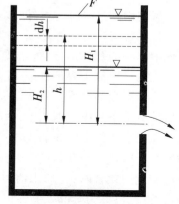

图 6.4　孔口变水头出流

$$dV = Q dt = \mu A \sqrt{2gh} \, dt$$

这个体积应等于该时段,水面下降 dh,容器减少的体积

$$dV = -F dh$$

由此得到

$$\mu A \sqrt{2gh} \, dt = -F dh$$

$$dt = -\frac{F}{\mu A \sqrt{2gh}} dh$$

设在 $t = 0$、$t = T$ 时刻,容器内的水头分别为 H_1、H_2,对上式积分,可得液面从 H_1 降至 H_2 所需的时间

$$t = \int_0^T dt = \int_{H_1}^{H_2} -\frac{F}{\mu A \sqrt{2gh}} dh = \frac{2F}{\mu A \sqrt{2g}} \left(\sqrt{H_1} - \sqrt{H_2} \right) \qquad (6.6)$$

令 $H_2 = 0$,即得容器的放空时间

$$t_0 = \frac{2F\sqrt{H_1}}{\mu A\sqrt{2g}} = \frac{2FH_1}{\mu A\sqrt{2gH_1}} = \frac{2V}{Q_{max}} \tag{6.7}$$

式中　V——容器放空的体积；

　　　Q_{max}——开始出流时的最大流量。

公式(6.7)表明:变水头出流容器的放空时间,等于在起始水头 H_1 作用下,按恒定情况流出同体积水所需时间的 2 倍。

若容器侧壁上不是孔口,而是其他类型的管嘴或短管,上述各项计算公式仍然适用,只是流量系数不同而已。

【例6.1】　如图 6.5 所示,一储水罐,底面面积 $F = 3\text{ m} \times 2\text{ m}$,储水深 $H_1 = 4\text{ m}$。由于锈蚀,距罐底 0.2 m 处形成一个直径 $d = 5\text{ mm}$ 的孔洞。试求:(1)水位恒定,一昼夜的漏水量;(2)因漏水水位下降,一昼夜的漏水量。

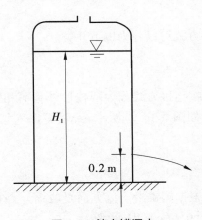

图 6.5　储水罐漏水

【解】

(1)水位恒定,一昼夜的漏水量按薄壁小孔口恒定自由出流

孔口面积 $A = \dfrac{\pi d^2}{4} = \dfrac{\pi \times 0.005^2}{4} = 19.63 \times 10^{-6}\text{ m}^2$

作用水头 $H_0 = H_1 - 0.2 = 4 - 0.2 = 3.8\text{ m}$

$Q = \mu A\sqrt{2gH_0} = 0.62 \times 19.63 \times 10^{-6} \times \sqrt{2 \times 9.8 \times 3.8} = 1.05 \times 10^{-4}\text{ m}^3/\text{s}$

一昼夜的漏水量为

$$V = Qt = 1.05 \times 10^{-4} \times 3\ 600 \times 24 = 9.07\text{ m}^3$$

(2)因漏水水位下降时,一昼夜的漏水量按孔口非恒定出流计算

$$t = \frac{2F}{\mu A\sqrt{2g}}(\sqrt{H_1} - \sqrt{H_2})$$

$$24 \times 3\ 600 = \frac{2 \times 6}{0.62 \times 19.63 \times 10^{-6} \times \sqrt{2 \times 9.8}}(\sqrt{3.8} - \sqrt{H_2})$$

解得 $H_2 = 2.44\text{ m}$,则水位下降时一昼夜的漏水量为

$$V = (H_1 - H_2) \times F = (3.8 - 2.44) \times (3 \times 2) = 8.16 \ \text{m}^3$$

6.2　管嘴出流

在容器孔口上连接一段断面与孔口形状相同,长度为 3 ～ 4 倍孔径的短管,水流通过短管并在出口断面满管流出的水力现象称为管嘴出流。

管嘴出流具有如下水力特点:一是当流体进入管嘴后,同样会形成收缩,在收缩断面处,流体与管壁分离,形成旋涡区,然后又逐渐扩大,在管嘴出口断面上,流体完全充满整个断面;二是管嘴出流虽然有沿程水头损失,但与局部水头损失相比相对较小,可以忽略不计,水头损失仍然以局部水头损失为主。

6.2.1　管嘴分类

管嘴按其形状及其连接方式可以分为以下几类。

6.2.1.1　圆柱形管嘴

管嘴的形状为圆柱形。按连接方式分为圆柱形外管嘴和圆柱形内管嘴,如果管嘴不伸入到容器内,称为外管嘴,如图 6.6(a)所示;若管嘴伸入到容器内,称为内管嘴,如图 6.6(b)所示。

6.2.1.2　圆锥形管嘴

管嘴的形状为圆锥形。根据圆锥沿出流方向是收缩还是扩张,分为圆锥形收缩管嘴和圆锥性扩张管嘴,分别如图 6.6(c)(d)所示。

6.2.1.3　流线型管嘴

为了减少进口水头损失,常将管嘴进口做成流线型,如图 6.6(e)所示。

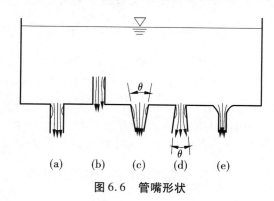

图 6.6　管嘴形状

6.2.2　圆柱形外管嘴自由出流

在孔口上外接长度 $l = (3 \sim 4)d$ 的短管,就形成圆柱形外管嘴。水流入管嘴在距进口不远处,形成收缩断面 $c - c$,在收缩断面处主流与壁面脱离,形成漩涡区,其后水流逐渐扩大,在管嘴出口断面满管出流,如图 6.7 所示。

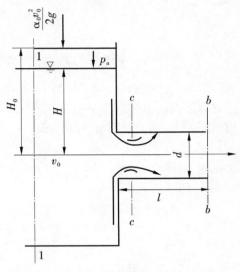

图 6.7　管嘴出流

设一开口容器,水通过管嘴自由出流,以通过管嘴中心线所在的平面为基准面,列容器内过流断面 1–1 断面和管嘴出口断面 $b - b$ 的伯努利方程,得

$$H + \frac{\alpha_0 v_0^2}{2g} = 0 + \frac{\alpha v^2}{2g} + h_w$$

因为管嘴较短,沿程水头损失可以忽略,水头损失 h_w 中只有局部水头损失

$$h_w = h_j = \zeta_n \frac{v^2}{2g}$$

令 $H_0 = H + \frac{\alpha_0 v_0^2}{2g}$,代入上式,整理得管嘴出流流速

$$v = \frac{1}{\sqrt{\alpha + \zeta_n}} \sqrt{2gH_0} = \varphi_n \sqrt{2gH_0} \tag{6.8}$$

式中　ζ_n——管嘴局部水头损失系数,相当于管道直角进口的局部损失系数,$\zeta_n = 0.5$;

H_0——作用水头,$H_0 = H + \frac{\alpha_0 v_0^2}{2g}$,当 $v_0 \approx 0$ 时,$H_0 = H$;

φ_n——管嘴的流速系数,$\varphi_n = \frac{1}{\sqrt{\alpha + \zeta_n}} = \frac{1}{\sqrt{1 + 0.5}} = 0.82$。

通过管嘴的流量

$$Q = vA = \varphi_n A \sqrt{2gH_0} = \mu_n A \sqrt{2gH_0} \qquad (6.9)$$

式中 μ_n ——圆柱形外管嘴的流量系数,因为管嘴为满管出流,水流基本上不发生收缩,所以流量系数 $\mu_n = \varphi_n = 0.82$。

比较孔口出流公式 $Q = \mu A \sqrt{2gH_0}$ 和管嘴出流公式 $Q = \mu_n A \sqrt{2gH_0}$,可以看出:两个公式在形式上完全相同,所不同的是流量系数不同:$\mu = 0.62$,$\mu_n = 0.82$,$\mu_n = 1.32\mu$。因此,与孔口出流相比,在相同的水头作用下,过流断面面积相同时,管嘴的过流能力是孔口过流能力的 1.32 倍。

6.2.3 圆柱形管嘴内收缩断面处的真空

孔口外面接上管嘴以后,增加了水头损失,流量不减,反而增加。究其原因,就在于管嘴在收缩断面处存在真空,对容器内的流体产生抽吸作用。

列收缩断面 $c-c$ 与出口断面 $b-b$ 之间的伯努利方程

$$\frac{p_c}{\rho g} + \frac{\alpha_c v_c^2}{2g} = \frac{p_a}{\rho g} + \frac{\alpha v^2}{2g} + \zeta_{se} \frac{v^2}{2g}$$

整理得到

$$\frac{p_a - p_c}{\rho g} = \frac{\alpha_c v_c^2}{2g} - \frac{\alpha v^2}{2g} - \zeta_{se} \frac{v^2}{2g}$$

根据连续性方程 $v_c A_c = vA$ 得到

$$v_c = \frac{A}{A_c} v = \frac{1}{\varepsilon} v$$

局部水头损失主要发生在主流扩大上,根据局部水头损失系数的计算公式,在主流上的局部水头损失为

$$\zeta_{se} = \left(\frac{A}{A_c} - 1 \right)^2 = \left(\frac{1}{\varepsilon} - 1 \right)^2$$

$$\frac{p_v}{\rho g} = \left[\frac{\alpha_c}{\varepsilon^2} - \alpha - \left(\frac{1}{\varepsilon} - 1 \right)^2 \right] \frac{v^2}{2g} == \left[\frac{\alpha_c}{\varepsilon^2} - \alpha - \left(\frac{1}{\varepsilon} - 1 \right)^2 \right] \varphi_n^2 H_0$$

将 $\alpha_c = \alpha = 1$,$\varepsilon = 0.64$,$\varphi_n = 0.82$ 代入上式,得到收缩断面的真空高度

$$h_v = \frac{p_v}{\rho g} = 0.75 H_0 \qquad (6.10)$$

比较孔口自由出流和管嘴自由出流,会发现孔口自由出流的收缩断面在大气中,而圆柱形外管嘴自由出流的收缩断面为真空区,收缩断面处的真空高度达作用水头的 0.75 倍,圆柱形外管嘴的作用相当于把孔口自由出流的作用水头增大 0.75 倍。这正是圆柱形外管嘴自由出流的流量比孔口自由出流的流量大的原因。

6.2.4 圆柱形外管嘴的正常工作条件

6.2.4.1 作用水头

从公式 $h_v = 0.75 H_0$ 可知,作用水头 H_0 越大,收缩断面的真空高度也越大,增大管嘴

内收缩断面的真空高度可以使流量增大,提高泄流效率。但是实际上,收缩断面的真空高度不能无限增大,当收缩断面的真空高度超过 7 m 水柱时,空气将会从管嘴出口断面吸入,使得收缩断面的真空被破坏,管嘴不能保持满管出流。为了保证管嘴的正常出流,真空高度必须控制在 7 m 水柱以下。为了限制收缩断面的真空高度 $h_v = \dfrac{p_v}{\rho g} \leq 7$ m,规定管嘴作用水头的限值 $[H_0] = \dfrac{7}{0.75} = 9.3$ m ≈ 9 m。这是圆柱形外管嘴正常工作条件之一。

6.2.4.2   管嘴长度

管嘴的长度是保证管嘴正常出流的条件之一,管嘴出流对管嘴的长度也有一定的要求。管嘴长度过短,则流束在管嘴内收缩后来不及扩大到整个出口断面,不能阻断空气进入,收缩断面不能形成真空,管嘴不能发挥作用,管嘴内的流动变为孔口自由出流,而呈非满管出流,出流能力降低;反之管嘴长度过长,则沿程水头损失不能忽略,管嘴出流变为短管出流,出流能力降低,失去管嘴的作用。因此,一般取管嘴长度 $l = (3 \sim 4)d$。

归结起来,圆柱形外管嘴自由出流的正常工作条件是:

(1)作用水头 $H_0 \leq 9$ m;

(2)管嘴长度 $l = (3 \sim 4)d$。

【例 6.2】   圆柱形储水罐(图 6.8),直径 $D = 2$ m,储水深 $H = 2.5$ m,距罐底 0.25 m 处装有一直径 $d = 0.05$ m 的圆柱形外管嘴,试求水位恒定时,10 min 的出水量。

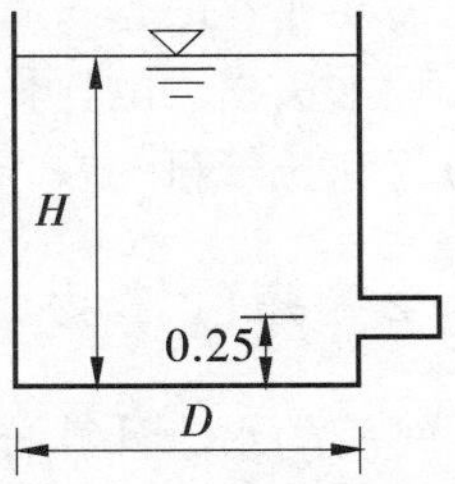

【解】   水位恒定,10 min 出水量,按圆柱形外管嘴自由出流计算:

$$Q = \mu_n A \sqrt{2gH_0}$$

式中 $\mu_n = 0.82$;$A = \dfrac{\pi}{4}d^2 = \dfrac{\pi}{4} \times 0.05^2 = 19.63 \times 10^{-4}$ m^2;

$$H_0 = H - 0.25 = 2.50 - 0.25 = 2.25 \text{ m}$$

代入上式,得

$$Q = 0.82 \times 19.63 \times 10^{-4} \times \sqrt{2 \times 9.8 \times 2.25} = 10.69 \times 10^{-3} \text{ m}^3/\text{s}$$

10 min 出水量

$$V = Qt = 10.69 \times 10^{-3} \times 10 \times 60 = 6.414 \text{ m}^3$$

图 6.8   储水罐管嘴出流

6.3   短管水力计算

6.3.1   有压管流

在工程实际中,为了输送流体,常常设置各种有压管道,例如日常生活中的供水管网、煤气管道、通风管道等。这类管道的特点是:整个断面都被流体所充满,管道内流体没有自由液面,断面的周界就是湿周,管道周界上各点均受到流体压强(一般不等于大气压强,可能高于也可能低于大气压强,相对压强不等于零)的作用,这种管道称为有压管道。流体在有压管道中的流动叫作有压管流。

当输送液体的管道中没有被液体所充满,管道内存在自由液面,自由液面上为大气压强,液流为无压流动,这种管道称为无压涵管。

若有压管流的运动要素不随时间变化,称为恒定有压管流;若有压管流的运动要素随时间而发生变化,则称为非恒定有压管流。

实际工程中的管道,根据管线布置情况可以分为简单管道和复杂管道。简单管道是指沿程管径不变且无分叉的单根管道。复杂管道是指由两根或两根以上的简单管道所组成的管道系统。简单管道是最常见的管道,是复杂管道的基本组成部分,其水力计算方法是各种管道水力计算的基础。

由于有压管流沿程具有一定的长度,水头损失包括沿程水头损失和局部水头损失。工程上为了简化计算,按这两类水头损失在全部损失中所占的比重大小,将管道分为长管和短管。

长管是指管道中的水头损失以沿程水头损失为主,局部水头损失和流速水头在总水头损失中所占比重很小,在计算中可以忽略不计或按沿程损失的某一百分数估算仍能满足工程要求的管道。短管是指水头损失中,局部水头损失和和沿程水头损失都占相当的比重,计算时两者都不能忽略的管道。

需要注意的是长管和短管的定义并不是由其几何长度决定的,而是由局部水头损失和沿程水头损失的比例来决定的,不能简单地用管道的绝对长度来区分长管与短管。划分短管和长管目的在于使长管的水力计算得到简化,从而为管网水力计算创造条件。

6.3.2   短管水力计算

短管的水力计算分为自由出流和淹没出流两种情况。

6.3.2.1   自由出流

设自由出流短管(图6.9),水箱水位恒定,以管道出口断面2-2形心所在的水平面为基准面,选取水箱内过流断面1-1,列1-1断面和2-2断面之间的伯努利方程

$$H + \frac{\alpha_0 v_0^2}{2g} = \frac{\alpha v^2}{2g} + h_w$$

令 $H_0 = H + \dfrac{\alpha_0 v_0^2}{2g}$,则有

$$H_0 = \frac{\alpha v^2}{2g} + h_w \qquad (6.11)$$

式中 H_0 称为作用水头,$H_0 = H + \dfrac{\alpha_0 v_0^2}{2g}$,$H$ 为出口断面形心与上游水面的高差,当 $v_0 \approx 0$ 时,$H_0 \approx H$。

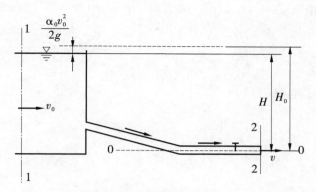

图6.9 短管自由出流

式(6.11)表明:有压管道自由出流的作用水头 H_0 除了用于克服水头损失以外,另一部分转化成了流体的动能 $\frac{\alpha v^2}{2g}$ 而射入空气。

由水头损失计算公式

$$h_w = \sum h_f + \sum h_j = \left(\sum \lambda \frac{l}{d} + \sum \zeta\right)\frac{v^2}{2g} = \zeta_c \frac{v^2}{2g}$$

式中　$\zeta_c = \sum \lambda \dfrac{l}{d} + \sum \zeta$ 称为简单短管的总水头损失系数。

将 $h_w = \zeta_c \dfrac{v^2}{2g}$ 代入式(6.11)得到

出口断面平均流速

$$v = \frac{1}{\sqrt{\alpha + \zeta_c}}\sqrt{2gH_0} = \varphi_c \sqrt{2gH_0} \tag{6.12}$$

式中　φ_c ——简单短管的流速系数。

短管自由出流流量

$$Q = vA = \varphi_c A\sqrt{2gH_0} = \mu_c A\sqrt{2gH_0} \tag{6.13}$$

式中　$\mu_c = \varphi_c = \dfrac{1}{\sqrt{\alpha + \zeta_c}}$ 称为简单短管自由出流的流量系数。

6.3.2.2 淹没出流

以下游自由液面为基准面,选取上游自由液面为1—1断面,下游自由液面为2—2断面(图6.10)。列1—1断面和2—2断面之间的能量方程

$$H + 0 + \frac{\alpha_1 v_1^2}{2g} = 0 + 0 + \frac{\alpha_2 v_2^2}{2g} + h_w$$

令 $H_0 = H + \dfrac{\alpha_1 v_1^2}{2g} - \dfrac{\alpha_2 v_2^2}{2g}$,则有

$$H_0 = h_w \tag{6.14}$$

式中 H_0 称为作用水头,当 $v_1 \approx 0$, $v_2 \approx 0$ 时, $H_0 = H$。

式(6.14)表明:简单短管淹没出流,作用水头 H_0 完全用于克服管道的水头损失 h_w。

由 $h_w = \sum h_f + \sum h_j = \left(\sum \lambda \dfrac{l}{d} + \sum \zeta \right) \dfrac{v_2^2}{2g} = \zeta_c \dfrac{v_2^2}{2g}$ 得到

短管淹没出流的平均流速

$$v_2 = \frac{1}{\sqrt{\zeta_c}} \sqrt{2gH_0} = \varphi_c \sqrt{2gH_0} \tag{6.15}$$

式中 $\zeta_c = \sum \lambda \dfrac{l}{d} + \sum \zeta$ 称为短管淹没出流的总水头损失系数; $\varphi_c = \dfrac{1}{\sqrt{\zeta_c}}$ 称为短管淹没出流的流速系数。

短管淹没出流流量

$$Q = v_2 A = \varphi_c A \sqrt{2gH_0} = \mu_c A \sqrt{2gH_0} \tag{6.16}$$

式中 $\mu_c = \dfrac{1}{\sqrt{\zeta_c}}$ 称为短管淹没出流流量系数。

比较短管自由出流的流量系数 $\mu_c = \varphi_c = \dfrac{1}{\sqrt{\alpha + \zeta_c}}$ 和淹

没出流的流量系数 $\mu_c = \varphi_c = \dfrac{1}{\sqrt{\zeta_c}}$,会发现:它们的计算公式

不同,但数值是相等的。因为淹没出流时,计算公式的分母上虽然比自由出流少了一项 α(通常取 $\alpha = 1$),但淹没出流的 $\sum \zeta$ 中比自由出流的 $\sum \zeta$ 多一个出口局部水头损失系

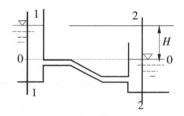

图 6.10   短管淹没出流

数 ζ_0,在淹没出流情况下, $\zeta_0 = 1$。因此,其他条件相同时,两者的 μ_c 值实际上是相等的。两者流量计算的差别主要体现于作用水头的不同,短管自由出流的作用水头 H_0 为出口断面形心点到自由液面的水头,而淹没出流的作用水头 H_0 则为上、下游过流断面总水头的差值。

6.3.3   短管水力计算的基本类型

由短管水力计算的基本公式 $Q = \mu_c A \sqrt{2gH_0}$ 可知,公式中存在三种类型的变量:作用水头 H_0,流量 Q,管道参数(l、d、λ 、$\sum \zeta$ 等)。因此,有压短管恒定流的水力计算,主要有以下几种类型。

第 1 类:已知作用水头、管道长度、直径、管道材料及局部水头损失组成,求管中的流量。这类问题多属于校核问题,可以应用上述有关公式直接进行求解。

计算方法:由基本公式 $Q = \mu_c A \sqrt{2gH_0}$ 分析,式中 $\mu_c = f(\lambda)$, $\lambda = f(Re)$, $Re = f(v)$, $v = f(Q)$,可见流量系数 μ_c 与待求的流量 Q 有关,需要采用迭代法求解。

迭代步骤:①假设 λ_1;②计算相应的流量系数 μ_c、流量 Q、流速 v 及雷诺数 Re;③判断流区,采用适当的公式计算 λ_2;④若 $\lambda_1 = \lambda_2$,则假设 λ_1 正确,相应的 Q 即为所求之流

量；若 $\lambda_1 \neq \lambda_2$，则重复上述步骤，直到两次计算的 λ 值之差满足误差要求为止。

第2类：已知管中流量、管道长度、直径、管道材料及局部水头损失组成，求管道的作用水头。这类问题多属于设计问题，可以应用上述有关公式直接进行求解。

计算方法：根据公式直接进行求解。

$$H_0 = \left(\frac{Q}{\mu_c A}\right)^2 \frac{1}{2g} = \frac{1}{\mu_c^2} \frac{v^2}{2g} ; \quad h_w = \left(\sum \lambda \frac{l}{d} + \sum \zeta\right) \frac{1}{2g} \left(\frac{4Q}{\pi d^2}\right)^2$$

$$= \left(\sum \lambda \frac{l}{d} + \sum \zeta\right) \frac{8Q^2}{g \pi^2 d^4}$$

第3类：已知流量、作用水头、管道长度、管道材料及局部水头损失组成，求管道直径。即已知管线布置（l，$\sum \zeta$），要确定输送一定流量 Q，所需要的断面尺寸 d。这时可能出现下述两种情况：

（1）已知过流能力 Q，管长 l，管道布置 $\sum \zeta$ 及作用水头 H_0，求管径 d。

计算方法：由短管流量计算公式 $Q = \mu_c A \sqrt{2gH_0}$ 可得

$$d = \sqrt{\frac{4Q}{\mu_c \pi \sqrt{2gH_0}}}$$

因为 $\mu_c = \dfrac{1}{\sqrt{\alpha + \sum \lambda \dfrac{l}{d} + \sum \zeta}}$，与 d 有关，所以 d 需要采用迭代法计算。

迭代步骤：①假设 d_1；②求出相应的 μ_c 和 d_2；③与假设值 d_1 比较，若 $d_1 = d_2$，则假设正确，d_1 为所求管径；若 $d_1 \neq d_2$，则重复上述步骤，直至 $d_1 = d_2$。

在进行实际工程设计时，一般先根据流量要求和经济流速来计算管径，然后选择相应的标准管径。

（2）已知管道的过流能力 Q 及管长 l，管道布置 $\sum \zeta$，要求选定所需的管径 d 与相应的作用水头 H_0。这是工程实际中有压管流水力计算最常见的一种类型，即供流管路系统设计。在这种情况下，一般是从技术和经济条件综合考虑选定管道直径。

1）管道使用的技术要求　流量一定的条件下，管径的大小与流速有关。若管内流速过大，可能由于水击作用而使管道遭到破坏；对挟带泥沙的管流，流速又不宜过小，以免泥沙沉积。

一般情况下，给水管道中的流速不应大于 $2.5 \sim 3.0$ m/s，不应小于 0.25 m/s。水电站引水管中流速不宜超过 $5 \sim 6$ m/s。

2）管道的经济效益　若采用的管径较小，则管道造价低；但流速增大，水头损失增大，抽水耗费的电能也增加。反之，若采用较大的直径，则管内流速小，水头损失减小，运转费用也较小，但管道的造价增高。因此重要的管道，应选择几个方案进行技术经济比较，使管道投资与运转费用的总和最小，这样的流速称为经济流速，其相应的管径称为经济管径。

对于一般的给水管道，$d = 100 \sim 400$ mm 时，经济流速 $v = 0.6 \sim 1.0$ m/s；$d > 400$ mm 时，经济流速 $v = 1.0 \sim 1.4$ m/s。水电站压力隧洞的经济流速为 $2.5 \sim 3.5$ m/s；压力钢管

的经济流速为 $3 \sim 4$ m/s。

当根据技术要求及经济条件选定管道的流速后,管道直径即可由下式求得

$$d = \sqrt{\frac{4Q}{\pi v}}$$

管道直径确定后,通过已知流量所需的作用水头。

$$h_w = \left(\sum \lambda \frac{l}{d} + \sum \zeta \right) \frac{1}{2g} \left(\frac{4Q}{\pi d^2} \right)^2 = \left(\sum \lambda \frac{l}{d} + \sum \zeta \right) \frac{8Q^2}{g \pi^2 d^4} ; \quad H_0 = \left(\frac{Q}{\mu_c A} \right)^2 \frac{1}{2g} = \frac{1}{\mu_c^2} \frac{v^2}{2g}$$

【例 6.3】 圆形有压涵管(图 6.11),管长 $l = 50$ m,上、下游水位差 $H = 2.5$ m,涵管为钢筋混凝土管,各局部阻碍的水头损失系数:进口 $\zeta_e = 0.5$,转弯 $\zeta_b = 0.55$,出口 $\zeta_0 = 1$,通过流量 $Q = 2.9$ m³/s,计算所需管径。

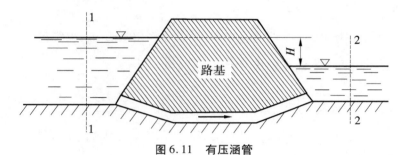

图 6.11 有压涵管

【解】 取上、下游过流断面 1—1、2—2 列伯努利方程,忽略上、下游流速,得到

$$H = h_w = \left(\lambda \frac{l}{d} + \zeta_e + 2\zeta_b + \zeta_0 \right) \frac{1}{2g} \left(\frac{4Q}{\pi d^2} \right)^2$$

式中 λ 与直径 d 有关,为使求解简化,设 $\lambda = 0.02$ 代入前式,化简得到

$$2.5 d^5 - 1.81 d - 0.696 = 0$$

用试算法求 d,设 $d = 1.0$ m 代入上式

$$2.5 \times 1.0^5 - 1.81 \times 1 - 0.696 \approx 0$$

采用管径 $d = 1.0$ m

验算试算结果

按 $d = 1.0$ m,计算 $Re = \frac{vd}{v} = \frac{3.69 \times 1}{1.31 \times 10^{-6}} = 2.82 \times 10^6$

对于钢筋混凝土管,$k_s = 1.0$ mm,$\frac{k_s}{d} = \frac{1}{1\,000} = 0.001$

$\lambda = 0.11 \left(\frac{k_s}{d} \right)^{0.25} = 0.11 \times 0.001^{0.25} = 0.019\,56 \approx 0.02$,与所设 λ 值相符,计算结果成立。

6.4 长管水力计算

在长管的水力计算中,根据管道系统的不同特点,可以分为简单管道与复杂管道。而

复杂管道又分为串联管道、并联管道、沿程均匀泄流管道及管网等。

6.4.1　简单长管自由出流水力计算

如图 6.12 所示，由水箱引出简单管道，长度为 l，直径为 d。

以出口断面 2-2 形心所在的水平面为基准面，1-1 断面选在自由液面上，自由液面到基准面的距离为 H，列 1-1 断面和 2-2 断面之间的列伯努利方程，得到

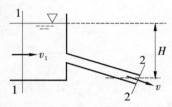

图 6.12　简单长管自由出流

$$H + 0 + \frac{\alpha_1 v_1^2}{2g} = 0 + 0 + \frac{\alpha_2 v^2}{2g} + h_f + h_j$$

$v_1 \approx 0$，对于长管来说，$\left(\dfrac{\alpha_2 v^2}{2g} + h_j\right) \ll h_f$，可以忽略不计，所以

$$H = h_w = h_f = \lambda \frac{l}{d} \frac{v^2}{2g} \tag{6.17}$$

式(6.17)表明：对于简单长管自由出流，全部作用水头都消耗于沿程水头损失，总水头线是连续下降的直线，并与测压管水头线重合。

设管道直径为 d，流量为 Q，断面平均流速 $v = \dfrac{Q}{A} = \dfrac{4Q}{\pi d^2}$，将 $v = \dfrac{4Q}{\pi d^2}$ 代入 $H = \lambda \dfrac{l}{d} \dfrac{v^2}{2g}$ 化简之后，得到

$$H = \frac{8\lambda}{g \pi^2 d^5} l Q^2 = a l Q^2 = S Q^2 \tag{6.18}$$

式中　a —— 管道的比阻，它表示单位流量通过单位长度管道所需要的水头。

$$a = \frac{8\lambda}{g \pi^2 d^5} \tag{6.19}$$

比阻 a 反映了管道流动阻力的大小，流动阻力越大，比阻越大。比阻 a 取决于管道直径 d 和沿程水头损失系数 λ，$a = f(\lambda, d)$，比阻的单位是 s^2/m^6。

S —— 管道的综合阻力系数，简称阻抗，单位是 s^2/m^5。

$$S = a l = \frac{8\lambda l}{g \pi^2 d^5} \tag{6.20}$$

通过第 5 章的学习知道，沿程水头损失系数 λ 的计算公式非常多，有的计算公式虽然较精确，但是使用并不方便，土建工程中多使用谢才公式和舍维列夫公式。

在水利、交通运输等工程中，流体一般在紊流粗糙区工作，常采用谢才公式进行分析计算。

由谢才公式 $v = C\sqrt{RJ} = C\sqrt{R \cdot \dfrac{h_f}{l}}$，得到

$$h_f = \frac{v^2 l}{C^2 R} \tag{6.21}$$

将 $h_f = \dfrac{v^2 l}{C^2 R}$ 代入 $H = h_f = \lambda \dfrac{l}{d} \dfrac{v^2}{2g}$，有

$$H = \frac{v^2 l}{C^2 R} = \frac{1}{C^2 R A^2} l Q^2 \tag{6.22}$$

从而

$$a = \frac{1}{C^2 R A^2} \tag{6.23}$$

将曼宁公式 $C = \frac{1}{n} R^{\frac{1}{6}}$，$R = \frac{d}{4}$，$A = \frac{\pi}{4} d^2$ 代入式(6.23)，得

$$a = \frac{10.3 n^2}{d^{5.33}} \tag{6.24}$$

　　在给排水工程中，常按舍维列夫公式求比阻，该公式适用于钢管与铸铁管。管内流速 $v < 1.2 \text{ m/s}$ 时，属于紊流过渡区，$\lambda = \frac{0.017\ 9}{d^{0.3}} \left(1 + \frac{0.867}{v}\right)^{0.3}$，其比阻为

$$a = 0.852 \left(1 + \frac{0.867}{v}\right)^{0.3} \left(\frac{0.001\ 736}{d^{5.3}}\right) \tag{6.25}$$

管内流速 $v \geqslant 1.2 \text{ m/s}$ 时，属于紊流粗糙区，$\lambda = \frac{0.021}{d^{0.3}}$，其比阻为

$$a = \frac{0.001\ 736}{d^{5.3}} \tag{6.26}$$

水管通用比阻计算见表6.2。

表 6.2　水管通用比阻计算表

水管直径/mm	比阻 $a / (\text{s}^2/\text{m}^6)$		
	$n = 0.012$	$n = 0.013$	$n = 0.014$
75	1 480	1 740	2 010
100	319	375	434
150	36.7	43.0	49.9
200	7.92	9.30	10.8
250	2.41	2.83	3.28
300	0.911	1.07	1.24
350	0.401	0.471	0.545
400	0.196	0.230	0.267
450	0.105	0.123	0.143
500	0.059 8	0.070 2	0.081 5
600	0.022 6	0.026 5	0.030 7
700	0.009 93	0.011 7	0.013 5
800	0.004 87	0.005 73	0.006 63
900	0.002 60	0.003 05	0.003 54
1 000	0.001 48	0.001 74	0.002 01

在管道计算中,有时为了简化计算过程,常将局部水头损失折算成沿程水头损失,即把局部损失折合成具有同一沿程损失的管段,这个管段长度称为等值长度,即令

$$\sum \zeta \frac{v^2}{2g} = \lambda \frac{l'}{d} \frac{v^2}{2g}$$

从而得等值长度为 $l' = \frac{d}{\lambda} \sum \zeta$ 。

式中 $\sum \zeta$ 为局部水头损失系数之和; λ 为沿程水头损失系数; d 为管道直径。

【例6.4】 如图 6.13 所示,由水塔向工厂供水,采用铸铁管。已知工厂用水量 $Q = 280 \ \text{m}^3/\text{h}$,管道总长 $l = 2\ 500 \ \text{m}$,管径 $d = 300 \ \text{mm}$ 。水塔处地形标高 $\nabla_1 = 61 \ \text{m}$,工厂地形标高 $\nabla_2 = 42 \ \text{m}$,管道末端需要的自由水头 $H_2 = 25 \ \text{m}$,求水塔水面距底面高度 H_1 。

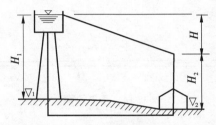

图 6.13 水塔供水系统示意图

【解】 以水塔水面作为 1—1 断面,管路末端为 2—2 断面,列 1—1 断面和 2—2 断面的伯努利方程

$$(H_1 + \nabla_1) + 0 + 0 = \nabla_2 + H_2 + 0 + h_f$$

由上式得到水塔高度

$$H_1 = (\nabla_2 + H_2) - \nabla_1 + h_f$$

$$h_f = H = alQ^2$$

因为 $v = \dfrac{4Q}{\pi d^2} = \dfrac{4 \times \dfrac{280}{3\ 600}}{\pi \times 0.3^2} = 1.10 \ \text{m/s} < 1.2 \ \text{m/s}$,说明管流处于紊流过渡区

$$a = 0.852 \left(1 + \frac{0.867}{v}\right)^{0.3} \left(\frac{0.001\ 736}{d^{5.3}}\right)$$

$$a = 0.852 \times \left(1 + \frac{0.867}{1.10}\right)^{0.3} \times \left(\frac{0.001\ 736}{0.3^{5.3}}\right) = 1.04 \ \text{s}^2/\text{m}^6$$

$$h_f = alQ^2 = 1.04 \times 2\ 500 \times \left(\frac{280}{3\ 600}\right)^2 = 15.73 \ \text{m}$$

则水塔高度为

$$H_1 = (\nabla_2 + H_2) - \nabla_1 + h_f = 42 + 25 - 61 + 15.73 = 21.73 \ \text{m}$$

6.4.2 复杂长管的水力计算

工程中常常需要建造由几条不同直径、不同长度的管段按各种方式组合而成的复杂

管道。一切复杂管道都可以由两种基本类型管道:串联管道和并联管道组合而成。

6.4.2.1　串联管道

由不同直径的管段顺序连接而成的管道称为串联管道,如图 6.14 所示。串联管道中,两管段的连接点称为节点。串联管道适用于沿程向几处输水,经过一段距离便有流量分出,随着沿程流量的减少,所采用的管道直径也相应减小的情况。

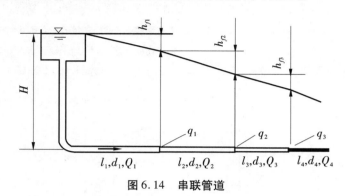

图 6.14　串联管道

串联管道的计算原理是依据伯努利方程和连续性方程。设串联管道,各管段的长度分别为 l_1, l_2, l_3,$\cdots$,直径为 d_1, d_2, d_3,$\cdots$,通过流量为 Q_1, Q_2, Q_3,$\cdots$,节点分出流量为 q_1, q_2, q_3,$\cdots$。

根据伯努利方程,有

$$H = \frac{v^2}{2g} + \sum_{i=1}^{n} h_{fi} + \sum_{i=1}^{m} h_{ji}$$

式中　h_f 为管道沿程损失; h_j 为管道局部损失。

根据连续性方程,各管段流量为

$$\begin{cases} Q_1 = Q_2 + q_1 \\ Q_2 = Q_3 + q_2 \\ Q_i = Q_{i+1} + q_i \end{cases}$$

当不考虑局部水头损失时,串联管道的总水头损失等于各管段沿程水头损失之和

$$H = \sum_{i=1}^{n} h_{fi} = \sum_{i=1}^{n} a_i l_i Q_i^2 = \sum_{i=1}^{n} S_i Q_i^2 \tag{6.27}$$

当节点没有流量分出,通过各管段的流量相等,即 $Q_1 = Q_2 = \cdots = Q$,则有

$$H = Q^2 \sum_{i=1}^{n} a_i l_i = Q^2 \sum_{i=1}^{n} S_i \tag{6.28}$$

串联管道的水头线是一条折线,这是因为各管段的水力坡度不相等的原因。串联管道的计算问题通常是求水头 H 、流量 Q 及确定管道直径 d 。

【例 6.5】　如图 6.15 所示由铸铁管组成的串联管道,已知节点分流流量为 $q_1 = 15\ \text{L/s}$, $q_2 = 10\ \text{L/s}$, $Q_3 = 5\ \text{L/s}$,管道直径 $d_1 = 200\ \text{mm}$, $d_2 = 150\ \text{mm}$, $d_3 = 100\ \text{mm}$,管长 $l_1 =$

500 m，$l_2 = 400 \text{ m}$，$l_3 = 300 \text{ m}$，要求 d 点的自由水头为 $H_d = 10 \text{ m}$，试求管道进口 a 点的测压管水头 H_a。

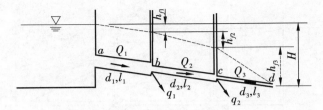

图 6.15　串联管道水力计算

【解】

根据节点连续性方程，可以得到

$$Q_2 = Q_3 + q_2 = 0.005 + 0.01 = 0.015 \text{ L/s}$$
$$Q_1 = Q_2 + q_1 = 0.015 + 0.015 = 0.03 \text{ L/s}$$

根据连续性方程 $v = \dfrac{4Q}{\pi d^2}$ 得

$$v_1 = \frac{4Q_1}{\pi d_1^2} = \frac{4 \times 0.03}{\pi \times 0.2^2} = 0.95 \text{ m/s}$$

$$v_2 = \frac{4Q_2}{\pi d_2^2} = \frac{4 \times 0.015}{\pi \times 0.15^2} = 0.85 \text{ m/s}$$

$$v_3 = \frac{4Q_3}{\pi d_3^2} = \frac{4 \times 0.005}{\pi \times 0.1^2} = 0.64 \text{ m/s}$$

由此可见各段管中的流速都小于 1.2 m/s，属于紊流过渡区，采用比阻公式

$$a = 0.852 \left(1 + \frac{0.867}{v}\right)^{0.3} \left(\frac{0.001\,736}{d^{5.3}}\right)$$

$$a_1 = 0.852 \left(1 + \frac{0.867}{v_1}\right)^{0.3} \left(\frac{0.001\,736}{d_1^{5.3}}\right) = 0.852 \left(1 + \frac{0.867}{0.95}\right)^{0.3} \left(\frac{0.001\,736}{0.2^{5.3}}\right) = 9.10 \text{ s}^2/\text{m}^6$$

$$a_2 = 0.852 \left(1 + \frac{0.867}{v_2}\right)^{0.3} \left(\frac{0.001\,736}{d_2^{5.3}}\right) = 0.852 \left(1 + \frac{0.867}{0.85}\right)^{0.3} \left(\frac{0.001\,736}{0.15^{5.3}}\right) = 42.49 \text{ s}^2/\text{m}^6$$

$$a_3 = 0.852 \left(1 + \frac{0.867}{v_3}\right)^{0.3} \left(\frac{0.001\,736}{d_3^{5.3}}\right) = 0.852 \left(1 + \frac{0.867}{0.64}\right)^{0.3} \left(\frac{0.001\,736}{0.1^{5.3}}\right) = 381.57 \text{ s}^2/\text{m}^6$$

管道进口 a 点的测压管水头

$$H_a = H + H_d = \sum_{i=1}^{3} a_i l_i Q_i^2 + H_d$$
$$= (9.10 \times 500 \times 0.03^2 + 42.49 \times 400 \times 0.015^2 + 381.57 \times 300 \times 0.005^2)$$
$$= 10.78 + 10 = 20.78 \text{ m}$$

6.4.2.2　并联管道

并联管道是指两根或两根以上的管道在同一处分开，又在另一处汇合而成的管道，如

图 6.16 所示。并联管道主要用于提高管道的可靠性或两节点间增设新管道以提高输流能力。并联管道一般按长管计算。

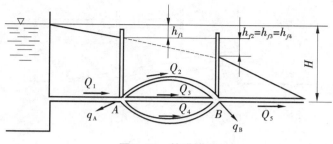

图 6.16　并联管道

并联管道的计算原理仍然是伯努利方程和连续性方程,其主要水力特征如下:

(1)并联管道中各并联管段单位重量流体所产生的水头损失相等,即

$$h_f = h_{f2} = h_{f3} = h_{f4} \tag{6.29}$$

如图 6.16 所示,节点 A、B 间由 3 根管道并联,A 点、B 点为各并联管段的共同节点,无论对哪一根管道来说,水流运动要素的断面平均值 v,p,z 等都是单值的,如果在 A 点和 B 点安放测压管,A 点、B 点各有且只有一个测压管水头,A、B 间只可能有一个测压管水头差。所以单位重量的流体通过 A、B 间任何一条管道,所损失的机械能相等,即

$$h_f = h_{f2} = h_{f3} = h_{f4}$$

按长管计算,则有

$$h_f = a_2 l_2 Q_2^2 = a_3 l_3 Q_3^2 = a_4 l_4 Q_4^2 \tag{6.30}$$

$$h_f = S_2 Q_2^2 = S_3 Q_3^2 = S_4 Q_4^2 \tag{6.31}$$

需要指出的是:并联管道的水头损失相等,是指单位重量流体由节点 A 通过并联管道 2、3、4 当中任意一根管道流至节点 B,水头损失都相等,并不等于说各管段上的总能量损失相等。在一般情况下,由于各并联管道的长度、直径和粗糙率不同,通过的流量也不相等,因此,各并联管道的总能量损失并不相等,流量大的总机械能损失也大。

(2)总管道的流量等于各并联管道流量之和,即

$$Q_1 = q_A + Q_2 + Q_3 + Q_4$$

$$Q_2 + Q_3 + Q_4 = q_B + Q_5$$

(3)并联各管段的流量分配与各管段阻抗的平方根成反比。

$$Q_2 = \frac{\sqrt{h_{f2}}}{\sqrt{S_2}} = \frac{\sqrt{H}}{\sqrt{S_2}},\ Q_3 = \frac{\sqrt{h_{f3}}}{\sqrt{S_3}} = \frac{\sqrt{H}}{\sqrt{S_3}},\ Q_4 = \frac{\sqrt{h_{f4}}}{\sqrt{S_4}} = \frac{\sqrt{H}}{\sqrt{S_4}} \tag{6.32}$$

$$Q_2 : Q_3 : Q_4 = \left(\frac{1}{\sqrt{S_2}}\right) : \left(\frac{1}{\sqrt{S_3}}\right) : \left(\frac{1}{\sqrt{S_4}}\right) \tag{6.33}$$

一般情况下,干管流量 Q 与各并联管段流量 Q_i 的关系式为

$$Q_i = Q\sqrt{\frac{S}{S_i}} \tag{6.34}$$

其中

$$\frac{1}{\sqrt{S}} = \sum_{i=1}^{n} \frac{1}{\sqrt{S_i}} = \frac{1}{\sqrt{S_1}} + \frac{1}{\sqrt{S_2}} + \cdots + \frac{1}{\sqrt{S_n}} \tag{6.35}$$

式中　　Q_i、S_i ——分别为第 i 个管段中的流量及阻抗;

　　　　S ——并联管段系统的阻抗。

【例 6.7】　如图 6.17 为并联输水管道,已知主干管流量 $Q = 0.07$ m³/s,并联管段均为铸铁管,直径 $d_1 = d_3 = 100$ mm, $d_2 = 150$ mm,管长 $l_1 = l_3 = 200$ m, $l_2 = 150$ m,试求各并联管段的流量及 AB 间的水头损失。

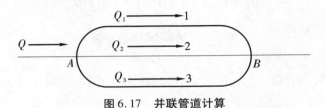

图 6.17　并联管道计算

【解】　各并联管段的比阻:

$$a_1 = a_3 = \frac{10.3 \times 0.013^2}{0.1^{5.33}} = 375 \text{ s}^2/\text{m}^6 \text{ , } a_2 = \frac{10.3 \times 0.013^2}{0.15^{5.33}} = 43.0 \text{ s}^2/\text{m}^6$$

阻抗: $S_1 = S_3 = a_1 l_1 = 375 \times 200 = 75\,000$ s²/m⁵; $S_2 = a_2 l_2 = 43.0 \times 150 = 6\,450$ s²/m⁵

$$S_1 Q_1^2 = S_2 Q_2^2 = S_3 Q_3^2$$

$$Q_2 = \sqrt{\frac{S_1}{S_2}} Q_1 = \sqrt{\frac{75\,000}{6\,450}} Q_1 = 3.41 Q_1 \text{ ; } Q_3 = Q_1$$

根据节点流量平衡,则有

$$Q = Q_1 + Q_2 + Q_3 = Q_1 + 3.41 Q_1 + Q_1 = 5.41 Q_1$$

$$Q_1 = Q_3 = \frac{Q}{5.41} = \frac{0.07}{5.41} = 0.013 \text{ m}^3/\text{s}$$

$$Q_2 = 3.41 Q_1 = 3.41 \times 0.013 = 0.044 \text{ m}^3/\text{s}$$

AB 间的水头损失: $h_{fAB} = S_1 Q_1^2 = 75\,000 \times 0.013^2 = 12.6$ m

6.4.2.3　沿程均匀泄流管道

前面讨论的管道系统,在每根管段间通过的流量是沿程不变的,流量都是集中在管道末端泄出,这种流量称为通过流量或转输流量。在实际工程中,如灌溉用的人工降雨管道,给排水工程中的滤池反冲洗管等,管道内除了通过流量外,还有沿管长由开在管壁上的孔口泄出的流量,称为途泄流量或沿线流量,其中最简单的情况是单位长度上泄出相等的流量,这种管道称为沿程均匀泄流管道,如图 6.18 所示。

设沿程均匀泄流管段长度为 l,通过流量为 Q_z,总途泄流量为 Q_t。以泄流管起始断面为零点,在 x 处的断面上的流量为

$$Q_x = Q_z + Q_t - \frac{Q_t}{l} x$$

式中 Q_x 为距管道始端 x 处的管中通过流量。

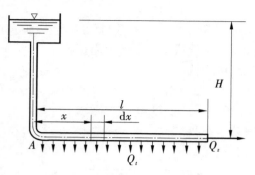

图6.18 沿程均匀泄流管道

取长度 $\mathrm{d}x$ 的微小管段,因为 $\mathrm{d}x$ 很小,可以认为 $\mathrm{d}x$ 段内的管中流量均等于 Q_x,此段内的水头损失

$$\mathrm{d}h_f = aQ_x^2\mathrm{d}x = a\left(Q_z + Q_t - \frac{Q_t}{l}x\right)^2\mathrm{d}x$$

整个泄流管段上的水头损失

$$h_f = \int_0^l \mathrm{d}h_f = \int_0^l a\left(Q_z + Q_t - \frac{Q_t}{l}x\right)^2\mathrm{d}x$$

当管段直径和粗糙程度一定,且流动处于紊流粗糙管区,比阻 a 是常量,对上式积分得到

$$h_f = al\left(Q_z^2 + Q_zQ_t + \frac{1}{3}Q_t^2\right) \approx al\left(Q_z + 0.55Q_t\right)^2 = alQ_c^2 \tag{6.36}$$

式中 $Q_c = \sqrt{Q_z^2 + Q_zQ_t + \frac{1}{3}Q_t^2} = Q_z + 0.55Q_t$,称为折算流量。

该公式将途泄流量折算成通过流量来计算沿程均匀泄流管道的水头损失。对于较复杂的组合管道系统分析,这样替换是比较方便的。

当管段中只有途泄流量,没有通过流量,即 $Q_z = 0$ 时,则

$$h_f = \frac{1}{3}alQ_t^2 \tag{6.37}$$

式(6.37)表明:当流量全部为沿程均匀泄流时,其水头损失相当于全部流量集中在管道末端泄出时水头损失的三分之一。

【例6.8】 由水塔供水的输水管道,如图6.19所示。已知 $l_1 = 300$ m,$d_1 = 200$ mm,$l_2 = 200$ m,$d_2 = 150$ mm,管道是铸铁管,粗糙系数 $n = 0.012$。节点 B 泄出流量 $q_B = 0.015$ m^3/s,沿程总泄出流量 $Q_t = 0.02$ m^3/s,贯通流量 $Q_z = 0.012$ m^3/s,试求所需的作用水头。

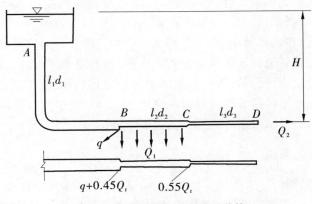

图 6.19　沿程均匀泄流管道计算

【解】　(1)首先求各管段的计算流量

$$Q_z = \sqrt{Q_z^2 + Q_z Q_t + \frac{1}{3} Q_t^2} = \sqrt{0.012^2 + 0.012 \times 0.02 + \frac{1}{3} \times 0.02^2} = 0.023 \ \text{m}^3/\text{s}$$

$$Q_1 = Q_z + Q_t + q_B = 0.012 + 0.02 + 0.015 = 0.047 \ \text{m}^3/\text{s}$$

(2)计算各管段的比阻

$$a_1 = \frac{10.3 \ n^2}{d_1^{5.33}} = \frac{10.3 \times 0.012^2}{0.2^{5.33}} = 7.88 \ \text{s}^2/\text{m}^6 \ ; \ a_2 = \frac{10.3 \ n^2}{d_2^{5.33}} = \frac{10.3 \times 0.012^2}{0.15^{5.33}} = 36.53 \ \text{s}^2/\text{m}^6$$

所需作用水头

$$H = a_1 \ l_1 Q_1^2 + a_2 \ l_2 Q_2^2 = 7.88 \times 300 \times 0.047^2 + 36.53 \times 200 \times 0.023^2 = 9.08 \ \text{m}$$

6.5　有压管道中的水击

上一节我们讨论了短管和长管的水力计算问题,它们都属于恒定有压管流,也就是说,它们的运动要素(流速、压强等)不随时间发生变化,这一节我们要讨论的有压管道中的水击属于非恒定有压管流。

6.5.1　水击现象

在日常生活中,有时候水龙头急速关闭时,水龙头会产生振动,同时水管内发出"咚咚"的响声,这种现象就是水击现象。首先介绍一下什么是水击。

6.5.1.1　水击

在有压管道中,由于阀门突然开启、关闭,使得管道中的水流速度发生急剧的变化,引起管道内液体压强大幅度波动,这种现象称为水击。压强的交替变化对管壁或者阀门等产生类似于锤击的作用,因此水击又称为水锤。

由水击引起的压强升高,可以达到管道正常工作压强的几十倍甚至几百倍,压强的大幅度波动,对管道有很大的破坏性,轻则导致管道系统的强烈振动和噪声,重则可能导致管道的严重变形或者爆裂。

在工业管道液体输送系统中,水击是经常发生的。随着我国国民经济的发展,液体管道输送越来越多,保证管道输送的安全是首要任务,水击安全分析越来越多地被人们所认识和重视。从 19 世纪中叶开始,人们开始对水击现象进行研究,但是由于计算工具和测试仪器的落后,有关水击的研究进展缓慢。到了 20 世纪 70 年代以后,随着电子计算机和动态量测仪器的迅猛发展,水击分析研究的进展十分迅速。

6.5.1.2 水击发生的原因

下面以水管末端阀门瞬时关闭为例,说明一下水击发生的原因。

如图 6.20 所示一个有压管道,管道直径为 d,管道长度为 L,管道进口 B 端与水池相连,管道末端 A 处有一个调节流量的阀门。阀门 A 关闭前,在一定的水头作用下,管中的水流作恒定流动。一般情况下,管中的水头损失与速度水头比压强水头小得多,可以忽略不计,管道内沿程各个断面的压强相等。

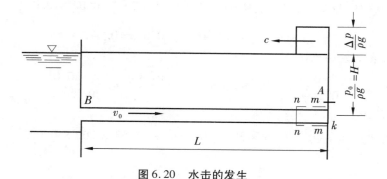

图 6.20　水击的发生

设在恒定流条件下,管内流体的平均流速为 v_0,压强为 $p_0 = \rho g H$。当阀门突然完全关闭时,如果不考虑液体的压缩性和管壁的弹性,那么整个管道中液体的流速会同时变为零,在水流惯性的作用下,整个管道中液体的压强也会同时升至无穷大。而在实际当中,关闭阀门总是需要一定时间的,另外,液体具有一定的压缩性,管壁也具有一定的弹性,对水击起了缓冲的作用,使得管道中液体的流速并不是同时变为零,而是从阀门开始向上游一层一层地逐步变为零。整个管道中的压强,也不是立即同时升至无穷大,而是从阀门起向上游一层一层地升高一定的数值。

在阀门突然关闭的瞬间,紧靠阀门的一层水体突然停止流动,流速由 v_0 变为零。根据动量定理,流速的突然降低必然导致压强的突然升高,升高的压强 Δp 称为水击压强。因为 Δp 一般很大,紧靠阀门的一层水体被压缩,密度增大,周围的管壁膨胀,但是这一层上游的流体还没有受到阀门关闭的影响,仍然以 v_0 的速度继续向下游流动,当碰到停止不动的第一层流体时,速度也会立即变为零,压强升高 Δp,液体被压缩,周围管壁膨胀。这种情况一层一层地将阀门关闭的影响向上游传播,一直传到水池为止。这个时候,整个管道中的压强都升高了 Δp ,流速由 v_0 变为零,处于静止状态。这种现象实际上是扰动波在弹性介质中的传播现象,阀门关闭相当于产生一种扰动,这种扰动的影响只有通过弹性波才能传播到各个断面。这种由于水击作用而产生的弹性波称为水击波,它的传播速度用 c 来表示。

综合上面的分析,可以总结出水击产生的原因:

(1)外因　管道内水流速度突然发生了急剧变化。

(2)内因　水流本身具有的惯性作用和水体的压缩性,以及管壁的弹性。水击是水流的惯性和水体的压缩性以及管壁的弹性相互作用的结果。

在前面几章的讨论中,都是把液体看作是不可压缩的,但在水击现象中,必须考虑液体的压缩性,因为水击发生时,管道内的压强会发生巨大的变化,液体的压缩性对水击压强的大小及其在管道中的传播,会产生显著的影响。另外,管道内压强的巨大变化还会引起管壁的弹性变形,这种弹性变形的影响,在研究水击问题时也需要加以考虑。

6.5.1.3　水击波的传播过程

水击波在管道内的传播过程,大致分为以下 4 个阶段:

(1)第一阶段:$0 < t \leqslant L/c$,如图 6.21 所示。

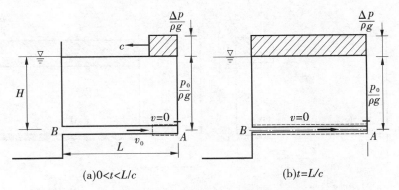

(a)$0<t<L/c$　　　　　　(b)$t=L/c$

图 6.21　水击波第一阶段传播

设阀门在 $t = 0$ 时刻突然关闭,紧靠阀门的一层水体突然停止流动,速度由 v_0 突变为零,压强由 p_0 变为 $p_0 + \Delta p$,这种情况从阀门一层一层地向上游传播,在 $t = L/c$ 时刻,水击波传到管道的进口,整个管道内的水流速度为零,流体处于静止状态,压强为 $p_0 + \Delta p$,整个管道处于增压状态。

(2)第二阶段:$L/c < t \leqslant 2L/c$,如图 6.22 所示。

在 $t = L/c$ 时刻,整个管道内水流速度为零,处于静止状态,整个管道内的压强为 $p_0 + \Delta p$,大于管道进口外侧的静水压强 p_0。管道进口的内侧和外侧之间存在一个压强差 Δp 。在压强差 Δp 的作用下,管道内紧靠进口的一层水体以流速 $-v_0$ 向水池内倒流[负号表示与原来的流速 v_0 方向相反,因为第一阶段中的压强增量 Δp 是由流速差 $(0 - v_0)$ 而产生的,那么根据动量守恒原理,在同样压强增量 Δp 作用下所产生的流速,大小也应等于

v_0,但是方向相反]反向流速 $-v_0$ 产生以后,紧靠进口的一层水体压强马上恢复到原来的压强 p_0,在水体弹性的作用下,这种情况一层一层地向下游传播,在 $t=2L/c$ 时刻,传到阀门 A 处,整个管道中液体的流速为 $-v_0$,整个管道内的压强为 p_0,恢复到原来的状态。

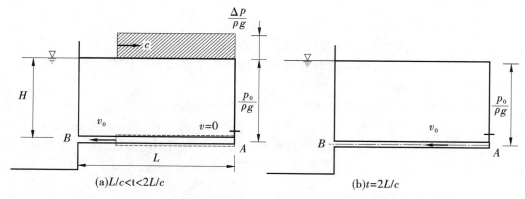

图 6.22 水击波第二阶段传播

（3）第三阶段: $2L/c < t \leqslant 3L/c$,如图 6.23 所示。

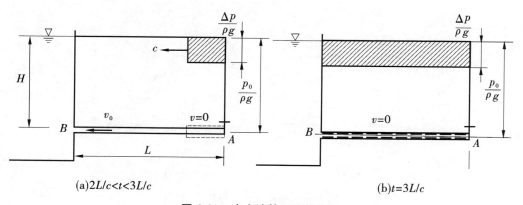

图 6.23 水击波第三阶段传播

在 $t=2L/c$ 时刻,水击波传到阀门 A 处,整个管道中液体的流速为 $-v_0$,整个管道内的压强为 p_0。在 $t=2L/c$ 时刻,因为惯性作用,水继续向水池倒流。因为阀门处没有水源补充,使得液体有脱离阀门的趋势,紧靠阀门处的水停止倒流,水流速度由 $-v_0$ 变为零,同时压强降低 Δp,变为 $p_0 - \Delta p$。这种现象一层一层地由阀门向上游传播,在 $t=3L/c$ 时刻,传播到管道进口,整个管道内的流速由 $-v_0$ 变为零,水体处于静止状态,整个管道内的压强为 $p_0 - \Delta p$,处于减压状态。

（4）第四阶段: $3L/c < t \leqslant 4L/c$,如图 6.24 所示。

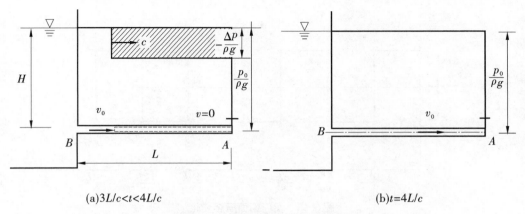

(a)$3L/c < t < 4L/c$ (b)$t = 4L/c$

图 6.24   水击波第四阶段传播

在 $t = 3L/c$ 时刻,整个管道内的水流速度为零,处于静止状态,整个管道内的压强为 $p_0 - \Delta p$,此时,管道进口外侧的静水压强为 p_0,大于管道进口内侧的压强 $p_0 - \Delta p$,在压强差 Δp 作用下,紧靠管道进口外侧的一层水流以速度 v_0 向管内流动,流动一经开始,压强立刻恢复到 p_0,这种情况从进口开始一层一层地向阀门处传播。在 $t = 4L/c$ 时刻,传播到阀门 A 处,此时整个管道内的流速为 v_0,压强为 p_0,恢复到阀门关闭前的状态。此时在惯性作用下,水流继续以流速 v_0 向前流动,受到阀门的阻止,出现和第一阶段相同的现象,重复上述四个阶段,水击波的传播过程见表 6.3。

表 6.3   水击波的传播过程

阶段	时段	速度变化	流动方向	压强变化	水击波的传播方向	运动特征
1	$0 < t \leqslant L/c$	$v_0 \to 0$	$B \to A$	增高 Δp	$A \to B$	减速增压
2	$L/c < t \leqslant 2L/c$	$0 \to -v_0$	$A \to B$	恢复原状	$B \to A$	增速减压
3	$2L/c < t \leqslant 3L/c$	$-v_0 \to 0$	$A \to B$	降低 Δp	$A \to B$	减速减压
4	$3L/c < t \leqslant 4L/c$	$0 \to v_0$	$B \to A$	恢复原状	$B \to A$	增速增压

至此,水击波的传播完成了一个周期。在一个周期内,水击波由阀门传到进口,再由进口传至阀门,共往返两次。往返一次所需要的时间 $T_r = 2L/c$ 称为水击波的相或者相长。一个周期等于两个相长。

在水击波的传播过程中,管道各断面的流速和压强都是随时间发生变化的,因此,水击过程是非恒定流。阀门突然关闭时,阀门断面的压强随时间的变化情况,如图 6.25 所示。

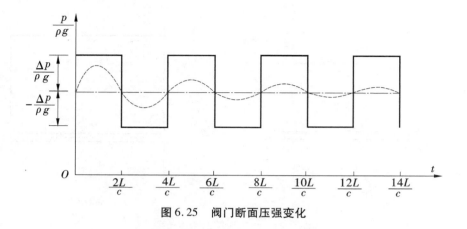

图 6.25　阀门断面压强变化

阀门的压强,在 $t = 0$ 时刻,由 p_0 增至 $p_0 + \Delta p$,然后一直保持到 $t = 2L/c$ 时刻;在 $t = 2L/c$ 时刻,压强由 $p_0 + \Delta p$ 骤然降低至 p_0 ,然后又降至 $p_0 - \Delta p$ 。在 $t = 2L/c \sim 4L/c$,压强保持为 $p_0 - \Delta p$ 。在 $t = 4L/c$ 的一瞬间,压强又由 $p_0 - \Delta p$,增加至 p_0 ,然后周期性地变化。

如果不考虑水的黏性,水击波在传播过程中没有能量损失,则水击波将一直周期性无衰减地传播下去。而实际水流是有黏性的,水击波在传播过程中,能量不断损失,水击压强会迅速衰减直到恢复原状,阀门断面处实测的水击压强随时间的变化过程如图 6.26 所示。

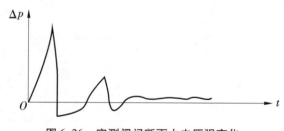

图 6.26　实测阀门断面水击压强变化

6.5.2　水击压强的计算

在认识水击发生的原因和传播过程的基础上,需要进行水击压强 Δp 的计算,以便为压力管道的设计和运行提供依据。

在前面的分析中,我们假定阀门是瞬时关闭的。在实际中,阀门的关闭总有一个过程,需要一定的时间,这个时间称为阀门关闭时间 T_s 。当阀门关闭的时间 $T_s \leqslant T_r$ 时,最早由阀门处产生的向上传播,而后又反射回来的水击波在阀门全部关闭时还没有到达阀门,这时阀门处的水击压强和阀门瞬时关闭时相同,阀门处的压强不受阀门关闭时间长短的影响,这种水击称为直接水击。

当阀门关闭时间 $T_s > T_r$ 时,则开始关闭时发出的水击波的反射波,在阀门还没有完

全关闭前,已经到达阀门,随即变为负的水击波向管道进口传播,负的水击压强与阀门继续关闭产生的正水击压强相叠加,使阀门处最大水击压强小于直接水击压强,阀门处的水击压强与阀门关闭时间 T_s 的长短有关,这种情况的水击称为间接水击。

直接水击与间接水击没有本质的区别,流动中都是惯性和弹性起主导作用;但是随着阀门关闭时间 T_s 的延长,弹性作用将逐渐减小,黏滞性作用将相对地增强。当 T_s 大到一定程度时,流动则主要受惯性和黏滞性的作用,其流动现象与弹性波的传播无关。

6.5.2.1　直接水击压强计算

设有压管流,因为阀门突然关小,流速突然变化,发生水击,水击波的传播速度为 c 。如图 6.27 所示,在微小时段 Δt ,水击波由断面 2-2 传至 1-1,分析 1-2 段水体:

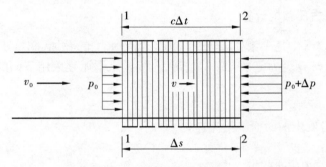

图 6.27　直接水击压强计算

水击波通过前,管中原有的流速为 v_0 ,压强为 p_0 ,密度为 ρ ,管道面积为 A ,则水体中原有的动量为 $\rho A c \Delta t \cdot v_0$;水击波通过后,管内的流速由 v_0 变为 v ,压强变为 $p_0 + \Delta p$,密度为 $\rho + \Delta \rho$,面积为 $A + \Delta A$,水击波通过后的动量为 $(\rho + \Delta \rho)(A + \Delta A) c \Delta t \cdot v$ 。

所研究的水体在 Δt 时段内的动量变化为

$$\Delta I = (\rho + \Delta \rho)(A + \Delta A) c \Delta t \cdot v - \rho A c \Delta t \cdot v_0$$
$$= \rho A c \Delta t (v - v_0) + \rho \Delta A c \Delta t \cdot v + \Delta \rho A c \Delta t \cdot v + \Delta \rho \Delta A c \Delta t \cdot v$$

因为 $\Delta \rho \ll \rho$, $\Delta A \ll A$,略去高阶微量得到

$$\Delta I = \rho A c \Delta t (v - v_0)$$

作用在水体两端的压力差为

$$\Delta F = p_0 A - (p_0 + \Delta p)(A + \Delta A) = -p_0 \Delta A - \Delta p A - \Delta p \Delta A$$

略去二阶微量 $\Delta p \Delta A$,另外在水击中, $p_0 \cdot \Delta A \ll \Delta p \cdot A$,略去 $p_0 \Delta A$ 和二阶微量以后得到

$$\Delta F = -\Delta p \cdot A$$

根据质点系的动量定理得

$$\Delta F \cdot \Delta t = \rho A c \Delta t (v - v_0)$$
$$-\Delta p A \cdot \Delta t = \rho A c \Delta t (v - v_0)$$
$$\Delta p = \rho c (v_0 - v) \tag{6.38}$$

直接水击压强水头为

$$\Delta H = \frac{\Delta p}{\rho g} = \frac{\rho c (v_0 - v)}{\rho g} = \frac{c}{g}(v_0 - v) \tag{6.39}$$

当阀门瞬时完全关闭,则 $v = 0$,得最大水击压强

$$\Delta p = \rho c v_0 \tag{6.40}$$

相应的水头为

$$\Delta H = \frac{\Delta p}{\rho g} = \frac{c}{g} v_0 \tag{6.41}$$

式(6.41)称为直接水击压强的计算公式,它是由俄国流体力学家儒科夫斯基在 1898 年推导出来的,因此又称为儒科夫斯基公式,这个公式可以用来计算阀门突然关闭或开启时的水击压强。

6.5.2.2 间接水击压强的计算

间接水击可以看作是一系列微小时段内产生的水击的叠加,间接水击由于正水击和负水击相互作用,计算更为复杂。一般情况下,间接水击压强采用下面的式子进行计算

$$\Delta p = \rho c v_0 \frac{T_r}{T_s} \tag{6.42}$$

式中　v_0——水击发生前断面平均流速;

　　　T_r——水击波的相长;

　　　T_s——阀门关闭时间。

6.5.2.3 水击波的传播速度

无论是直接水击,还是间接水击,水击压强都与水击波的传播速度成正比。因此,在计算水击压强时,需要知道水击波的传播速度 c,根据质量守恒原理可以推导出水击波的传播速度:考虑到水的压缩性和管壁的弹性变形,水管中水击波的传播速度

$$c = \frac{c_0}{\sqrt{1 + \frac{K}{E}\frac{d}{\delta}}} \tag{6.43}$$

式中　$c_0 = \sqrt{\dfrac{K}{\rho}}$,是声波在水中的传播速度;$K$ 为水的体积弹性模量;ρ 为水的密度;当水温在 10 ℃左右,压强为 1 ~ 25 个大气压时,$c_0 = 1\ 435\ \text{m/s}$。E 为管壁材料的弹性模量;d 为管道直径;δ 为管壁厚度。

式(6.43)表明:其他条件一定时,水击波的传播速度与管壁材料的弹性模量 E 有关,E 越大,水击波的传播速度 c 也越大,当 $E = \infty$ 时,即管道为绝对刚体时,水击波的传播速度最大。管径 d 与管壁厚度 δ 对水击波的传播速度 c 也有影响,d 越大,水击波的传播速度 c 越小,反之,d 越小,水击波的传播速度 c 越大。管壁厚度 δ 越大,传播速度 c 越大,所以为了减小水击压强增量,在管壁材料强度允许的条件下,应当选用直径较大,管壁较薄的水管。

式(6.43)适用于薄壁均质圆管,当压力管道的横断面不是圆形或者管壁不是均质材

料时,水击波传播速度的计算公式可以查阅有关的参考文献。

【例6.9】　某压力引水钢管,上游与水池相连,下游管末端设阀门控制流量。已知管长 $l = 600\ \text{m}$,管径 $d = 2.4\ \text{m}$,管壁厚 $\delta = 20\ \text{mm}$,水头 $H_0 = 200\ \text{m}$。阀门全开时管中流速 $v_{\max} = 3\ \text{m/s}$。管壁弹性模量 $E = 19.6 \times 10^{10}\ \text{N/m}^2$,水体积弹性模量 $K = 19.6 \times 10^8\ \text{N/m}^2$。

(1)若阀门在 $T_s = 1\ \text{s}$ 内全部关完,此时管内发生水击,求阀门处的水击压强值。

(2)若阀门在 $T_s = 2\ \text{s}$ 内全部关完,此时管内发生水击,求阀门处的水击压强值。

【解】　水击波的传播速度为

$$c = \frac{1\ 435}{\sqrt{1 + \dfrac{K}{E} \cdot \dfrac{d}{\delta}}} = \frac{1\ 435}{\sqrt{1 + \dfrac{19.6 \times 10^8}{19.6 \times 10^{10}} \times \dfrac{2.4}{0.02}}} = 967\ \text{m/s}$$

水击波的相长为 $T_r = \dfrac{2l}{c} = \dfrac{2 \times 600}{967} = 1.24\ \text{s}$

当 $T_s = 1\ \text{s}$ 时,$T_s < T_r$,管道中发生直接水击,相应的水击压强为

$$\Delta p = \rho c (v_0 - v) = 1\ 000 \times 967 \times (3 - 0) = 3\ 501\ \text{kPa}$$

当 $T_s = 2\ \text{s}$ 时,$T_s > T_r$,管道中发生间接水击,相应的水击压强为

$$\Delta p = \rho c\, v_0\, \frac{T_r}{T_s} = 1\ 000 \times 967 \times 3 \times \frac{1.24}{2} = 1\ 798.6\ \text{kPa}$$

6.5.2.4　防止水击危害的措施

从上面的例题可以看出,水击压强还是相当大的。水击对管道的运行极为不利,严重的会使管道变形或破裂,因此需要采取一定的措施来减小水击压强。工程中常采用下列措施来减小水击压强:

(1)延长阀门的关闭时间,以免产生直接水击。

(2)缩短管道的长度,采用弹性模量比较小的管材。缩短管道的长度,即缩短了水击波的相长,可以使直接水击变为间接水击;采用弹性模量比较小的管材,可以使水击波传播速度减缓,从而降低直接水击压强。

(3)减小管内流速 v_0。水击压强 Δp 与管道中的流速 v_0 成正比,减小流速也就减小了水击压强 Δp。因此在一般的供水管网中,流速 v_0 不大于 $3\ \text{m/s}$。

(4)管道中设置安全阀。当压强升高到一定数值时,安全阀自动开启,将部分水放出,等到压强降低以后安全阀又自动关闭。

在实际工程中,需要根据具体情况,采用不同的措施来减弱水击,使系统正常工作。

本章小结

本章是工程流体力学基本理论在孔口出流、管嘴出流和有压管流中的应用,重点在于掌握运用能量方程、连续性方程和水头损失规律,分析计算有压管流。内容包括孔口、管嘴出流、有压管流和有压管道中的水击四部分。

1.孔口出流:只考虑局部水头损失,不计沿程水头损失,$h_w = h_j$

(1)薄壁小孔口恒定自由出流

收缩断面平均流速:$v_c = \dfrac{1}{\sqrt{\alpha_c + \zeta_c}}\sqrt{2gH_0} = \varphi\sqrt{2gH_0}$;

收缩断面的流量:$Q = v_c A_c = \varepsilon A\varphi\sqrt{2gH_0} = \mu A\sqrt{2gH_0}$;$\mu = 0.62$。

(2)薄壁孔口恒定淹没出流

收缩断面平均流速:$v_c = \dfrac{1}{\sqrt{\zeta_1 + \zeta_2}}\sqrt{2gH_0} = \varphi\sqrt{2gH_0}$;

收缩断面的流量:$Q = \varepsilon\varphi A\sqrt{2gH_0} = \mu A\sqrt{2gH_0}$;$\mu = 0.62$。

孔口自由出流和淹没出流的基本公式相同,各项系数相同,作用水头的算法不同。

2. 管嘴出流:只考虑局部水头损失,不计沿程水头损失,$h_w = h_j$

(1)圆柱形外管嘴自由出流:

管嘴出流流速:$v_2 = \dfrac{1}{\sqrt{\alpha_2 + \zeta_n}}\sqrt{2gH_0} = \varphi_n\sqrt{2gH_0}$;

通过管嘴的流量:$Q = \varphi_n A\sqrt{2gH_0} = \mu_n A\sqrt{2gH_0}$;$\mu_n = 0.82$。

(2)圆柱形外管嘴正常工作条件

①作用水头 $H_0 \leqslant 9$ m ;②管嘴长度 $l = (3 \sim 4)d$ 。

3. 孔口变水头出流

(1)液面从 H_1 降至 H_2 所需要的时间

$$t = \frac{2F}{\mu A\sqrt{2g}}\left(\sqrt{H_1} - \sqrt{H_2}\right)$$

(2)容器的放空时间

$$t_0 = \frac{2F\sqrt{H_1}}{\mu A\sqrt{2g}} = \frac{2FH_1}{\mu A\sqrt{2gH_1}} = \frac{2V}{Q_{max}}$$

式中　V 为容器放空的体积;Q_{max} 为开始出流时的最大流量。变水头出流容器的放空时间,等于在起始水头 H_1 作用下,按恒定情况流出同体积水所需时间的 2 倍。

4. 短管水力计算:局部水头损失和沿程水头损失都需要考虑,$h_w = h_f + h_j$

(1)短管自由出流

出口断面平均流速:$v_2 = \dfrac{1}{\sqrt{\alpha + \zeta_c}}\sqrt{2gH_0} = \varphi_c\sqrt{2gH_0}$;

管自由出流流量:$Q = \mu_c A\sqrt{2gH_0}$;$\mu_c = \dfrac{1}{\sqrt{\alpha + \sum\lambda\dfrac{l}{d} + \sum\zeta}}$ 。

(2)短管淹没出流

短管淹没出流的平均流速:$v_2 = \dfrac{1}{\sqrt{\zeta_c}}\sqrt{2gH_0} = \varphi_c\sqrt{2gH_0}$;

短管淹没出流流量:$Q = \mu_c A\sqrt{2gH_0}$;$\mu_c = \dfrac{1}{\sqrt{\sum\lambda\dfrac{l}{d} + \sum\zeta}}$ 。

5. 长管水力计算：只考虑沿程水头损失，$h_w = h_f$

（1）简单长管自由出流：$H = \dfrac{8\lambda}{g \pi^2 d^5} l Q^2 = a l Q^2 = S Q^2$

（2）复杂长管

① 串联管道

串联管道的总水头损失等于各管段沿程水头损失之和：

$$H = \sum_{i=1}^{n} h_{fi} = \sum_{i=1}^{n} a_i l_i Q_i^2 = \sum_{i=1}^{n} S_i Q_i^2$$

节点连续性方程：$Q_i = Q_{i+1} + q_i$。

② 并联管道

并联管道中各并联管段的水头损失均相等：$h_f = a_1 l_1 Q_1^2 = a_2 l_2 Q_2^2 = a_3 l_3 Q_3^2$；

并联管道中总管道的流量等于各并联管道流量之和：$Q = \sum_{i=1}^{n} Q_i$。

③ 沿程均匀泄流管道

$$h_f = a l \left(Q_z^2 + Q_z Q_t + \frac{1}{3} Q_t^2 \right) \approx a l \left(Q_z + 0.55 Q_t \right)^2 = a l Q_c^2$$

当管段中只有途泄流量，没有通过流量，即 $Q_z = 0$ 时，则：

$$h_f = \frac{1}{3} a l Q_t^2$$

当流量全部为沿程均匀泄流时，其水头损失相当于全部流量集中在管道末端泄出时水头损失的 1/3。

6. 水击

（1）水击现象：发生原因，水击波的传播过程（分为 4 个阶段）。

（2）水击压强的计算：

① 直接水击：当 $T_s \leqslant T_r$ 时，管道中发生直接水击，$\Delta p = \rho c (v_0 - v)$

② 间接水击：当 $T_s > T_r$ 时，管道中发生间接水击，$\Delta p = \rho c v_0 \dfrac{T_r}{T_z}$

思考题

1. 什么是孔口出流？什么是薄壁孔口出流和厚壁孔口出流？什么是小孔口出流和大孔口出流？孔口出流的水力特点是什么？

2. 小孔口自由出流与淹没出流的流量计算公式有何不同？

3. 为什么孔口淹没出流时，其流速或流量的计算既与孔口位置无关，也无大孔口、小孔口之分？

4. 什么是管嘴出流？管嘴出流有什么特点？圆柱形外管嘴正常工作的条件是什么？为什么必须要有这两个限制条件？

5. 在小孔口上安装一段圆柱形管嘴后，流动阻力增加了，为什么反而流量增大？是否管嘴越长，流量越大？

6. 什么是长管？什么是短管？划分长管与短管的目的是什么？

7. 什么是管道的比阻 a 和管道的阻抗 S？它们的关系如何？它们的物理意义是什么？

8. 什么是串联管道？什么是并联管道？两者的水力计算有何不同？

9. 什么是水击？产生水击的原因是什么？怎样减小水击压强？

习 题

一、单项选择题

1. 比较在正常工作条件下，作用水头 H，直径 d 相等时，小孔口的流量 Q 和圆柱形外管嘴的流量 Q_n，结果是_____。

A. $Q > Q_n$　　　B. $Q < Q_n$　　　C. $Q = Q_n$　　　D. 无法确定

2. 在相同的管径 d 和作用水头 H_0 的作用下，管嘴出流的泄流能力是孔口泄流能力的_____倍。

A. 0.62　　　B. 0.82　　　C. 1　　　D. 1.32

3. 圆柱形外管嘴的正常工作条件为_____。

A. $l = (3 \sim 4)d$，$H_0 > 9$ m　　　B. $l = (3 \sim 4)d$，$H_0 < 9$ m

C. $l > (3 \sim 4)d$，$H_0 > 9$ m　　　D. $l > (3 \sim 4)d$，$H_0 < 9$ m

4. 正常工作条件下，若薄壁小孔口直径为 d_1，圆柱形管嘴的直径为 d_2，作用水头 H 相等，要使得孔口与管嘴的流量相等，则直径 d_1 与 d_2 的关系是_____。

A. $d_1 > d_2$　　　B. $d_1 < d_2$　　　C. $d_1 = d_2$　　　D. 条件不足无法确定

5. 管路水力计算中的所谓长管是指_____。

A. 长度很长的管路

B. 总能量损失很大的管路

C. 局部损失与沿程损失相比可以忽略的管路

D. 局部损失与沿程损失均不能忽略的管路

6. 如题 6 图所示，并联长管 1 和 2，两管的直径相同，沿程阻力系数相同，长度 $l_2 = 3l_1$，则通过的流量_____。

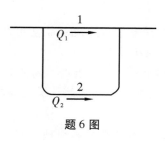

题 6 图

A. $Q_1 = Q_2$　　　B. $Q_1 = 1.5Q_2$　　　C. $Q_1 = 1.73Q_2$　　　D. $Q_1 = 3Q_2$

7. 并联长管的流动特征是_____。

A. 各分管流量相等

B. 总流量等于各分管的流量和,且各分管水头损失相等

C. 总流量等于各分管的流量和,但各分管水头损失不等

D. 各分管测压管水头差不等于各分管的总能头差

8. 比阻 a 与管径 d 和沿程阻力系数 λ 的关系为 $a =$ _____。

A. $\dfrac{16\lambda}{g\pi^2 d^5}$ B. $\dfrac{8\lambda}{g\pi^2 d^5}$ C. $\dfrac{16\lambda}{g\pi^2 d^4}$ D. $\dfrac{8\lambda}{g\pi^2 d^4}$

9. 比阻 a 的单位是_____。

A. $\mathrm{m^3/s}$ B. $\mathrm{m^6/s^2}$ C. $\mathrm{s/m^3}$ D. $\mathrm{s^2/m^6}$

10. 题10图示两根完全相同的长管道,只是安装高度不同,两管的流量关系为____。

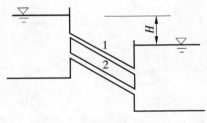

题10图

A. $Q_1 < Q_2$ B. $Q_1 > Q_2$ C. $Q_1 = Q_2$ D. 不定

11. 如题11图所示,A、B 两点之间并联了三根管道,则 AB 之间的水头损失 h_{fAB} 是 _____。

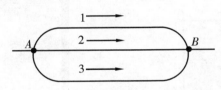

题11图

A. $h_{fAB} = h_{f1} + h_{f2} + h_{f3}$ B. $h_{fAB} = h_{f1} + h_{f2}$

C. $h_{fAB} = h_{f2} + h_{f3}$ D. $h_{fAB} = h_{f1} = h_{f2} = h_{f3}$

12. 分析水击现象时,必须考虑_____影响。

A. 水的黏性和惯性   B. 水的黏性和压缩性

C. 水的压缩性和管壁的弹性   D. 水的黏性和管壁的弹性

13. 直接水击发生的条件是阀门关闭时间 T_s _____。

A. $< \dfrac{L}{c}$ B. $< \dfrac{2L}{c}$ C. $< \dfrac{3L}{c}$ D. $< \dfrac{4L}{c}$

14. 直接水击压强计算公式是_____。

A. $\rho c v_0$ B. $\dfrac{\rho c v_0}{2}$ C. $\dfrac{\rho c v_0^2}{2}$ D. $\mu c v_0$

二、计算题

15. 有一薄壁圆形小孔口,直径 $d = 1\ \mathrm{cm}$,水头 $H = 2\ \mathrm{m}$。现测得射流收缩断面的直径

$d_c = 8$ mm，在 $t = 32.8$ s 时间内，经过孔口流出的水量为 $V = 0.01$ m³，试求该孔口的收缩系数 ε，流量系数 μ，流速系数 φ 及孔口局部损失系数 ζ。

16. 如题 16 图所示，在水箱侧壁上有一直径 $d = 50$ mm 的小孔口，在水头 H 作用下，收缩断面流速为 $v_c = 6.86$ m/s，经过孔口的水头损失 $h_w = 0.165$ m。如果流量系数 $\mu = 0.61$，试求流速系数 φ 和水股直径 d_c。

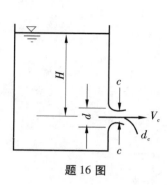

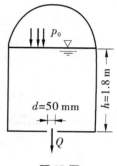

题 16 图   题 17 图

17. 如题 17 图所示，储液箱中水深保持为 $h = 1.8$ m，液面上的压强 $p_0 = 70$ kPa（相对压强），箱底开一孔口，直径 $d = 50$ mm，若流量系数 $\mu = 0.61$，求此底孔排出的液流流量 Q。

18. 如题 18 图所示，一圆形水池，直径 $D = 4$ m，在水深 $H = 2.8$ m 的侧壁上开一直径 $d = 20$ cm 的孔口，如果近似按薄壁小孔口出流计算，试求放空（水面降至孔口处）所需时间。

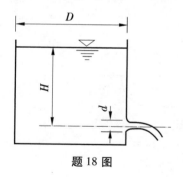

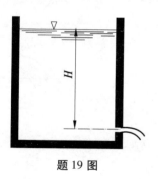

题 18 图   题 19 图

19. 如题 19 图所示，一水箱水位保持不变，水头 $H = 2$ m，侧壁上开一薄壁小孔口，直径 $d = 2$ cm，试求：(1) 孔口出流时的流量 Q 为多少？(2) 如果在此孔口处外接一圆柱形管嘴，则流量 Q_n 为多少？(3) 管嘴收缩断面的真空高度为多少？

20. 如题 20 图所示，水箱内隔板分为 A、B 两室，隔板上开一孔口，其直径 $d_1 = 4$ cm，在 B 室底部装有圆柱形外管嘴，其直径 $d_2 = 3$ cm。两室水位恒定，已知 $H = 3$ m，$h_3 = 0.5$ m。试求：(1) h_1，h_2；(2) 流出水箱的流量 Q。

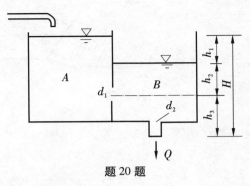

题20题

21. 如题21图所示,在混凝土坝中设置一泄水管,管长 $l = 4$ m,管轴处的水头 $H = 6$ m,现需通过流量 $Q = 10$ m³/s,若流量系数 $\mu = 0.82$,试确定所需管径 d,并求管中收缩断面处的真空高度。

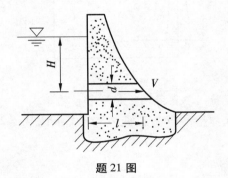

题21图

22. 如题22图所示,水从密闭容器 A,沿直径 $d = 25$ mm,长 $l = 10$ m的管道流入容器 B,已知容器 A 水面的相对压强 $p_1 = 196$ kPa,水面高 $H_1 = 1$ m,$H_2 = 5$ m,沿程水头损失系数 $\lambda = 0.025$,局部水头损失系数:进口 $\zeta_e = 0.5$,阀门 $\zeta_v = 4.0$,弯头 $\zeta_b = 0.3$,出口 $\zeta_0 = 1.0$,试求流量 Q。

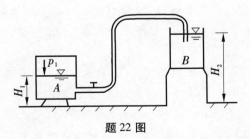

题22图

23. 如题23图所示,一路基下埋设圆形有压涵管,已知涵管长度 $L = 50$ m,上下游水位差 $H = 1.9$ m,管道沿程水头损失系数 $\lambda = 0.03$,局部水头损失系数:进口 $\zeta_e = 0.5$,转弯 $\zeta_b = 0.65$,出口 $\zeta_0 = 1.0$,如果要求涵管通过流量 $Q = 1.5$ m³/s,试确定涵管直径 d。

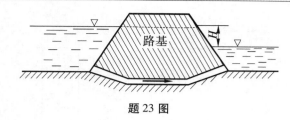

题 23 图

24. 如题 24 图所示,由水塔向车间供水,管道采用铸铁管($n = 0.013$),管长 $l = 2\,500$ m,管径 $d = 350$ mm,水塔地面标高 $\nabla_1 = 61$ m,水塔水面距地面的高度 $H_1 = 18$ m,车间地面标高 $\nabla_2 = 45$ m,供水点需要的自由水头 $H_2 = 25$ m,试求供水流量 Q 。

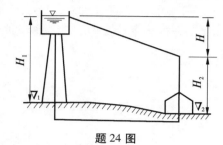

题 24 图

25. 如题 25 图所示,自密闭容器经两段串联管道输水,已知压力表读值 $p_M = 1$ at,水头 $H = 2$ m,管长 $l_1 = 10$ m,$l_2 = 20$ m,直径 $d_1 = 100$ mm,$d_2 = 200$ mm,沿程水头损失系数 $\lambda_1 = \lambda_2 = 0.03$,试求流量 Q 。

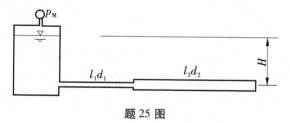

题 25 图

26. 一条输水管道,管材采用铸铁管,流量 $Q = 0.20$ m³/s,管路总水头 $H = 30$ m,管全长 $l = 1\,000$ m,现已装设了 $l = 480$ m、管径 $d_1 = 350$ mm 的管道,为了充分利用水头,节约管材,试确定后段管道的直径 d_2 。

27. 一水泵向题 27 图示串联管路的 B 、C 、D 点供水,D 点要求自由水头 $h_e = 10$ m。已知分流量 $q_B = 15$ L/s,$q_C = 10$ L/s,$q_D = 5$ L/s;管径 $d_1 = 200$ mm,$d_2 = 150$ mm,$d_3 = 100$ mm;管长 $l_1 = 500$ m,$l_2 = 400$ m,$l_3 = 300$ m。若管路的比阻按 $a_1 = 9.03$ s²/m⁶,$a_2 = 41.85$ s²/m⁶,$a_3 = 365.30$ s²/m⁶ 计算,试求水泵出口 A 点的压强水头。

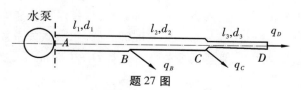

题 27 图

28. 如题 28 图所示,工厂供水系统,由水塔向 A,B,C 三处供水,管道均为铸铁管,已知流量 $Q_c = 10$ L/s,$q_B = 5$ L/s,$q_A = 10$ L/s,各段管长 $l_1 = 350$ m,$l_2 = 450$ m,$l_3 = 100$ m,各段直径 $d_1 = 200$ mm,$d_2 = 150$ mm,$d_3 = 100$ mm,整个场地水平,试求所需水头。

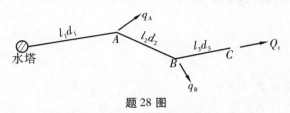

题 28 图

29. 如题 29 图所示,输水管道系统,由 a 处用四条并联管道供水至 b 处。已知各管段的管长:$l_1 = 200$ m,$l_2 = 400$ m,$l_3 = 350$ m,$l_4 = 300$ m;比阻 $a_1 = 1.07$ s^2/m^6,$a_2 = a_3 = 0.47$ s^2/m^6,$a_4 = 2.83$ s^2/m^6。若总流量 $Q = 400$ L/s,试求各管段的流量。

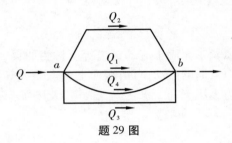

题 29 图

30. 如题 30 图所示供水系统,管道为钢管,其糙率系数 $n=0.012$,分流量 $q_B=45$ L/s,$Q_D = 20$ L/s,长度 $l_{CD} = 300$ m,干管直径 $d_{AB} = 250$ mm,管长 $l_{AB} = 500$ m,支管 1 的直径 $d_1 = 150$ mm,管长 $l_1 = 350$ m,支管 2 的直径 $d_2 = 150$ mm,管长 $l_2 = 700$ m。假定管路轴线水平,D 点要求的自由水头 $h_{eD} = 10$ m,试求:(1)并联管路中的流量分配;(2)水塔高度 H。

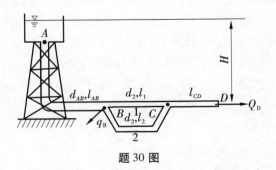

题 30 图

31. 输水钢管($E = 2.06 \times 10^{11}$ Pa),直径 $d = 100$ mm,壁厚 $\delta = 7$ mm,若水流流速 $v = 1.5$ m/s,试求阀门突然关闭时,水击波的传播速度和压强升高值;如果钢管改用铸铁管($E = 8.73 \times 10^{10}$ Pa),其他条件均相同,水击压强有何变化?

第 7 章 明渠流动

要点提示　本章运用工程流体力学基本理论研究明渠流动。研究明渠流动是以水深变化为中心的,其要点是:明渠流动的特点,有关明渠流动状态的基本概念,明渠均匀流的水力特性、形成条件以及水力计算方法;明渠恒定非均匀流的水力特性。

7.1　概述

人工渠道、天然河道以及未充满水流的管道等统称为明渠。明渠流动是水流的部分周界与大气接触,具有自由液面的流动,自由液面上各点受大气压强作用,其相对压强为零。因此,明渠流动又称为无压流动。水在人工渠道、天然河道和无压管道中的流动都属于明渠流动,如图 7.1 所示。

图 7.1　明渠流动

明渠流动根据其运动要素是否随时间变化分为明渠恒定流动和明渠非恒定流动。明渠恒定流动中,根据运动要素是否沿程变化分为明渠均匀流动和明渠非均匀流动。

当明渠中水流的运动要素不随时间而变时,称为明渠恒定流,否则称为明渠非恒定流。明渠恒定流中,如果流线是一簇相互平行的直线,则其水深、断面平均流速及流速分布都沿程不变,称为明渠恒定均匀流;如果流线不是平行直线,则称为明渠恒定非均匀流。

7.1.1　明渠流动特点

与有压管流相比较,明渠流动具有以下特点:

(1)明渠流动具有自由液面,沿程自由液面的表面压强都是大气压强。

(2)明渠底坡的改变,对流速和水深有直接的影响。

明渠的底面一般是个倾斜平面,如图 7.2 所示,它与渠道纵剖面的交线称为渠底线,渠底线与水平线夹角 θ 的正弦称为渠底坡度,用 i 表示,即

$$i = \sin \theta = \frac{z_1 - z_2}{l} = \frac{\Delta z}{l} \tag{7.1}$$

一般情况下,θ 角很小,为了便于量测和计算,通常用 θ 的正切值代替正弦值,即

$$i = \tan \theta = \frac{\Delta z}{l_x} \qquad (7.2)$$

在实用上,用渠底线的水平投影长度 l_x 代替渠底线长度 l,用铅垂断面代替实际的过流断面,用铅垂水深 h 代替过流断面水深。

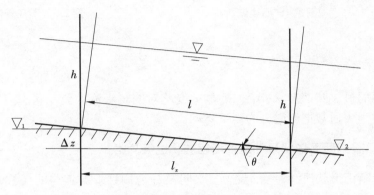

图 7.2　明渠的底坡

如图 7.3 所示,在明渠流动中,底坡 $i_1 \neq i_2$,则对应的断面平均流速 $v_1 \neq v_2$,水深 $h_1 \neq h_2$。而在有压管流中,只要管道的断面形状、尺寸一定,其管线坡度的变化,对断面平均流速和过流断面面积没有影响。

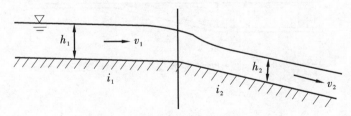

图 7.3　明渠底坡的影响

(3)明渠局部边界的变化,会造成水深在很长的流程上发生变化。

在明渠流动中,如果设置控制设备,改变渠道的形状和尺寸等,则会造成水深在很长的流程上发生变化。因此,对于明渠流动而言,存在均匀流段和非均匀流段,如图 7.4 所示。而在有压管流中,局部边界发生变化,影响的范围很短,只需要考虑局部水头损失,仍按均匀流段计算,如图 7.5 所示。

(4)明渠流动中重力对流动起主导作用。

明渠流动是受重力作用而产生的运动,并在运动过程中不断克服阻力做功而消耗能量。而在有压管流中,重力并不起直接作用,重力作用只反映在有压管道断面上的压强变化规律上。

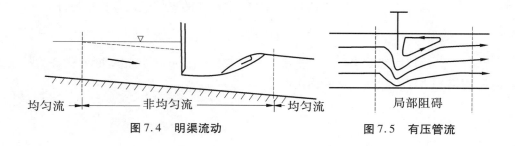

均匀流 　 非均匀流 　 均匀流 　 局部阻碍

图7.4　明渠流动　　　　　　图7.5　有压管流

7.1.2　明渠的分类

因为明渠的过流断面形状、尺寸、底坡的变化对明渠水流的流动状态有重要的影响，在工程流体力学中通常把明渠分为以下类型：

7.1.2.1　根据渠道断面形状尺寸是否沿程变化进行分类

根据渠道断面形状尺寸是否沿程变化，明渠分为棱柱形渠道与非棱柱形渠道，如图7.6所示。

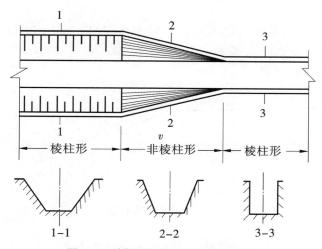

棱柱形 　 非棱柱形 　 棱柱形

1—1　　　　2—2　　　　3—3

图7.6　棱柱形渠道与非棱柱形渠道

（1）棱柱形渠道　棱柱形渠道是指断面形状、尺寸及底坡性质沿流程不发生变化的长直渠道。对于棱柱形渠道，过流断面面积 A 仅随水深 h 变化，即 $A=f(h)$。断面规则的长直人工渠道及涵洞是典型的棱柱形渠道。

（2）非棱柱形渠道　非棱柱形渠道是指断面形状及尺寸沿程不断变化的渠道。对于非棱柱形渠道，过流断面面积 A 不仅随水深 h 而改变，而且随断面的沿程位置 s 改变，即 $A=f(h,s)$。连接两条断面形状、尺寸不同的渠道的过渡段是典型的非棱柱形渠道。天然河道的断面不规则，且主流弯曲多变，也是非棱柱形渠道。

在实际计算时,对于断面形状和尺寸沿程变化很小的河段,可按棱柱形渠道来处理。

7.1.2.2 根据渠道底坡的不同进行分类

根据渠道底坡的不同,明渠分为顺坡渠道、平坡渠道和逆坡渠道,如图7.7所示。

(1)顺坡渠道 渠底高程沿水流方向降低的渠道,即 $i > 0$ 的渠道称为顺坡渠道或正坡渠道,如图7.7(a)所示。

(2)平坡渠道 渠底高程沿水流方向不变的渠道,即 $i = 0$ 的渠道称为平坡渠道,如图7.7(b)所示。

(3)逆坡渠道 渠底高程沿水流方向增加的渠道,即 $i < 0$ 的渠道称为逆坡渠道或负坡渠道,如图7.7(c)所示。

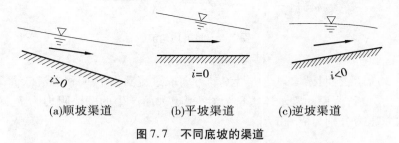

(a)顺坡渠道   (b)平坡渠道   (c)逆坡渠道

图7.7 不同底坡的渠道

7.2 明渠均匀流

明渠均匀流是明渠中水深、断面平均流速、流速分布等均沿流程保持不变的流动。明渠均匀流是明渠中最简单的流动形式,其运动规律是明渠水力设计的基本依据。

7.2.1 明渠均匀流的水力特征及形成条件

7.2.1.1 明渠均匀流水力特征

明渠均匀流具有如下水力特征:

(1)明渠均匀流过流断面的形和尺寸、水深、流量、断面平均流速、流速分布等均沿流程保持不变。

(2)明渠均匀流的渠底线、水面线和总水头线三线相互平行。

明渠均匀流的流线是一簇与渠底平行的直线,因为水深沿流程保持不变,水面线(即测压管水头线)与渠底线平行。又因为流速水头沿流程保持不变,总水头线与水面线平行,如图7.8所示。因此明渠均匀流的渠底线、水面线和总水头线三线相互平行。同时,它们在单位距离内的降落值均相同,也就是说,明渠均匀流的水力坡度 J 、测压管水头线坡度 J_p 和渠底坡度 i 三者相等,即

$$J = J_p = i \tag{7.3}$$

（3）明渠均匀流动中阻碍水流运动的摩擦阻力 F 与促使水流运动的重力分量 $G\sin\theta$ 相平衡，即

$$G\sin\theta = F \tag{7.4}$$

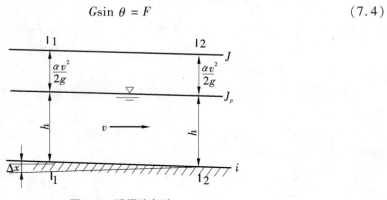

图 7.8　明渠均匀流

如图 7.9 所示，在明渠均匀流中沿流动方向取过流断面 1—1 和过流断面 2—2 之间的水体进行受力分析，假设此段水体重量为 G，渠道表面产生的摩擦阻力为 F，流段两端断面上的动水总压力分别为 P_1 和 P_2。

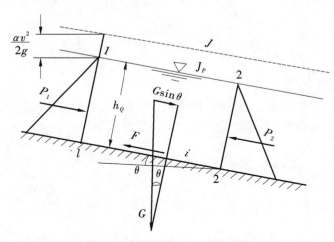

图 7.9　明渠均匀流受力分析图

因为明渠均匀流是等速直线运动，不存在加速度，则作用在该流段上的外力必须相平衡，所以，作用于该段水体上的外力在流动方向投影的代数和等于零，即

$$P_1 + G\sin\theta - P_2 - F = 0$$

因为是均匀流，其过流断面上的动水压强符合静水压强分布规律，水深不变，故 P_1 和 P_2 大小相等，方向相反，可以相互抵消，所以有：

$$G\sin\theta = F$$

即明渠均匀流动中阻碍水流运动的摩擦阻力 F 与促使水流运动的重力分量 $G\sin\theta$ 相平

衡。从能量观点来看,在明渠均匀流中重力所做的功刚好等于摩擦阻力做功所消耗的能量。

明渠水流作均匀流动时的水深,称为正常水深,用符号 h_0 表示。很明显,当底坡 $i \leqslant 0$ 时,明渠水流中的水深不等于正常水深 h_0,此时只可能出现非均匀流。

7.2.1.2 明渠均匀流形成条件

因为明渠均匀流具有上述水力特征,它的形成需要一定的条件:

（1）明渠流动必须是恒定的,且流量沿流程保持不变。

（2）渠道底坡是正坡,且底坡沿流程保持不变。

因为只有在正坡明渠中,才有可能使重力沿流向的分力与摩擦阻力相平衡。如果渠道的底坡为平坡,则重力沿流向没有分量;如果渠道的底坡为负坡,则重力的分量与摩擦阻力的方向一致,两者不可能平衡。因此在平坡和负坡明渠中均不可能形成均匀流。

（3）明渠是棱柱体渠道,且粗糙系数 n 沿程不变。

因为只有棱柱形明渠才能保持过流断面沿流程不变,而明渠表面只有粗糙系数 n 沿流程保持不变,才能使摩擦阻力沿流程保持不变,才有可能保持重力与摩擦阻力相平衡。

（4）明渠必须充分长,且渠道中没有建筑物的局部干扰。

因为只有渠道充分长,才能保证水流从进口加速流动到均匀流动的过渡,使流速分布得以调整到沿流程保持不变。而明渠中的障碍物会干扰水流,导致非均匀流的产生。

综合上面的分析,只有在正坡、棱柱形、流量及粗糙系数沿流程保持不变的长直明渠中的恒定流才能产生均匀流。在平坡、逆坡渠道,非棱柱形渠道,以及天然河道中,都不会形成明渠均匀流。

7.2.2 过流断面的几何要素

明渠过流断面以梯形最具有代表性,如图7.10所示,其几何要素主要包括:

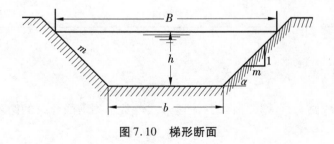

图 7.10 梯形断面

（1）基本量

b ——渠底宽度;

h ——明渠水深;

m ——边坡系数,是表示明渠边坡倾斜程度的一个量:

$$m = \frac{a}{h} = \cot \alpha \tag{7.5}$$

边坡系数 m 的物理意义表示边坡上高差为 1 m 时两点之间的水平距离，m 值的大小取决于渠道边壁的土壤性质或者护面材料，参见表 7.1。

（2）导出量

水面宽度 B

$$B = b + 2mh \tag{7.6}$$

过流断面面积 A

$$A = \frac{(b + 2mh + b) \cdot h}{2} = (b + mh) \cdot h \tag{7.7}$$

湿周 χ

$$\chi = b + 2h\sqrt{1 + m^2} \tag{7.8}$$

水力半径 R

$$R = \frac{A}{\chi} = \frac{(b + mh)h}{b + 2h\sqrt{1 + m^2}} \tag{7.9}$$

表 7.1　梯形渠道边坡系数 m 值

序号	渠壁土壤种类	边坡系数 m
1	岩石	$0.1 \sim 0.25$
2	风化岩石	$0.25 \sim 0.5$
3	半岩性土	$0.5 \sim 1.0$
4	粉质黏土、砾石或卵石	$1.25 \sim 1.5$
5	密实的细砂、中砂、粗砂或粉质粉土	$1.5 \sim 2.0$
6	松散的细砂、中砂和粗砂	$2.0 \sim 2.5$
7	粉砂	$3.0 \sim 3.5$

7.2.3　明渠均匀流基本公式

明渠水流一般属于紊流粗糙区，其流速公式通常采用前面介绍的谢才公式，即

$$v = C\sqrt{RJ}$$

因为明渠均匀流的水力坡度 J 和渠底坡度 i 相等，所以上式可以写为

$$v = C\sqrt{Ri} \tag{7.10}$$

根据连续性方程，得到明渠均匀流的流量为

$$Q = vA = AC\sqrt{Ri} = K\sqrt{i} \tag{7.11}$$

式中　K——流量模数，$K = AC\sqrt{R}$，具有流量的量纲，单位是 m³/s。它综合反映了明渠断面形状、尺寸和粗糙程度对过流能力的影响，它的物理意义表示在一定断

面形状和尺寸的棱柱形渠道中,当底坡 i 等于 1 时,渠道所通过的流量。在底坡一定的情况下,流量与流量模数成正比。

C——谢才系数,采用曼宁公式进行计算

$$C = \frac{1}{n} R^{\frac{1}{6}}$$

n——渠壁粗糙系数。

7.2.4 明渠水力最优断面和允许流速

7.2.4.1 水力最优断面

将曼宁公式 $C = \frac{1}{n} R^{\frac{1}{6}}$ 代入明渠均匀流基本公式 $Q = AC\sqrt{Ri}$ 中,可以得到

$$Q = \frac{1}{n} A R^{\frac{2}{3}} \sqrt{i} = \frac{\sqrt{i}}{n} \frac{A^{5/3}}{\chi^{2/3}} \tag{7.12}$$

由式(7.12)可知:明渠均匀流过流能力 Q 的大小取决于渠底坡度 i、渠壁粗糙系数 n 以及渠道过流断面的形状和尺寸。在设计渠道的时候,底坡 i 一般随地形条件而定,粗糙系数 n 取决于壁面材料,在这种情况下,渠道的过流能力 Q 只取决于断面的形状和尺寸。

从设计的角度考虑,通常希望在 A、i、n 一定的条件下,使设计出的渠道过流能力 Q 最大;或者在 Q、i、n 一定的条件下,使设计出的渠道过流面积 A 最小,满足上述要求的渠道过流断面称为水力最优断面。从公式可以看出:当 A、i、n 一定时,要使渠道的过流能力最大,必须是湿周 χ 最小,或者说是水力半径 R 最大。

由几何学知道,面积 A 一定时,圆形断面的湿周 χ 最小,水力半径 R 最大。半圆形过流断面与圆形断面的水力半径相同,所以,在明渠的各种断面形状中,半圆形断面是水力最优断面,但是半圆形断面施工比较困难。在天然土壤中开挖渠道,一般采用的是梯形断面。由于梯形断面的边坡系数 $m = \cot \alpha$ 取决于边坡稳定要求和施工条件,故渠道断面的形状仅由宽深比 $\beta = b/h$ 决定。下面讨论边坡系数 m 一定时梯形断面的水力最优条件。

由梯形渠道断面的几何关系

$$A = (b + mh)h$$
$$\chi = b + 2h\sqrt{1 + m^2}$$

两式联立,可以得到

$$\chi = \frac{A}{h} - mh + 2h\sqrt{1 + m^2}$$

根据水力最优断面的条件:A 一定时,湿周 χ 最小,对上式求 $\chi = f(h)$ 的极小值,令

$$\frac{\mathrm{d}\chi}{\mathrm{d}h} = -\frac{A}{h^2} - m + 2\sqrt{1 + m^2} = 0$$

因为 $\dfrac{\mathrm{d}^2 \chi}{\mathrm{d}h^2} = \dfrac{2A}{h^3} > 0$,说明 χ 存在极小值 $\chi_{\min}$。

将 $A = (b + mh)h$ 代入 $-\dfrac{A}{h^2} - m + 2\sqrt{1 + m^2} = 0$ 中,解得水力最优梯形断面的宽深比

$$\beta_h = \left(\frac{b}{h}\right)_h = 2(\sqrt{1+m^2} - m) \tag{7.13}$$

即梯形断面水力最优时,宽度 b 和深度 h 满足以下关系

$$b = 2(\sqrt{1+m^2} - m) h \tag{7.14}$$

从上面的公式可以知道,水力最优梯形断面的宽深比 β_h 仅是边坡系数 m 的函数。

将水力最优条件 $b = 2(\sqrt{1+m^2} - m) h$ 代入梯形断面的水力半径 $R = \dfrac{A}{\chi} = \dfrac{(b+mh)h}{b+2h\sqrt{1+m^2}}$ 中,可以得到

$$R_h = \frac{h}{2} \tag{7.15}$$

即梯形断面水力最优时,水力半径 R 等于水深 h 的一半,与边坡系数 m 无关。

对于矩形断面有 $m = 0$,得到矩形断面水力最优时,宽深比满足以下条件

$$\beta_h = 2 \qquad b = 2h \tag{7.16}$$

即矩形断面水力最优时,底宽 b 为水深 h 的 2 倍。

需要说明的是,水力最优断面的概念只是根据渠道边壁对流动的影响最小提出的,并不完全等同于技术经济最优。

7.2.4.2 允许流速

渠中流速过大会引起渠道的冲刷,过小会导致水中悬浮的泥沙在渠中淤积,从而影响渠道的过流能力。为了确保渠道能够长期稳定地工作,设计流速应限制在一定范围之内:

$$[v]_{min} < v < [v]_{max} \tag{7.17}$$

式中 $[v]_{min}$ ——渠道不被淤积的最小设计流速,简称不淤设计流速;

$[v]_{max}$ ——渠道不被冲刷的最大设计流速,简称不冲设计流速。

$[v]_{min}$ 主要取决于水流挟沙能力,含沙量大小和悬浮泥沙的性质,而 $[v]_{max}$ 取决于渠道表面上土壤类别或衬砌材料的抗冲刷能力。渠道的设计流速与它所承担的任务(例如灌溉、给排水、通航等)有关,不同的专业都有不同的规定,需要时可查阅相关的书籍、资料和手册,现将《室外排水设计规范》(GB 50014—2006)的有关规定摘录如表 7.2,以供参考。

当水流深度 h 在 $0.4 \sim 1.0$ m 以外时,表 7.2 所列最大设计流速应乘以下列系数:

$$h < 0.4 \text{ m}, 0.85$$
$$1.0 < h < 2.0 \text{ m}, 1.25$$
$$h \geqslant 2.0 \text{ m}, 1.40$$

排水明渠的最小设计流速为 0.4 m/s。

表7.2　明渠最大设计流速(水深为 0.4~1.0 m)

序号	土质或衬砌材料	最大设计流速/(m/s)
1	粗砂或低塑性粉质黏土	0.8
2	粉质黏土	1.0
3	黏土	1.2
4	草皮护面	1.6
5	干砌块石	2.0
6	浆砌块石或浆砌砖	3.0
7	石灰岩或中砂岩	4.0
8	混凝土	4.0

7.2.5　明渠均匀流的水力计算

明渠均匀流的水力计算,一般分为三类基本问题,现以工程中最常见的梯形断面渠道为例加以说明。

7.2.5.1　验算渠道的过流能力

这类问题主要是对已经建成的渠道进行水力校核。因为渠道已经建成,过流断面的形状及尺寸(b , h , m),渠道的壁面材料 n 和渠道底坡 i 都是已知的,只需要根据已知的值算出 A , R , C 的值,然后代入明渠均匀流基本公式,便可以求出通过的流量:

$$A = (b + mh)h \ ; \chi = b + 2h\sqrt{1 + m^2} \ ; R = \frac{A}{\chi} = \frac{(b + mh)h}{b + 2h\sqrt{1 + m^2}} \ ; C = \frac{1}{n}R^{\frac{1}{6}}$$

$$Q = AC\sqrt{Ri}$$

【例7.1】　某梯形断面混凝土渠道按均匀流设计,已知底宽 $b = 2.4$ m,水深 $h_0 = 1.2$ m,边坡系数 $m = 1.5$,粗糙系数 $n = 0.014$, $l = 500$ m 长渠道上的水头损失 $h_w = 0.25$ m。问该渠道能通过多少流量 Q ?

【解】　明渠均匀流基本公式: $Q = AC\sqrt{Ri}$

其中:

过流断面面积　$A = (b + mh_0)h_0 = (2.4 + 1.5 \times 1.2) \times 1.2 = 5.04 \ \text{m}^2$

湿周　$\chi = b + 2h_0\sqrt{1 + m^2} = 2.4 + 2 \times 1.2 \times \sqrt{1 + 1.5^2} = 6.73 \ \text{m}$

水力半径　$R = \frac{A}{\chi} = \frac{5.04}{6.73} = 0.75 \ \text{m}$

谢才系数　$C = \frac{1}{n}R^{1/6} = \frac{1}{0.014} \times 0.75^{1/6} = 68.08 \ \text{m}^{0.5}/\text{s}$

对于均匀流,底坡 i 等于水力坡度 J , $i = J = \frac{h_w}{l} = \frac{0.25}{500} = 0.000 \ 5$

流量

$$Q = AC\sqrt{Ri} = 5.04 \times 68.08 \times \sqrt{0.75 \times 0.000\ 5} = 6.65\ \text{m}^3/\text{s}$$

7.2.5.2　确定渠道的底坡

这类问题在渠道的设计中会遇到。对于这类问题,已知渠道的断面形状即尺寸 (b,h,m),渠道的壁面材料 n,过流能力 Q。根据已知值算出流量模数 $K = AC\sqrt{R}$,代入明渠均匀流基本公式,得到:

$$i = \frac{Q^2}{K^2}$$

【**例 7.2**】　某梯形断面路边排水土渠,底宽 $b = 1.5$ m,边坡系数 $m = 1.25$,粗糙系数 $n = 0.022$,要求正常水深 $h_0 = 0.85$ m,设计流量 $Q = 1.6$ m³/s,试求排水渠的底坡 i。

【**解**】　过流断面面积:

$$A = (b + mh_0)h_0 = (1.5 + 1.25 \times 0.85) \times 0.85 = 2.18\ \text{m}^2$$

湿周

$$\chi = b + 2h_0\sqrt{1 + m^2} = 1.5 + 2 \times 0.85 \times \sqrt{1 + 1.25^2} = 4.22\ \text{m}$$

水力半径

$$R = \frac{A}{\chi} = \frac{2.18}{4.22} = 0.517\ \text{m}$$

谢才系数

$$C = \frac{1}{n}R^{1/6} = \frac{1}{0.022} \times 0.517^{1/6} = 40.72\ \text{m}^{0.5}/\text{s}$$

流量模数

$$K = AC\sqrt{R} = 2.18 \times 40.72 \times \sqrt{0.517} = 63.83\ \text{m}^3/\text{s}$$

底坡

$$i = \frac{Q^2}{K^2} = \frac{1.6^2}{63.83^2} = 0.000\ 63$$

7.2.5.3　设计渠道断面

设计渠道断面是在已知流量 Q、渠道底坡 i、边坡系数 m、粗糙系数 n 的条件下,确定渠底宽度 b 和水深 h。

从 $Q = AC\sqrt{Ri} = f(b,h,m,n,i)$ 可知,在 Q,m,n,i 一定时,仅用一个基本方程求 b 和 h 两个未知量,会得到多组解答。要想得到确定的值,需要另外补充方程。

(1)给定水深 h,求相应的底宽 b

$$K = \frac{Q}{\sqrt{i}} = AC\sqrt{R} = \frac{1}{n}A^{\frac{5}{3}}\chi^{-\frac{2}{3}} = \frac{1}{n}(bh + mh^2)^{\frac{5}{3}} \cdot (b + 2h\sqrt{1 + m^2})^{-\frac{2}{3}}$$

①假定一系列的 b 值,计算相应的流量模数 K 值,做出 $K = f(b)$ 曲线,如图 7.11 所示。

②由已知 Q、i 算出应有的流量模数 $K_A = \dfrac{Q}{\sqrt{i}}$，在曲线上找出 K_A 所对应的 b 值，即为所求的底宽。

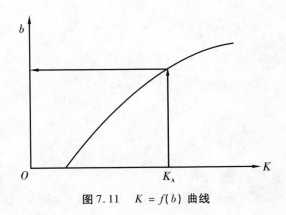

图 7.11 $K = f(b)$ 曲线

【例 7.3】 某梯形断面排水渠，土质为沙壤土，边坡系数 $m = 2.0$，粗糙系数 $n = 0.025$，底坡 $i = 1/2500$，若正常水深 $h_0 = 1.25$ m 时，求通过流量 $Q = 5$ m³/s 时的底宽。

【解】

$$K_0 = \frac{Q}{\sqrt{i}} = \frac{5}{\sqrt{\dfrac{1}{2500}}} = 250 \ \text{m}^3/\text{s}$$

而 $K = AC\sqrt{R}$，$C = \dfrac{1}{n}R^{1/6}$，$R = \dfrac{A}{\chi}$，$A = (b + mh)h$，$\chi = b + 2h\sqrt{1 + m^2}$

代入数字：

$$K = \frac{1}{n}\frac{[(b + mh)h]^{5/3}}{(b + 2h\sqrt{1 + m^2})^{2/3}} = \frac{1}{0.025}\frac{(1.25b + 3.125)^{5/3}}{(b + 5.59)^{2/3}}$$

假定一系列 b 值，由上式算出相应的 K 值，计算结果列入表 7.3，并绘出 $K = f(b)$ 曲线，再由 $K_0 = 250$ m³/s，在图 7.12 中查得 $b = 3.15$ m。

表 7.3 不同底宽 b 值的流量模数

b/m	2.0	2.5	3.0	3.5	4
$K/(\text{m}^3/\text{s})$	184.2	215.6	237.0	264.0	291.1

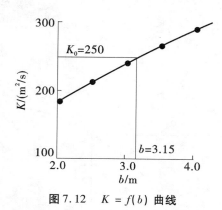

图 7.12 $K = f(b)$ 曲线

（2）给定底宽 b ，求相应的水深 h

①假定一系列的 h ，求出相应的流量模数 K 值，作出 $K = f(h)$ 曲线，如图 7.13 所示。

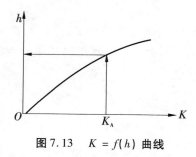

图 7.13 $K = f(h)$ 曲线

②由已知 Q 、i 算出应有的流量模数 $K_A = \dfrac{Q}{\sqrt{i}}$ ，在曲线上找出 K_A 所对应的 h 值，即为所求的正常水深 h 。

【例 7.4】 有一梯形断面渠道，已知底坡 $i = 0.000\,6$ ，边坡系数 $m = 1.0$ ，粗糙系数 $n = 0.03$ ，底宽 $b = 1.5$ m ，求通过流量 $Q = 1$ m^3/s 时的正常水深 h 。

【解】

$$K = \frac{Q}{\sqrt{i}} = \frac{1}{\sqrt{0.000\,6}} = 40.82 \text{ m}^3/\text{s}$$

$$A = (b + mh)h = (1.5 + 1.0h)h = 1.5h + h^2$$

$$\chi = b + 2h\sqrt{1 + m^2} = 1.5 + 2h\sqrt{1 + 1.0^2} = 1.5 + 2.83h$$

假定一系列 h 值，由基本公式 $K = AC\sqrt{R} = \dfrac{A^{5/3}}{n}\chi^{2/3} = f(h)$ ，可得对应的 K 值，计算结果列于表 7.4 内，并绘出 $K = f(h)$ 曲线，如图 7.14 所示。当 $K = 40.82$ m^3/s 时，得 $h = 0.83$ m 。

表 7.4　不同水深 h 值的流量模数

h/m	0	0.2	0.4	0.6	0.8	1.0
$K/(\mathrm{m^3/s})$	0	3.40	11.07	22.57	38.06	57.78

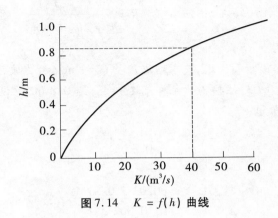

图 7.14　$K = f(h)$ 曲线

（3）给定宽深比 $\beta = \dfrac{b}{h}$，求相应的 h 和 b 的值

对于小型渠道，宽深比 β 可按水力最优条件 $\beta = \beta_h = 2(\sqrt{1 + m^2} - m)$ 给出，对于大型渠道，宽深比 β 需要综合考虑技术、经济条件，然后比较给出。

【例 7.5】　有一梯形渠道，在土层中开挖，边坡系数 $m = 1.5$，底坡 $i = 0.000\,5$，粗糙系数 $n = 0.025$，设计流量 $Q = 1.5\ \mathrm{m^3/s}$。试按水力最优条件设计渠道断面的尺寸。

【解】　水力最优宽深比，有：

$$\frac{b}{h} = 2(\sqrt{1 + m^2} - m) = 2(\sqrt{1 + 1.5^2} - 1.5) = 0.606$$

则

$$b = 0.606h$$
$$A = (b + mh)h = (0.606h + 1.5h)h = 2.106\,h^2$$

水力最优断面的水力半径：$R = 0.5h$

将 A、R 代入基本公式，得到：

$$Q = AC\sqrt{Ri} = A\frac{1}{n}R^{1/6}\sqrt{Ri} = 1.188\,h^{8/3}$$

解得：

$$h = \left(\frac{Q}{1.188}\right)^{3/8} = 1.09\ \mathrm{m}$$

$$b = 0.606 \times 1.09 = 0.66\ \mathrm{m}$$

（4）限定最大允许流速 $[v]_{\max}$，确定相应的 b、h

以渠道不发生冲刷的最大允许流速 $[v]_{\max}$ 为控制条件，则渠道的过流断面面积和水

力半径为定值

$$A = \frac{Q}{[v]_{max}} \qquad R = \left[\frac{n\,v_{max}}{i^{1/2}}\right]^{3/2}$$

再由几何关系

$$A = (b+mh)h \qquad R = \frac{(b+mh)h}{b+2h\sqrt{1+m^2}}$$

两式联立可以解得 b、h。

【例7.6】 修建梯形断面渠道,要求通过流量 $Q=1\ \mathrm{m^3/s}$,边坡系数 $m=1.0$,底坡 $i=0.002\,2$,粗糙系数 $n=0.03$,试按不冲允许流速 $[v]_{max}=0.8\ \mathrm{m/s}$,设计断面尺寸。

【解】 过流断面面积:

$$A = \frac{Q}{[v]_{max}} = \frac{1}{0.8} = 1.25\ \mathrm{m^2}$$

水力半径:

$$R = \left[\frac{n[v]_{max}}{\sqrt{i}}\right]^{3/2} = \left[\frac{0.03\times0.8}{\sqrt{0.002\,2}}\right]^{3/2} = 3.42\ \mathrm{m}$$

$$A = (b+mh)h = (b+h)h = 1.25\ \mathrm{m^2}$$

$$R = \frac{(b+mh)h}{b+2h\sqrt{1+m^2}} = \frac{(b+h)h}{b+2\sqrt{2}h} = 3.42\ \mathrm{m}$$

联立解得:$h=0.5\ \mathrm{m}$,$b=2\ \mathrm{m}$

7.3 无压圆管均匀流

在给排水工程和环境工程中,广泛应用无压圆管,例如城市地下排水管道、路基涵管等。无压圆管是指圆形断面不满流的管道。这类管道内的流动具有自由液面,表面压强为大气压强。对于长直无压圆管,当其管径 d、底坡 i 和粗糙系数 n 均沿流程保持不变时,管中的流动可以认为是明渠均匀流,即无压圆管均匀流。圆形无压管道之所以在给排水工程和环境工程中得到广泛应用,原因在于它既符合水力最优断面条件、力学性能好,又便于工厂预制、方便施工等一系列优点。

城市地下排水管道与路基涵管中,因为排水流量经常会变动,为了避免在流量增大时,管道承受压力,污水涌出排污口污染环境,以及为保持管道内通风,避免污水中溢出的有害气体聚集,排水管道通常为非满管流动。

7.3.1 无压圆管均匀流的特征

无压圆管均匀流的水流状态与明渠均匀流相同,无压圆管均匀流只是明渠均匀流特定的断面形式,它的形成条件、水力特征以及基本公式都和明渠均匀流相同,即

$$J = J_p = i$$
$$Q = AC\sqrt{Ri}$$

7.3.2　无压圆管过流断面的几何要素

无压面管过流断面,如图7.15所示。

(1)基本量

d ——圆管直径;

h ——水深;

α ——充满度,$\alpha = \dfrac{h}{d}$;

θ ——充满角,水深 h 对应的圆心角。

充满度与充满角之间的关系为:

$$\alpha = \sin^2 \frac{\theta}{4} \qquad (7.18)$$

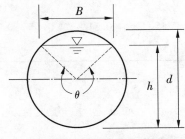

图7.15　无压圆管过流断面

(2)导出量

过流断面面积 A

$$A = \frac{d^2}{8}(\theta - \sin \theta) \qquad (7.19)$$

湿周 χ

$$\chi = \frac{d}{2}\theta \qquad (7.20)$$

水力半径 R

$$R = \frac{A}{\chi} = \frac{d}{4}\left(1 - \frac{\sin \theta}{\theta}\right) \qquad (7.21)$$

水面宽度 B

$$B = d\sin \frac{\theta}{2} \qquad (7.22)$$

圆管过流断面的几何要素,见表7.5。

表7.5　圆管过流断面的几何要素

充满度 α	过流断面面积 A/m^2	水力半径 R/m	充满度 α	过流断面面积 A/m^2	水力半径 R/m
0.05	$0.0147d^2$	$0.0326d$	0.55	$0.4426d^2$	$0.2649d$
0.10	$0.0400d^2$	$0.0635d$	0.60	$0.4920d^2$	$0.2776d$
0.15	$0.0739d^2$	$0.0929d$	0.65	$0.5404d^2$	$0.2881d$
0.20	$0.1118d^2$	$0.1206d$	0.70	$0.5872d^2$	$0.2962d$
0.25	$0.1535d^2$	$0.1466d$	0.75	$0.6319d^2$	$0.3017d$
0.30	$0.1982d^2$	$0.1709d$	0.80	$0.6736d^2$	$0.3042d$
0.35	$0.2450d^2$	$0.1935d$	0.85	$0.7115d^2$	$0.3033d$

续表 7.5

充满度 α	过流断面面积 A/m^2	水力半径 R/m	充满度 α	过流断面面积 A/m^2	水力半径 R/m
0.40	$0.2934d^2$	$0.2142d$	0.90	$0.7445d^2$	$0.2980d$
0.45	$0.3428d^2$	$0.2331d$	0.95	$0.7707d^2$	$0.2865d$
0.50	$0.3927d^2$	$0.2500d$	1.00	$0.7854d^2$	$0.2500d$

7.3.3　无压圆管的最优充满度与最大充满度

对于一定的无压圆管(d,n,i一定),流量 Q 随水深 h 而变化

$$Q = AC\sqrt{Ri} = A \cdot \frac{1}{n} R^{\frac{1}{6}} \sqrt{\frac{A}{\chi} \cdot i} = \frac{\sqrt{i}}{n} \cdot A^{\frac{5}{3}} \chi^{-\frac{2}{3}}$$

将 $A = \frac{d^2}{8}(\theta - \sin\theta)$,$\chi = \frac{d}{2}\theta$ 代入上面的公式,可以得到

$$Q = \frac{\sqrt{i}}{n} \cdot \left(\frac{d^2}{8}(\theta - \sin\theta)\right)^{\frac{5}{3}} \left(\frac{d}{2}\theta\right)^{-\frac{2}{3}}$$

对 θ 求一阶导数,并且令 $\frac{\mathrm{d}Q}{\mathrm{d}\theta} = 0$,求得过流能力最大时的水力最优充满角

$$\theta_h = 308°$$

相应的水力最优充满度

$$\alpha_h = \sin^2 \frac{\theta_h}{4} = \sin^2 \frac{308°}{4} = 0.95$$

同理,由 $v = \frac{1}{n} R^{\frac{2}{3}} i^{\frac{1}{2}} = \frac{i^{\frac{1}{2}}}{n} \left[\frac{d}{4}\left(1 - \frac{\sin\theta}{\theta}\right)\right]^{\frac{2}{3}}$,令 $\frac{\mathrm{d}v}{\mathrm{d}\theta} = 0$,可以解得过流速度最大时的充满角和充满度

$$\theta_h = 257.5° \qquad \alpha_h = 0.81$$

由此可知:无压圆管均匀流在水深 $h = 0.95d$,即充满度 $\alpha_h = 0.95$ 时,过流能力最优;在水深 $h = 0.81d$,即充满度 $\alpha_h = 0.81$ 时,过流速度最大。

设满流($h=d$)时的流量为 Q_d,相应的水力要素 $A_d = \frac{\pi}{4}d^2$,$R_d = \frac{d}{4}$。不满流($h<d$)时的流量为 Q,令 Q 与 Q_d 之比为相对流量,用 $\bar{Q}$ 表示,则有

$$\bar{Q} = \frac{Q}{Q_d} = \frac{AC\sqrt{Ri}}{A_d C_d \sqrt{R_d i}} = \frac{A}{A_d}\left(\frac{R}{R_d}\right)^{\frac{2}{3}}$$

将两种情况下的水力要素代入上式,则有

$$\bar{Q} = \frac{(\theta - \sin\theta)^{\frac{5}{3}}}{2\pi \theta^{\frac{2}{3}}}$$

因为 $\theta = 4\arcsin\sqrt{\alpha}$ ，所以 $\overline{Q} = f_Q(\alpha) = f_Q\left(\dfrac{h}{d}\right)$

同理，相对速度

$$\overline{v} = \frac{v}{v_0} = \frac{C\sqrt{Ri}}{C_d\sqrt{R_d i}} = \left(\frac{R}{R_d}\right)^{\frac{2}{3}} = \left(1 - \frac{\sin\theta}{\theta}\right)^{\frac{2}{3}} = f_v(\alpha) = f_v\left(\frac{h}{d}\right)$$

假设一系列的 α 值，可以得到相应的 Q/Q_d 和 v/v_d 值，从而可以绘制出相对流量、相对流速无量纲曲线图，如图 7.16 所示。

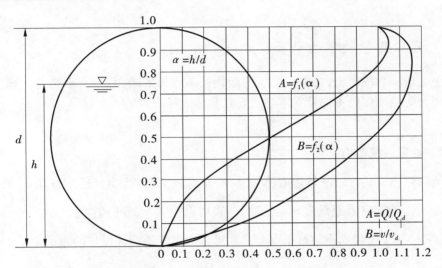

图 7.16　$Q/Q_d - h/d$ 和 $v/v_d - h/d$ 曲线

从图 7.16 可以看出：无压圆管均匀流的最大流量和最大流速都发生在满管流动之前，原因在于圆形断面上部充水时，超过某一水深后，其湿周比水流过流断面面积增加得快，水力半径开始减小，从而导致流量和流速的减小。当 $\alpha = h/d = 0.95$ 时，Q/Q_d 达到最大值，$(Q/Q_d)_{\max} = 1.087$，即此时不满管流比满管流量还要大 8.7% ；当 $\alpha = h/d = 0.81$ 时，v/v_d 达到最大值，$(v/v_d)_{\max} = 1.16$，即此时不满管流比满管流的流速大 16% 。

需要说明的是，水力最优充满度并不是设计充满度，在工程中进行无压管道的水力计算时，实际采用的设计充满度，还需要考虑管道的工作条件和管道的直径大小，并且符合相关规范的规定。

对于污水管道，为了避免因为流量变动，使得管道承受压力，造成污水涌出排污口污染环境，要求充满度不能过大。表 7.6 给出了室外排水、污水管道的最大充满度。

另外，为了防止管道发生冲刷和淤积，排水管的最大设计流速：金属管为 10 m/s ，非金属管为 5 m/s ；在设计充满度下，排水管的最小设计流速：$d \leqslant 500$ mm 时，取 0.6 m/s ，$d > 500$ mm 时，取 0.75 m/s 。

表 7.6 污水管道最大设计充满度

管径/mm	最大设计充满度
200 ~ 300	0.55
350 ~ 450	0.65
500 ~ 900	0.70
≥1 000	0.75

7.3.4 无压圆管的水力计算

对于无压圆管均匀流,各参数之间的函数关系比梯形断面复杂,不容易计算,工程上通常采用预先编制好的专用计算图表进行计算。无压圆管的水力计算分为以下三类基本问题。

7.3.4.1 验算过流能力

这类问题主要是针对已经建成的管道,验算其过流能力,当管道的直径 d,管壁的粗糙系数 n,管线坡度 i 及充满度 α 给定时,查表可以得到 A,R 的值,然后由 $C = \frac{1}{n} R^{\frac{1}{6}}$ 求出 C 的值,将 A,C,R 代入均匀流基本公式就可以求出管道能够通过的流量:

$$Q = AC\sqrt{Ri}$$

【例 7.7】 钢筋混凝土圆形污水管,管径 $d = 1\,000$ mm,管壁粗糙系数 $n = 0.014$,管道坡度 $i = 0.002$,试求最大设计充满度时的流速和流量。

【解】 查表 7.6 知管径 $d = 1\,000$ mm 的污水管最大设计充满度为 $\alpha = \frac{h}{d} = 0.75$

当 $\alpha = \frac{h}{d} = 0.75$ 时查表 7.5 知过流断面的几何要素为

断面面积

$$A = 0.631\,9\,d^2 = 0.631\,9 \times 1.0^2 = 0.631\,9 \text{ m}^2$$

水力半径

$$R = 0.301\,7d = 0.301\,7 \times 1.0 = 0.301\,7 \text{ m}$$

谢才系数

$$C = \frac{1}{n} R^{1/6} = \frac{1}{0.014} (0.301\,7)^{1/6} = 58.5 \text{ m}^{0.5}/\text{s}$$

流速

$$v = C\sqrt{Ri} = 58.5 \times \sqrt{0.301\,7 \times 0.002} = 1.44 \text{ m/s}$$

流量

$$Q = vA = 1.44 \times 0.631\,9 = 0.91 \text{ m}^3/\text{s}$$

在实际工程中,还需校核流速 v 是否在允许流速范围之内。对于钢筋混凝土管,最大

设计流速 $[v]_{\max} = 5 \text{ m/s}$，最小设计流速 $[v]_{\min} = 0.8 \text{ m/s}$，管道流速 v 在允许范围之内，$[v]_{\min} < v < [v]_{\max}$。

7.3.4.2 确定管道坡度

此时管道直径 d，充满度 α，管壁的粗糙系数 n，流量 Q 都是已知的，查表可以得到 A，R 的值，然后，由 $C = \dfrac{1}{n} R^{\frac{1}{6}}$，$K = AC\sqrt{R}$ 算出相应的 C 和 K，代入基本公式，可以求得管线坡度 i

$$i = \frac{Q^2}{K^2}$$

【例 7.8】 有一钢筋混凝土排水管，管径 $d = 600 \text{ mm}$，粗糙系数 $n = 0.013$，试问在最大设计充满度下需要多大的坡度才能通过 $Q = 0.4 \text{ m}^3/\text{s}$ 的流量？

【解】 查表 7.6 知管径 $d = 600 \text{ mm}$ 时，最大设计充满度 $\alpha = 0.7$；当 $\alpha = 0.7$ 时，查表 7.5 知过流断面的几何要素为

断面面积

$$A = 0.587\ 2 d^2 = 0.587\ 2 \times 0.6^2 = 0.211 \text{ m}^2$$

水力半径

$$R = 0.296\ 2 d = 0.296\ 2 \times 0.6 = 0.178 \text{ m}$$

谢才系数

$$C = \frac{1}{n} R^{1/6} = \frac{1}{0.013} \times 0.178^{1/6} = 57.69 \text{ m}^{0.5}/\text{s}$$

流量模数

$$K = AC\sqrt{R} = 0.211 \times 57.69 \times \sqrt{0.178} = 5.136 \text{ m}^3/\text{s}$$

底坡

$$i = \frac{Q^2}{K^2} = \frac{0.4^2}{5.136^2} = 0.006$$

7.3.4.3 确定管道直径

这时流量 Q，管道坡度 i，管壁粗糙系数 n，以及充满度 α 都是已知的，要确定管道的直径。

查表可以得到 A，R 与直径 d 的关系，代入均匀流基本公式：

$$Q = AC\sqrt{Ri} = f(d)$$

就可以解出管道直径 d。

【例 7.9】 有一钢筋混凝土污水管，已知底坡 $i = 0.003\ 5$，粗糙系数 $n = 0.013$，要求充满度 $\alpha = 0.75$ 时通过的流量 $Q = 1.31 \text{ m}^3/\text{s}$，若管内为均匀流，试求管径 d。

【解】 当 $\alpha = 0.75$ 时，查表 7.5 知过流断面的几何要素为：

截面面积

$$A = 0.631\ 9 d^2$$

水力半径

$$R = 0.301\ 7d$$

谢才系数

$$C = \frac{1}{n}R^{1/6} = \frac{1}{0.013} \times (0.301\ 7d)^{1/6} = 63.0\ d^{1/6}$$

底坡

$$i = 0.003\ 5$$

代入明渠均匀流基本公式 $Q = AC\sqrt{Ri}$ 得到：

$$0.631\ 9d^2 \times 63.0\ d^{1/6} \times \sqrt{0.301\ 7d \times 0.003\ 5} = 1.31$$

解得

$$d = 1.0\ \text{m}$$

7.4 明渠流动状态

明渠流动是具有自由水面、水深可变的流动。对于明渠流动，无论是均匀流还是非均匀流，都存在着两种特有的流动状态：缓流和急流。

观察明渠中障碍物对水流的影响，会发现明渠中存在着两种截然不同的流动状态。一种常见于底坡平缓的渠道和平原河道中，明渠中水流的流速比较小，水流在遇到障碍物阻挡时，水面会在障碍物前普遍壅高，并向上游传播，一直影响到上游较远处，这种水流状态称为缓流，如图7.17（a）所示。另一种多见于山区底坡较陡、水流湍急的山涧溪流中，明渠中的水流比较湍急，水流在遇到障碍物时，水面仅在障碍物附近隆起，上游水面不发生壅高，障碍物的干扰对上游较远处的水流不发生影响，这种水流状态称为急流，如图7.17（b）所示。

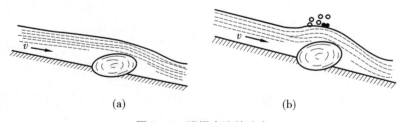

(a)　　　　　　　　　　(b)

图7.17　明渠水流的流态

明渠水流的这两种不同的流态，反映了明渠水流中的障碍物对水流会产生不同的影响。在分析明渠水流问题时，首先需要正确地区分这两种不同的流态。掌握不同流动状态的实质，对于认识明渠流动现象，分析明渠流动的运动规律具有十分重要的意义。

需要说明的是，明渠水流的两种流动形态——缓流和急流与急变流和渐变流是截然不同的两个概念，不能相互混淆。急流、缓流是指相对流动的快慢，而急变流与渐变流是指流动变化的快慢。在渐变流里有缓流也有急流，在急变流中同样也有缓流和急流，例如弯道水流。

下面分别从运动学的角度和能量的角度来分析明渠水流的两种流态。

7.4.1　微幅干扰波波速

明渠水流受障碍物的干扰和人为的连续不断地搅动水流所形成的干扰在性质上是一样的。其干扰的影响都是以具有一定速度的微小干扰波的形式向四周各个方向传播。

从运动学的角度看,缓流受到干扰引起的水面波动,既向下游传播,也向上游传播;而急流受到干扰引起的水面波动,只向下游传播,不向上游传播。为了说明这个问题,首先分析一下微幅干扰波(简称微波)的波速。

为了简便起见,取平底坡的棱柱形渠道,渠内水流处于静止状态,水深为 h ,水面宽度为 B ,过流断面面积为 A 。在渠内放一直立平板,将平板以一定的速度向左拨动一下,在平板的左侧水面上将产生一个波高为 Δh 的微幅干扰波,以速度 c 从右向左传播。波形所到之处引起水体的运动,在渠内形成非恒定流,如图 7.18(a)所示。为此,取运动坐标系随波峰运动,该坐标系随波峰做匀速直线运动,仍然是一个惯性坐标系,相对于这个运动坐标系而言,波是静止的,水以波速 c 由左向右运动,渠内水流转化为恒定流,如图 7.18(b)所示。

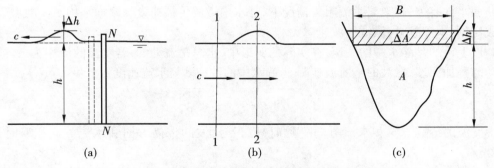

图 7.18　微幅干扰波的传播

以水平渠底为基准面,断面 2-2 选在波峰上,断面 1-1 取在波峰左边未受波影响的地方,列 1-1 断面、2-2 断面之间的伯努利方程,两断面间间距很近,可以不计能量损失 h_w ,则有

$$z_1 + \frac{\alpha_1 v_1^2}{2g} = z_2 + \frac{\alpha_2 v_2^2}{2g}$$

式中　$z_1 = h$;$z_2 = h + \Delta h$;$v_1 = c$;v_2 为断面 2-2 的平均流速。

由连续性方程 $cA = v_2(A + \Delta A)$,得到

$$v_2 = \frac{cA}{A + \Delta A}$$

所以

$$h + \frac{\alpha_1 c^2}{2g} = h + \Delta h + \frac{\alpha_2 \left(\dfrac{cA}{A + \Delta A}\right)^2}{2g}$$

取 $\alpha_1 = \alpha_2 = 1$,得到

$$c = \pm \sqrt{2g\Delta h \cdot \frac{A^2 + 2\Delta A \cdot A + (\Delta A)^2}{2\Delta A \cdot A + (\Delta A)^2}}$$

因为波高 $\Delta h \ll h$, $\Delta A = \Delta h \cdot B \ll A$,忽略 ΔA^2,则有

$$c = \pm \sqrt{2g \frac{\Delta A}{B} \cdot \frac{A^2 + 2\Delta A \cdot A}{2\Delta A \cdot A}} = \pm \sqrt{g \frac{A}{B} \left(1 + \frac{2\Delta A}{A}\right)}$$

因为 $\Delta A \ll A$, $\dfrac{\Delta A}{A} \approx 0$,所以

$$c = \pm \sqrt{g \frac{A}{B}} = \pm \sqrt{g\bar{h}} \qquad (7.23)$$

即波在静水中的传播速度为 $c = \pm \sqrt{g\bar{h}}$

式中　$\bar{h}$——断面平均水深。

对于矩形断面渠道:$A = Bh$,可得

$$c = \pm \sqrt{gh} \qquad (7.24)$$

由式(7.24)可以看出:矩形断面明渠静水中微波的传播速度与重力加速度和波所在的断面水深有关,在忽略水流阻力情况下,静水中微波传播速度与断面平均水深的1/2次方成比例,水深越大,微波的波速越大。

以上讲的是静水中的波速,在实际的明渠中,水总是流动的,若水流的流速为 v,根据运动的叠加原理,微波的绝对波速 c' 为静水中的波速 c 与水流速度 v 之和

$$c' = v + c = v \pm \sqrt{g \frac{A}{B}} \qquad (7.25)$$

式中　波的传播方向和水流方向一致时,取正号;波的传播方向和水流方向相反时,取负号。

当明渠中水流速度小于微幅干扰波的传播速度 $v < c$ 时,c' 有正、负值,表明干扰波既能向下游传播,又能向上游传播,如图 7.19(b)所示,这种流态是缓流。

当明渠中水流速度大于微幅干扰波的传播速度 $v > c$ 时,c' 只有正值,表明干扰波只能向下游传播,不能向上游传播,如图 7.19(d)所示,这种流态是急流。

当明渠中水流速度等于微幅干扰波的传播速度 $v = c$ 时,微幅干扰波向上游传播的速度为零,波只能向下游传播,如图 7.19(c)所示,这种流动状态称为临界流。这时的明渠水流速度称为临界流速,用 v_c 表示。

因此,用微幅干扰波的波速 c 可以判别明渠水流的流动状态,即

当 $v < c$ 时,流动为缓流;

当 $v > c$ 时,流动为急流;

当 $v = c$ 时,流动为临界流。

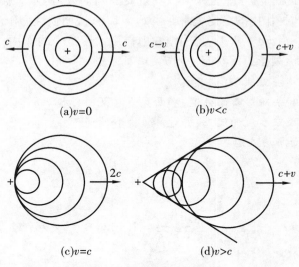

(a)$v=0$　　　　(b)$v<c$

(c)$v=c$　　　　(d)$v>c$

图 7.19　微幅干扰波的波速

7.4.2　弗劳德数

既然缓流与急流取决于水流速度 v 和波速 c 的相对大小,因此,流速 v 和波速 c 的比值可以作为判别缓流与急流的标准,流速 v 与波速 c 的比值称为弗劳德数,是一个无量纲数,用 Fr 表示

$$Fr = \frac{v}{c} = \frac{v}{\sqrt{g\dfrac{A}{B}}} = \frac{v}{\sqrt{g\bar{h}}} \tag{7.26}$$

当 $Fr < 1$ 时,$v < c$,流动为缓流;

当 $Fr > 1$ 时,$v > c$,流动为急流;

当 $Fr = 1$ 时,$v = c$,流动为临界流。

由式(7.26)可以得到

$$Fr^2 = \frac{v^2}{g\bar{h}} = \frac{\dfrac{1}{2}mv^2}{\dfrac{1}{2}mg\bar{h}}$$

由上式可以看出,弗劳德数的平方值表示过流断面单位重量液体的平均动能与平均势能之半的比值。当明渠水流中的动能小于 $\dfrac{1}{2}$ 平均势能时,$Fr < 1$,明渠流动为缓流;当明渠水流中的动能超过 $\dfrac{1}{2}$ 平均势能时,$Fr > 1$,明渠流动为急流;当明渠水流中的动能等于 $\dfrac{1}{2}$ 平均势能时,$Fr = 1$,明渠流动为临界流。

弗劳德数在工程流体力学中是一个极其重要的判别数,其力学意义是代表了明渠水流的惯性力和重力两种作用的对比关系。当 $Fr = 1$ 时,说明惯性力作用与重力作用相等,明渠水流是临界流。当 $Fr > 1$ 时,说明惯性力作用大于重力的作用,惯性力对明渠水流起主导作用,明渠水流处于急流状态。当 $Fr < 1$ 时,惯性力作用小于重力作用,重力对水流起主导作用,明渠水流处于缓流状态。

【例7.10】 已知某矩形断面渠道,水面宽 $B = 80$ m,水深 $h = 2.5$ m,通过流量 $Q = 1\,680$ m³/s,试判断渠中水流的流态,并计算流速和波速。

【解】 渠中断面平均流速

$$v = \frac{Q}{A} = \frac{1\,680}{80 \times 2.5} = 8.4 \text{ m/s}$$

弗劳德数

$$Fr = \frac{v}{\sqrt{gh}} = \frac{8.4}{\sqrt{9.8 \times 2.5}} = 1.70 > 1 \qquad \text{为急流}$$

波速

$$c = \sqrt{gh} = \sqrt{9.8 \times 2.5} = 4.95 \text{ m/s}$$

7.4.3 断面单位能量与临界水深

7.4.3.1 断面单位能量

前面从运动学的角度分析了缓流与急流,明渠水流的流态还可以从能量的角度进行分析和判断,下面再从能量的角度对它们进行分析。

如图 7.20 所示为一底坡较小的明渠非均匀渐变流,任取一过流断面,以 0 - 0 为基准面,则过流断面上单位重量液体所具有的总能量为

$$E = z + \frac{p}{\rho g} + \frac{\alpha v^2}{2g} = a + h + \frac{\alpha v^2}{2g}$$

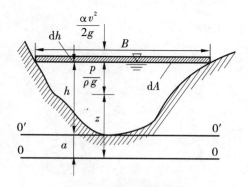

图 7.20 断面单位能量

如果把参考基准面选在渠底最低点所在的水平面这一特殊位置,即以 0′ - 0′ 为基准

面,则过流断面上单位重量液体所具有的总能量以 e 来表示,则有

$$e = E - a = h + \frac{\alpha v^2}{2g} \tag{7.27}$$

式中 e 称为断面单位能量,或断面比能,是单位重量液体相对于以该断面最低点为基准面的机械能。断面单位能量 e 和以前定义的单位重量液体的机械能 E 是两个不同的能量概念,它们的区别在于以下两点。

(1)单位重量液体的机械能 E 是相对于沿程同一基准面的机械能,而断面单位能量 e 是以通过各自断面最低点的基准面计算的机械能,只和水深、流速有关,与该断面位置的高低无关。

(2)由于有能量损失,单位重量液体的机械能 E 总是沿程减小的,即 $dE/ds < 0$;而断面单位能量 e 在顺坡渠道中其值沿程可能增加,即 $de/ds > 0$;也可能减小,即 $de/ds < 0$;在均匀流中,e 值沿程不变,即 $de/ds = 0$。

7.4.3.2 断面单位能量曲线

由 $e = h + \dfrac{\alpha v^2}{2g}$ 知道,当流量 Q 和过流断面的形状及尺寸一定时,断面单位能量仅仅是水深 h 的函数,即

$$e = h + \frac{\alpha v^2}{2g} = h + \frac{\alpha Q^2}{2gA^2} = f(h) \tag{7.28}$$

以水深 h 为纵坐标,断面单位能量 e 为横坐标,作 $e = f(h)$ 曲线,如图 7.21 所示,断面单位能量曲线表示了在一定流量下断面单位能量随水深的变化规律。

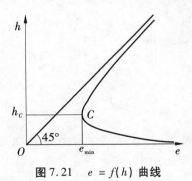

图 7.21 $e = f(h)$ 曲线

从图 7.21 可以看出:当 $h \to 0$ 时,$A \to 0$,则 $e \approx \dfrac{\alpha Q^2}{2gA^2} \to \infty$,曲线以横轴为渐近线;当 $h \to \infty$ 时,$A \to \infty$,则 $e \approx h \to \infty$,曲线以通过坐标原点与横轴成 45°角的直线为渐近线。该曲线在 C 点断面单位能量有最小值 e_{min} ,C 点把 $e = f(h)$ 曲线分成上下两支,在上支($h > h_c$),断面单位能量 e 随水深 h 的增加而增加;在下支($h < h_c$)断面单位能量 e 随水深 h 的增加而减小。

将式(7.28)对 h 求导,可以进一步了解断面单位能量曲线的变化规律。

$$\frac{de}{dh} = \frac{d}{dh}\left(h + \frac{\alpha Q^2}{2gA^2}\right) = 1 - \frac{\alpha Q^2}{gA^3}\frac{dA}{dh} \tag{7.29}$$

当水深 h 有一微小增量 dh 时,对应的过流面积的微小增量为 $dA = B \cdot dh$,B 为过流断面的水面宽度,代入式(7.29),得到

$$\frac{de}{dh} = 1 - \frac{\alpha Q^2}{gA^3}\frac{dA}{dh} = 1 - \frac{\alpha Q^2}{gA^3}B = 1 - \frac{\alpha v^2}{g\frac{A}{B}} = 1 - \frac{\alpha v^2}{c^2} = 1 - \alpha Fr^2 \tag{7.30}$$

取 $\alpha = 1.0$,则有

$$\frac{de}{dh} = 1 - Fr^2 \tag{7.31}$$

式(7.31)说明:明渠水流的断面单位能量 e 随水深 h 的变化规律取决于断面上的弗劳德数。对于缓流,$Fr < 1$,则 $\frac{de}{dh} > 0$,断面单位能量 e 随水深 h 的增加而增加,对应于断面单位能量曲线的上支;对于急流,$Fr > 1$,则 $\frac{de}{dh} < 0$,断面单位能量 e 随水深 h 的增加而减小,对应于断面单位能量曲线的下支;对于临界流,$Fr = 1$,则 $\frac{de}{dh} = 0$,断面单位能量 e 为最小值,对应于断面单位能量曲线的分界点 C。

7.4.3.3 临界水深

临界水深是指在断面形式及流量一定的条件下,相应于断面单位能量最小值时的水深,用 h_c 表示。

由式(7.30)知临界水深时

$$\frac{de}{dh} = 1 - \frac{\alpha Q^2}{gA^3}B = 0$$

得到

$$\frac{\alpha Q^2}{g} = \frac{A_c^3}{B_c} \tag{7.32}$$

式中 A_c、B_c 分别表示临界水深时的过流断面面积和水面宽度。

式(7.32)是求解临界水深的通用公式。当流量与过流断面形状及尺寸给定时,利用上式即可求解临界水深 h_c。当流量 Q 一定时,公式(7.32)的左边是一定值,右边 A_c、B_c 均为 h_c 的函数。临界水深 h_c 只与渠道的流量 Q,边坡系数 m,底宽 b 有关,而与渠道的底坡 i 和壁面的粗糙系数 n 无关。

(1)矩形断面明渠临界水深的计算

对于矩形断面渠道,水面宽度 B_c 等于底宽 b,即 $B_c = b$,则 $A_c = b \cdot h_c$

$$\frac{\alpha Q^2}{g} = \frac{(b \cdot h_c)^3}{b} = b^2 h_c^3$$

$$h_c = \sqrt[3]{\frac{\alpha Q^2}{gb^2}} = \sqrt[3]{\frac{\alpha q^2}{g}} \tag{7.33}$$

式中　$q = \dfrac{Q}{b}$ 称为单宽流量，$\mathrm{m^3/(s \cdot m)}$。

（2）等腰梯形断面临界水深的计算

对于等腰梯形断面：$A_c = (b + mh_c) h_c$，$B_c = b + 2mh_c$，取 $\alpha = 1$，则有

$$\frac{Q^2}{g} = \frac{(b + mh_c)^3 h_c^3}{b + 2mh_c} \tag{7.34}$$

上式是关于 h_c 的一元六次方程，没有解析解，只有近似解，在工程上常采用试算法。

渠道中的水深为临界水深时，相应的断面平均流速称为临界流速，即 $h = h_c$ 时，所对应的断面平均流速为临界流速 v_c，由式（7.32）可以得到

$$v_c = \sqrt{g \frac{A_c}{B_c}} \tag{7.35}$$

对于矩形断面渠道，则有

$$v_c = \sqrt{gh_c} \tag{7.36}$$

对于明渠水流，根据给定的断面尺寸和流量，求出临界水深 h_c 以后，将渠道中的实际水深 h 与临界水深 h_c 相比较，也可以判别明渠水流的流动状态：

$h > h_c$ 时，$v < v_c$，流动为缓流；

$h < h_c$ 时，$v > v_c$，流动为急流；

$h = h_c$ 时，$v = v_c$，流动为临界流。

7.4.3.4　临界底坡

由明渠均匀流的基本公式 $Q = AC\sqrt{Ri}$ 可以知道：当明渠的断面形状及尺寸，壁面粗糙系数，流量一定时，均匀流的正常水深 h_0 大小只取决于渠道的底坡 i，不同的底坡 i 有相应的正常水深 h_0，可以绘出 h_0 与 i 之间的关系曲线，如图 7.22 所示，从图中可以看出：i 越大，h_0 越小。

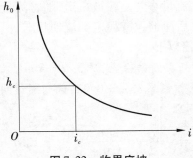

图 7.22　临界底坡

当水流的正常水深 h_0 恰好等于该流量下的临界水深 h_c 时，相应的渠底坡度称为临界底坡，用符号 i_c 表示

$$h_0 = h_c，i = i_c$$

根据上述定义,在临界底坡上作均匀流动时,一方面要满足临界流的条件 $\dfrac{\alpha Q^2}{g} = \dfrac{A_c^3}{B_c}$,另一方面又要满足均匀流基本公式:$Q = A_c C_c \sqrt{R_c i_c}$,两式联立解得

$$i_c = \frac{g A_c}{\alpha C_c^2 R_c B_c} = \frac{g}{\alpha C_c^2} \cdot \frac{\chi_c}{B_c} \qquad (7.37)$$

式中　C_c,χ_c,B_c 分别为临界水深 h_c 相对应的谢才系数,湿周和水面宽度。

对于宽浅渠道,$\chi_c \approx B_c$,则式(7.37)可以简化为

$$i_c = \frac{g}{\alpha C_c^2} \qquad (7.38)$$

由式(7.38)可以看出:临界底坡 i_c 是对应某一给定的渠道和流量的特定坡度,是为了便于分析明渠流动而引入的一个假想坡度,它只与渠道的流量 Q,边坡系数 m,底宽 b,水深 h 以及粗糙系数 n 有关,而与渠道的实际坡度 i 无关。

将渠道的实际坡度 i 与临界底坡 i_c 相比较,则有下面三种情况:$i < i_c$,称为缓坡;$i > i_c$,称为陡坡,或者急坡;$i = i_c$,称为临界坡。在上述三种底坡上,水流可以作均匀流动,也可以作非均匀流动。在明渠均匀流情况下,可以用底坡的类型判别水流的流态:

当 $i < i_c$ 时,$h_0 > h_c$,均匀流是缓流;

当 $i > i_c$ 时,$h_0 < h_c$,均匀流是急流;

当 $i = i_c$ 时,$h_0 = h_c$,均匀流是临界流。

即缓坡渠道中的均匀流是缓流;急坡渠道中的均匀流是急流;临界坡渠道中的均匀流为临界流。需要指出的是,这种判别方法只适用于均匀流的情况,在非均匀流时就不一定了。对于非均匀流,水深 h 不等于正常水深 h_0,在缓坡上可能出现水深 h 小于临界水深 h_c 的急流,而在陡坡上也可能出现水深 h 大于临界水深 h_c 的缓流。

在断面一定的棱柱形渠道中,临界水深 h_c 与流量有关,则相应的 C_c,χ_c,B_c 各量同流量有关,临界底坡 i_c 的大小也同流量有关。因此,底坡 i 一定的渠道是缓坡还是陡坡,会因流量的变动而改变,如果流量小时是缓坡渠道,随着流量的增大,i_c 减小而变为陡坡。在工程上,为了保证渠道通水后能够保持稳定的流动状态,尽量使设计底坡 i 与设计流量下相应的临界底坡 i_c 相差两倍以上。

【例7.11】　一条长直的矩形断面渠道,底宽 $b = 5$ m,渠内均匀流正常水深 $h_0 = 2$ m 时,其通过流量 $Q = 40$ m^3/s,粗糙系数 $n = 0.02$,试判别该明渠水流的流态。

【解】　(1)用临界水深判别

$$h_c = \sqrt[3]{\frac{\alpha Q^2}{g b^2}} = \sqrt[3]{\frac{1 \times 40^2}{9.8 \times 5^2}} = 1.87 \text{ m}$$

因为 $h_0 = 2$ m $> h_c = 1.87$ m,所以明渠水流为缓流。

(2)用临界坡度判别

$$A_c = bh_c = 5 \times 1.87 = 9.35 \text{ m}^2$$

$$\chi_c = b + 2h_c = 5 + 2 \times 1.87 = 8.74 \text{ m}$$

$$R_c = \frac{A_c}{\chi_c} = \frac{9.35}{8.74} = 1.07 \text{ m}$$

$$i_c = \frac{Q^2 n^2}{A_c^2 R_c^{\frac{4}{3}}} = \frac{40^2 \times 0.02^2}{9.35^2 \times 1.07^{\frac{4}{3}}} = 0.006\ 69$$

又因为

$$A_0 = bh_0 = 5 \times 2 = 10\ \mathrm{m}^2\ ;$$

$$\chi_0 = b + 2h_0 = 5 + 2 \times 2 = 9\ \mathrm{m}$$

$$R_0 = \frac{A_0}{\chi_0} = \frac{10}{9} = 1.11\ \mathrm{m}\ ;$$

$$i = \frac{Q^2 n^2}{A_0^2 R_0^{\frac{4}{3}}} = \frac{40^2 \times 0.02^2}{10^2 \times 1.11^{\frac{4}{3}}} = 0.005\ 57$$

因为 $i < i_c$,所以此明渠均匀流为缓流。

（3）用弗劳德数判别

$$Fr = \sqrt{\frac{\alpha Q^2 B}{g A^3}}$$

其中, $A = A_0 = bh_0 = 5 \times 2 = 10\ \mathrm{m}^2$; $B = b = 5\ \mathrm{m}$

所以 $Fr = \sqrt{\dfrac{1 \times 40^2 \times 5}{9.8 \times 10^3}} = 0.903$

因为 $Fr < 1$,所以此明渠均匀流为缓流。

（4）用临界流速判别

$$v_c = \frac{Q}{A_c} = \frac{Q}{bh_c} = \frac{40}{5 \times 1.87} = 4.28\ \mathrm{m/s}$$

$$v_0 = \frac{Q}{A_0} = \frac{Q}{bh_0} = \frac{40}{5 \times 2} = 4\ \mathrm{m/s}$$

因为 $v_0 < v_c$,所以此明渠均匀流为缓流。

7.5 水跃和水跌

缓流和急流是明渠水流的两种不同的流态。实际工程中由于明渠沿程流动边界的变化,当水流从一种流态向另一种流态转换时,会产生局部的急变流水力现象——水跃和水跌。

7.5.1 水跃

水跃是明渠水流从急流状态过渡到缓流状态时,水面骤然跃起的急变流现象,如图7.23 所示。从泄水建筑物下泄的水流到达河床时,流速比较大,水深比较小,水流的弗劳德数很大,一般属于急流,而下游河道中的水流一般属于缓流,下泄的水流从急流过渡到缓流,必然要发生水跃。水跃现象一般发生在泄水建筑物的下游,例如在溢流坝、闸孔等泄水建筑物的下游,以及从陡坡渠道过渡到缓坡渠道,一般都会发生水跃。

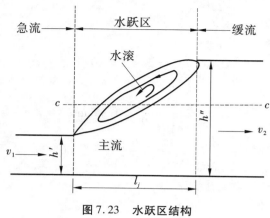

图 7.23　水跃区结构

水跃的基本特征是水深在很短的流程内由小于临界水深 h_c 增加到大于 h_c ,水面不是连续上升,而是骤然跃起。水跃由两部分组成:一部分是底部的主流,水深迅速增加由浅变深,流速由快变慢;另一部分是急流冲入缓流所激起的表面水滚,翻腾滚动,里面掺有大量的气泡。

确定水跃区的几何要素主要有:表面水滚起点所在的过流断面称为跃前断面,即水面开始上升处的过流断面为跃前断面,该断面处的水深 h' ,叫跃前水深。表面水滚终点所在的过流断面,称为跃后断面,该断面处的水深 h'' ,叫跃后水深。跃后水深与跃前水深之差,称为水跃高度(简称跃高), $a = h'' - h'$ 。跃前断面与跃后断面之间的水平距离称为水跃长度(简称跃长),用 l_j 表示。

在跃前断面和跃后断面之间的水跃段内,水流运动要素急剧变化,水流紊动,掺混强烈,水滚与主流间不断进行质量交换,水跃段内有较大的能量损失。根据相关的实验,跃前断面的单位机械能经过水跃后可减少 45% ~ 60% 。因此,常利用水跃来消除泄水建筑物下游高速水流中的巨大动能,以达到保护下游河床免受冲刷的目的。

水跃的基本计算包括跃前、跃后水深的计算,水跃能量损失计算和水跃长度计算。在对这些水跃要素进行分析计算之前,首先需要建立起水跃方程。因为水跃的能量损失很大,不能忽略,又难以直接计算,不能应用能量方程,现利用动量方程推导恒定流平坡棱柱形明渠中的水跃基本方程。

7.5.2　水跃基本方程和水跃函数

7.5.2.1　水跃基本方程

水跃是水流由急流向缓流过渡而产生的一种局部特殊的水流现象,而这种现象的发生必须具备一定的条件,即上、下游的水深,也就是跃前断面水深 h' 和跃后断面水深 h'' 之间存在着一定的关系,必须满足这种关系,水跃才能发生,这种关系就是共轭关系。下面推导平坡($i = 0$)棱柱形渠道中水跃的基本方程(图 7.24)。

设平坡棱柱形渠道,通过流量 Q 时发生自由水跃(在明渠中不借助于设置任何障碍物,而是完全依靠天然的上下游水深之间满足共轭关系而形成的水跃),跃前断面水深为 h',断面平均流速为 v_1,跃后断面水深为 h'',断面平均流速为 v_2,水跃长度为 l_j。为了便于方程的推导,根据水跃的实际情况,在推导过程中引入以下假设:

(1)忽略明渠边壁对水流的摩擦阻力 F。因为水跃段长度不大,渠道边壁对水流的摩擦阻力较小,可以忽略不计。

(2)跃前、跃后两过流断面为渐变流过流断面,断面上动压强的分布近似按静水压强的规律分布。

(3)跃前、跃后两过流断面上的动量修正系数 $\beta_1 = \beta_2 = 1$。

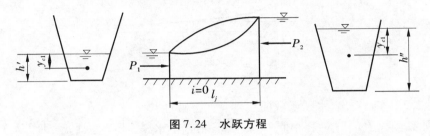

图 7.24　水跃方程

取跃前断面 1 − 1,跃后断面 2 − 2 之间的水体为控制体,作用在控制体上的外力有:跃前断面、跃后断面上的动水压力 P_1、P_2,渠底及侧壁的约束反力 R,摩擦阻力 F,重力 G。其中重力 G 和约束反力 R 都垂直于流动方向,在流动方向上的投影为零。根据假设,摩擦阻力 $F = 0$,因此作用在隔离体上的力只有两个过流断面上的动水压力 P_1 和 P_2,沿流动方向对控制体列动量方程

$$P_1 - P_2 = \rho Q (v_2 - v_1)$$

其中:$v_1 = \dfrac{Q}{A_1}$,$v_2 = \dfrac{Q}{A_2}$,$P_1 = \rho g y_{c1} A_1$,$P_2 = \rho g y_{c2} A_2$,A_1、A_2 分别为跃前、跃后断面的面积,y_{c1}、y_{c2} 分别为跃前、跃后断面形心点的水深。

将上述各项代入动量方程,得到

$$\rho g y_{c1} A_1 - \rho g y_{c2} A_2 = \rho Q \left(\frac{Q}{A_2} - \frac{Q}{A_1} \right)$$

$$\frac{Q^2}{g A_1} + A_1 y_{c1} = \frac{Q^2}{g A_2} + A_2 y_{c2} \tag{7.39}$$

式(7.39)即为平坡棱柱形明渠水跃基本方程,它表明:水跃区单位时间内,流入跃前断面的动量与该断面动水总压力之和,等于流出跃后断面的动量与该断面动水总压力之和。

7.5.2.2　水跃函数

当明渠的断面形状、尺寸、流量一定时,水跃方程的左右两边都仅是水深 h 的函数,称此函数为水跃函数,以符号 $J(h)$ 表示,即

$$J(h) = \frac{Q^2}{g A} + A y_c \tag{7.40}$$

以水深 h 为纵轴,以水跃函数 $J(h)$ 为横轴,可以绘出水跃函数曲线,如图 7.25 所示。

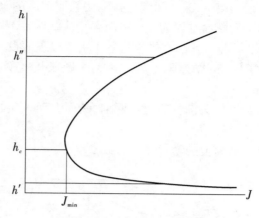

图 7.25　水跃函数曲线

从图 7.25 可以看出,水跃函数曲线具有如下特性:

(1)水跃函数 $J(h)$ 有一极小值 J_{min},与 J_{min} 相应的水深为临界水深 h_c,即 $J(h_c) = J_{min}$。

(2)当 $h > h_c$ 时,相应于曲线的上半支,$J(h)$ 随着跃后水深增大而增大。

(3)当 $h < h_c$ 时,相应于曲线的下半支,$J(h)$ 随着跃前水深增大而减小。

这时,水跃方程(7.39)可以简写为

$$J(h') = J(h'') \tag{7.41}$$

式中　h'、h'' 分别为跃前和跃后水深,式(7.41)表明:在棱柱形平坡明渠中,跃前水深 h',跃后水深 h'' 具有相同的水跃函数值。跃前水深越小,对应的跃后水深越大;反之,跃前水深越大,对应的跃后水深越小,这一对水深称为共轭水深。

7.5.2.3　共轭水深计算

共轭水深计算是各项水跃计算的基础。泄水建筑物下游明渠通常采用矩形平底渠道,对于矩形断面平底明渠,$A = bh$,$y_c = \dfrac{h}{2}$,$q = \dfrac{Q}{b}$,代入水跃方程(7.39),消去 b,得到

$$\frac{q^2}{gh'} + \frac{h'^2}{2} = \frac{q^2}{gh''} + \frac{h''^2}{2}$$

对上式整理,化简后得到

$$h' h''^2 + h'^2 h'' - \frac{2q^2}{g} = 0 \tag{7.42}$$

式(7.42)是一个对称的二次方程,解该方程可以得到

$$h' = \frac{h''}{2}\left(\sqrt{1 + \frac{8q^2}{gh''^3}} - 1\right) \tag{7.43}$$

$$h'' = \frac{h'}{2}\left(\sqrt{1 + \frac{8q^2}{gh'^3}} - 1\right) \tag{7.44}$$

因为 $\dfrac{q^2}{gh^3} = \dfrac{v^2}{gh} = Fr^2$，$\dfrac{q^2}{g\,h'^3} = \dfrac{v_1^2}{gh'} = Fr_1^2$，$\dfrac{q^2}{g\,h''^3} = \dfrac{v_1^2}{gh''} = Fr_2^2$，所以，式（7.43）、（7.44）又可以写为

$$h' = \frac{h''}{2}\left(\sqrt{1 + 8\,Fr_2^2} - 1\right) \tag{7.45}$$

$$h'' = \frac{h'}{2}\left(\sqrt{1 + 8\,Fr_1^2} - 1\right) \tag{7.46}$$

式中　Fr_1、Fr_2 分别为跃前和跃后水流的弗劳德数。

对于梯形断面渠道，断面面积为 $A = (b + mh)h$，梯形断面形心点至水面的水深为 $y_c = \dfrac{h}{6} \cdot \dfrac{3b + 2mh}{b + mh}$。对于梯形断面，利用水跃方程 $\dfrac{Q^2}{g\,A_1} + A_1\,y_{c1} = \dfrac{Q^2}{g\,A_2} + A_2\,y_{c2}$ 求解共轭水深，没有解析解，只有近似解，工程上一般采用试算法求解。

7.5.2.4　水跃长度计算

水跃长度 l_j 是水跃开始和终止的两个断面间的水平距离。它是泄水建筑物消能设计的主要依据之一。由于水跃现象的复杂性，水跃长度目前还无法从理论上进行求解，目前对水跃长度的计算主要是以实验为主，采用经验公式。

对于平底坡矩形断面明渠，水跃长度可以采用下列经验公式：

（1）以跃后水深表示的公式

$$l_j = 6.1h'' \tag{7.47}$$

该公式的适用范围为 $4.5 < Fr_1 < 10$。

（2）以跃高表示的公式

$$l_j = 6.9(h'' - h') \tag{7.48}$$

（3）含弗劳德数的公式

$$l_j = 9.4(Fr_1 - 1)\,h' \tag{7.49}$$

$$l_j = 10.8h'\,(Fr_1 - 1)^{0.93} \tag{7.50}$$

对于平底梯形断面明渠，水跃长度可以采用下列经验公式：

$$l_j = 5h''\left(1 + 4\sqrt{\frac{B_2 - B_1}{B_1}}\right) \tag{7.51}$$

式中　B_1，B_2 分别为跃前、跃后断面的水面宽度。

7.5.2.5　水跃能量损失计算

跃前断面与跃后断面单位重量液体机械能之差是水跃消除的能量，以 ΔE_j 表示。对于平坡矩形断面渠道，对水跃的跃前、跃后断面应用总流能量方程，可以得到水跃段水头损失的计算公式

$$\Delta E_j = \left(z_1 + \frac{p_a}{\rho g} + \frac{\alpha_1\,v_1^2}{2g}\right) - \left(z_2 + \frac{p_a}{\rho g} + \frac{\alpha_2\,v_2^2}{2g}\right) = \left(h' + \frac{\alpha_1\,v_1^2}{2g}\right) - \left(h'' + \frac{\alpha_2\,v_2^2}{2g}\right)$$

对于矩形断面有：$v_1 = \dfrac{q}{2g}$，$v_2 = \dfrac{q}{2g}$，取 $\alpha_1 = \alpha_2 = 1$，则有

$$\Delta E_j = h' - h'' + \frac{q^2}{2g}\left(\frac{1}{h'^2} - \frac{1}{h''^2}\right)$$

又因为

$$h'^2 h'' + h' h''^2 = \frac{2q^2}{g}$$

所以

$$\Delta E_j = \frac{(h'' - h')^3}{4h'h''} \tag{7.52}$$

式(7.52)表明:在给定流量情况下,跃前、跃后水深相差越大,水跃消除的能量值越大。

水跃的能量损失与跃前断面的单位能量之比,称为水跃的消能率,用 K_j 表示:

$$K_j = \frac{\Delta E_j}{E_1} \tag{7.53}$$

式中 $E_1 = h' + \dfrac{q^2}{2g\,h'^2}$,为跃前断面的单位能量。

【例7.12】 某泄水建筑物下游矩形断面渠道,渠宽 $b = 4$ m,渠中流量 $Q = 60$ m^3/s,当渠中产生自由水跃时,测得跃前水深 $h' = 0.8$ m。试求:(1)跃后水深 h'';(2)水跃长度 l_j;(3)水跃消能率 K_j。

【解】 (1)泄流单宽流量 $q = \dfrac{Q}{b} = \dfrac{60}{4} = 15$ m^2/s

$$Fr_1^2 = \frac{q^2}{g\,h'^3} = \frac{15}{9.8 \times 0.8^3} = 44.84$$

跃后水深 $\quad h'' = \dfrac{h'}{2}\left(\sqrt{1 + 8\,Fr_1^2} - 1\right) = \dfrac{0.8}{2}\left(\sqrt{1 + 8 \times 44.84} - 1\right) = 7.19$ m

(2)水跃长度 l_j

$$l_j = 6.1h'' = 6.1 \times 7.19 = 43.86 \text{ m}$$

$$l_j = 6.9(h'' - h') = 6.9 \times (7.19 - 0.8) = 44.09 \text{ m}$$

$$l_j = 9.4(Fr_1 - 1)\,h' = 9.4 \times (6.7 - 1) \times 0.8 = 42.86 \text{ m}$$

$$l_j = 10.8h'(Fr_1 - 1)^{0.93} = 10.8 \times 0.8 \times (6.7 - 1)^{0.93} = 43.6 \text{ m}$$

(3)水跃能量损失

$$\Delta E = \frac{(h'' - h')^3}{4h'h''} = \frac{(7.19 - 0.8)^3}{4 \times 0.8 \times 7.19} = 11.34 \text{ m}$$

$$E_1 = h' + \frac{q^2}{2g\,h'^2} = 0.8 + \frac{15^2}{2 \times 9.8 \times 0.8^2} = 18.6 \text{ m}$$

$$K_j = \frac{\Delta E}{E_1} = \frac{11.34}{18.6} = 61\%$$

【例7.13】 两段底坡不同的矩形断面渠道相连,渠道底宽都是 5 m,上游渠道中水流作均匀流,水深为 0.7 m,下游渠道为平坡渠道,在连接处附近水深约为 6.5 m,通过流量为 48 m^3/s。

(1)在两渠道连接处是否会发生水跃?

（2）若发生水跃，试以上游渠中水深为跃前水深，计算其共轭水深。

（3）计算水跃所消耗的水流能量。

【解】　（1）判别是否发生水跃

$$h_c = \sqrt[3]{\frac{\alpha q^2}{g}} = \sqrt[3]{\frac{1 \times 48^2}{9.8 \times 5^2}} = 2.11 \text{ m}$$

上游 $h_1 = 0.7$ m < 2.11 m 为急流；下游 $h_2 = 6.5$ m > 2.11 m 为缓流。水流由急流转变为缓流，将会发生水跃现象。

（2）以 $h' = 0.7$ m 计算共轭水深

$$h'' = \frac{h'}{2}\left(\sqrt{1 + 8 Fr_1^2} - 1\right)$$

$$Fr_1^2 = \frac{v^2}{gh'} = \frac{48^2}{9.8 \times 0.7 \times (5 \times 0.7)^2} = 27.42$$

$$h'' = \frac{0.7}{2}\left(\sqrt{1 + 8 \times 27.42} - 1\right) = 4.85 \text{ m}$$

（3）单位重量液体通过水跃损失的能量为

$$\Delta E_j = \frac{(h'' - h')^3}{4h'h''} = \frac{(4.85 - 0.7)^3}{4 \times 0.7 \times 4.85} = 5.26 \text{ m}$$

7.5.3　水跃

水跃是明渠水流从缓流过渡到急流，水面急剧降落的急变流现象。这种现象常见于渠道底坡由缓坡（$i < i_c$）突然变为陡坡（$i > i_c$），或者下游渠道断面形状突然改变处。下面以缓坡明渠末端为跌坎的水流为例，说明水跃现象（图 7.26）。

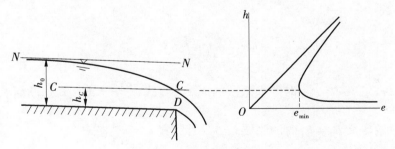

图 7.26　水跌现象

缓坡明渠上游为均匀缓流，水深为正常水深 h_0，水面线 $N-N$ 与渠底平行。在 D 处突然遇到一跌坎，在跌坎处失去了下游水流的阻力，水流在重力作用下，自由跌落，水面急剧下降，临近跌坎断面水流已经转变为非均匀急变流。那么跌坎上的水面会降低到什么位置呢？取渠底 0-0 为基准面，则水流单位机械能 E 等于断面单位能量 e。根据 $e - h$ 关系曲线可知，缓流状态下，水深减小时，断面单位能量 e 减小。当跌坎上水面降落时，水流断面单位能量将沿着 $e - h$ 关系曲线的上支减小。在重力作用下，跌坎上水面最低只能降至 C 点，即临界水深 h_c 的位置。如果继续降低，则变为急流状态，能量反而增大，这是不可能的。所以,跌坎上最小水深只能是临界水深。

上述断面比能和临界水深的理论,都是在渐变流的前提下建立的。跌坎上的理论水面线为图中虚线所示,而实际上,跌坎断面附近,水面急剧下降,流线急剧弯曲,流动已经不是渐变流而是急变流了。由实验得知:实际坎末端断面水深 h_D 小于临界水深 h_c , $h_D \approx 0.7h_c$,而临界水深 h_c 发生在坎末端断面上游大约 $(3 \sim 4)h_c$ 的位置,但在一般的水面分析和计算,仍取坎末端断面的水深作为临界水深。

本章小结

本章阐述了明渠的水力特点和分析计算方法。明渠水流与有压管流相比,特点是具有自由水面,由于水深可变,过流断面面积以及流速也随之变化。所以,研究明渠流动以水深的变化规律为中心。

1. 明渠均匀流

(1)水力特征: $J = J_p = i$

(2)产生条件:断面形状、尺寸不变, n 、i 不变的顺坡渠道。

(3)水力计算基本公式

梯形断面: $Q = AC\sqrt{Ri} = K\sqrt{i} = f(b,h,m,n,i)$

无压圆管: $Q = AC\sqrt{Ri} = K\sqrt{i} = f(d,\alpha,n,i)$

2. 流动状态

(1)基本概念

微幅干扰波波速: $c = \sqrt{gh}$

弗劳德数: $Fr = \dfrac{v}{c}$

断面单位能量: $e = h + \dfrac{\alpha v^2}{2g} = h + \dfrac{\alpha Q^2}{2gA^2} = f(h)$

临界水深:定义 $e = e_{\min}$ 时的水深, $h = h_c$;计算式: $\dfrac{\alpha Q^2}{g} = \dfrac{A_c^3}{B_c}$,矩形断面 $h_c = \sqrt{\dfrac{\alpha q^2}{g}}$

临界底坡:定义 $h_0 = h_c$ 时的底坡 $i = i_c$,计算式 $i_c = \dfrac{g}{\alpha C_c^2} \dfrac{\chi_c}{B_c}$

(2)流动状态

缓流:水深较大,流速较小,多见于底坡较缓的渠道或者平原河流;

急流:水深较小,流速较大,多见于底坡较陡的渠道或者山区河流;

临界流:处于缓急流的分界,是一种不稳定的状态。

缓流、急流、临界流的判别方法如下表:

方法	特征	流态	方法	特征	流态
临界水深法	$h > h_c$	缓流	弗劳德数法	$Fr < 1$	缓流
	$h = h_c$	临界流		$Fr = 1$	临界流
	$h < h_c$	急流		$Fr > 1$	急流
临界流速法	$v < v_c$	缓流	波速法	$v < c$	缓流
	$v = v_c$	临界流		$v = c$	临界流
	$v > v_c$	急流		$v > c$	急流
断面比能法	$de/dh > 0$	缓流	临界底坡法	$i < i_c$	缓流
	$de/dh = 0$	临界流		$i = i_c$	临界流
	$de/dh < 0$	急流		$i > i_c$	急流

注:临界底坡法只适用于明渠均匀流。

3.水跃和水跌

水跃和水跌是明渠水流状态转化过程中,水流升、降变化经过临界水深时发生的急变流现象:急流→缓流,水跃;缓流→急流,水跌。

思考题

1.什么是明渠流动? 与有压管流相比,明渠流动具有哪些特点?

2.什么是渠道底坡? 底坡分为哪几种类型?

3.什么是棱柱形渠道? 什么是非棱柱形渠道? 各有什么特点?

4.明渠均匀流的水力特征是什么? 产生明渠均匀流的条件是什么?

5.什么是缓流? 什么是急流? 如何判断水流的流态?

6.什么是断面单位能量? 它与断面单位重量液体的总能量有何区别?

7.断面单位能量曲线有哪些特性?

8.弗劳德数的物理意义是什么? 为什么可以用它来判别明渠水流的流态?

9.什么是临界水深? 利用临界水深如何判别流态?

10.什么是水跃? 什么是水跌? 为什么把跃前水深和跃后水深称为一对共轭水深?

习题

一、单项选择题

1.明渠自由表面上各点压强_____ 。

A.小于大气压强　　　　　　　　B.等于大气压强

C.大于大气压强　　　　　　　　D.可能大于大气压强,也可能小于大气压强

2.明渠均匀流只可能在_____ 中产生。

A. 天然河道　　　　　　　　　　B. 平坡棱柱形长直渠道

C. 逆坡棱柱形长直渠道　　　　　　D. 顺坡棱柱形长直渠道

3. 水力最优断面是指_____的渠道断面。

A. 造价最低

B. 粗糙率最小

C. 在 Q、i、n 一定时,过流断面面积 A 最大

D. 在 A、i、n 一定时,通过流量 Q 最大

4. 水力最优矩形断面渠道,底宽 b 为水深 h 的_____。

A. 1/4　　　　　B. 1/2　　　　　C. 1 倍　　　　　D. 2 倍

5. 渠道内为均匀流动时沿程不变的断面水深称为_____。

A. 临界水深　　　B. 控制水深　　　C. 正常水深　　　D. 实际水深

6. 在无压圆管均匀流中,其他条件保持不变,正确的结论是_____。

A. 流速随设计充满度增大而增大　　B. 流量随设计充满度增大而增大

C. 流量随水力坡度增大而增大　　　D. 三种说法都不对

7. 明渠流动为急流时_____。

A. $Fr > 1$　　　B. $h > h_c$　　　C. $v < c$　　　D. $\dfrac{\mathrm{d}e}{\mathrm{d}h} > 0$

8. 明渠流动为缓流时_____。

A. $Fr < 1$　　　B. $h < h_c$　　　C. $v > c$　　　D. $\dfrac{\mathrm{d}e}{\mathrm{d}h} < 0$

9. 在流量一定时,渠道断面的形状、尺寸和壁面粗糙一定时,随着底坡的增大,正常水深将_____。

A. 增大　　　　　B. 减小　　　　　C. 不变　　　　　D. 无法确定

10. 在流量一定时,渠道断面的形状、尺寸一定时,随着底坡的增大,临界水深将____。

A. 增大　　　　　B. 减小　　　　　C. 不变　　　　　D. 无法确定

11. 断面单位能量 e 随水深 h 的变化规律是_____。

A. e 存在极大值　　　　　　　　B. e 存在极小值

C. e 随 h 增加而单调增加　　　　D. e 随 h 增加而单调减少

12. 弗劳德数的物理意义为_____。

A. 惯性力与重力之比　　　　　　　B. 惯性力与黏滞力之比

C. 压力与惯性力之比　　　　　　　D. 黏滞力与重力之比

13. 明渠水流由急流过渡到缓流时将会发生:_____。

A. 水跃　　　　　B. 水跌　　　　　C. 连续过渡　　　D. 都有可能

14. 明渠水流由缓流过渡到急流时将会发生:_____。

A. 水跃　　　　　B. 水跌　　　　　C. 连续过渡　　　D. 都有可能

15. 水跃属于_____现象。

A. 急变流　　　　B. 渐变流　　　　C. 层流　　　　　D. 紊流

二、计算题

16. 一顺直梯形断面排水土渠,均质黏土,粗糙系数 $n = 0.022$,底宽 $b = 3$ m,边坡系数 $m = 1.5$,底坡 $i = 0.0006$,设计正常水深 $h_0 = 0.8$ m,试验算渠道的输水能力和流速。

17. 有一浆石的矩形断面长渠道,已知底宽 $b = 3.0$ m,正常水深 $h_0 = 1.5$ m,粗糙系数 $n = 0.025$,通过的流量 $Q = 6$ m³/s,试求该渠道的底坡 i 和流速 v。

18. 某梯形断面渠道,已知其底宽 $b = 5.0$ m,设均匀流动时正常水深 $h_0 = 2.0$ m,边坡系数 $m = 1.0$,粗糙系数 $n = 0.0225$,试求渠道通过设计流量 $Q = 15$ m³/s 时的底坡。

19. 某干渠为梯形土渠,通过流量 $Q = 35$ m³/s,边坡系数 $m = 1.5$,底坡 $i = 0.0002$,粗糙系数 $n = 0.02$,试按水力最优断面原理设计渠道断面。

20. 修建水泥砂浆抹面的矩形渠道,要求通过流量 $Q = 9.7$ m³/s,底坡 $i = 0.001$,试按水力最优断面设计断面尺寸。

21. 渠道的流量 $Q = 30$ m³/s,底坡 $i = 0.009$,边坡系数 $m = 1.5$,粗糙系数 $n = 0.025$,已知宽深比 $\beta = 1.6$,求水深 h 和底宽 b。

22. 有一矩形断面渠道,采用干砌块石护面,粗糙系数 $n = 0.020$,底坡 $i = 0.0005$,通过流量 $Q = 3.2$ m³/s,要求正常水深 $h_0 = 1.2$ m,问该渠道的底宽 b 应为多少?

23. 现将一梯形混凝土渠道按均匀流设计,其中流量 $Q = 40$ m³/s,底宽 $b = 8.5$ m,边坡系数 $m = 1.5$,$n = 0.012$,底坡 $i = 0.0002$,试求正常水深 h_0。

24. 有一圆形无压钢筋混凝土排污管道,管径 $d = 1.0$ m,管壁粗糙系数 $n = 0.014$,底坡 $i = 0.002$,求在最大设计充满度情况下,该管道的流量和断面平均流速。

25. 已知一钢筋混凝土圆形排水管道,污水流量 $Q = 0.2$ m³/s,底坡 $i = 0.005$,粗糙系数 $n = 0.014$,试确定此管道的直径。

26. 矩形断面混凝土明渠,已知底宽 $b = 8$ m,均匀流水深 $h_0 = 3$ m,底坡 $i = 0.001$,粗糙系数 $n = 0.014$,流量 $Q = 30$ m³/s。试从不同角度判别水流的流态。

27. 有一梯形土渠,底宽 $b = 12$ m,边坡系数 $m = 1.5$,粗糙系数 $n = 0.025$,通过流量 $Q = 18$ m³/s,试求临界水深及临界底坡。

28. 某矩形断面渠道宽 $b = 4$ m,流量 $Q = 6.5$ m³/s,$n = 0.022$,$i = 0.0008$。求当实际水深 $h = 1.5$ m 时,水流的弗劳德数和微波波速,并据此判断水流形态。

29. 底宽 $b = 4$ m 的矩形断面渠道,$n = 0.017$,通过的流量 $Q = 50$ m³/s。渠道中水流为均匀流时,$h_0 = 4$ m,试用渠底坡与 i_c 比较的方法,判别渠中水流的流态。

30. 有一水跃产生于一棱柱体矩形断面平底区段中,已知单宽流量 $q = 1.5$ m³/(s·m),跃后水深 $h_2 = 1.6$ m,求跃前水深 h'、水跃长度 l_j 及水跃消能量 ΔE_j 和消能系数 K_j。

第 8 章　堰流

在明渠缓流中,为了控制水位和流量而设置的顶部可以溢流,既能挡水又能泄水的水工建筑物称为堰,又称为障壁。明渠缓流经堰顶溢流的急变流现象称为堰流。

本章应用工程流体力学的基本原理,分析堰流的水力特征、基本公式、流量系数及其影响因素,以及侧向收缩和淹没出流对堰流的影响;各种堰型的流动特征、应用特点和水力计算方法。

堰在工程中应用十分广泛,在水利工程中,堰是重要的灌溉、泄洪的水工建筑物;在给排水工程中,堰是常用的溢流设备和量水设备;在交通土建工程中,宽顶堰理论是小桥和涵洞孔径水力计算的基础。

8.1　堰和堰流分类

8.1.1　表征堰流的特征量

表征堰流的特征量如图 8.1 所示:

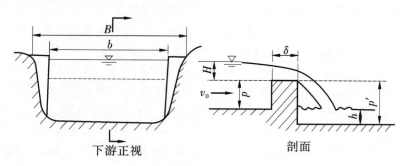

图 8.1　堰流

b ——堰宽,即水流漫过堰顶的宽度;

B ——上游渠道宽度;

H ——堰上水头,即堰上游堰顶至自由水面的水深,一般在堰上游距离堰（3 ~ 5）H 处测量;

δ ——堰顶厚度;

h ——下游水深；

p ——上游堰高；

p' ——下游堰高；

v_0 ——堰前行近流速，即堰前水头处的断面平均流速。

研究堰流的主要目的在于探讨流经堰的流量 Q 及与堰流有关的特征量之间的关系。

8.1.2　堰和堰流的分类

试验表明，堰顶溢流的水流情况随堰顶厚度 δ 与堰上水头 H 的比值不同而变化。工程上通常按堰顶厚度 δ 与堰上水头 H 的比值大小将堰分为以下 3 种类型。

（1）薄壁堰：$\dfrac{\delta}{H} < 0.67$

当 $\dfrac{\delta}{H} < 0.67$ 时，由于堰顶厚度很小，过堰水流（称为水舌）不受堰顶厚度 δ 的影响，水流在重力作用下从堰顶自由下泄，水头损失主要为局部水头损失，这种堰称为薄壁堰，如图 8.2 所示。

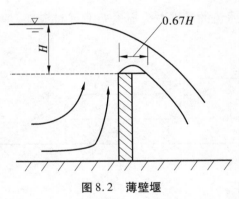

图 8.2　薄壁堰

（2）实用堰：$0.67 < \dfrac{\delta}{H} < 2.5$

当 $0.67 < \dfrac{\delta}{H} < 2.5$ 时，堰顶厚度对过堰水流有一定的影响，过堰水流开始受到堰顶厚度 δ 的顶托与约束作用，但影响还不是很大，堰顶水流在重力作用下仍为明显弯曲向下的流动。水流从堰顶自由下泄，其水头损失仍然主要是局部水头损失，这种堰称为实用堰，如图 8.3 所示。

实用堰有不同的剖面曲线，常见的有曲线型与折线型两种，水利工程中的大、中型溢流坝一般都采用曲线型实用堰［图 8.3（a）］，小型工程常采用折线型实用堰［图 8.3（b）］。

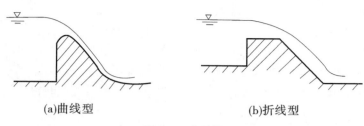

(a)曲线型   (b)折线型

图 8.3 实用堰

（3）宽顶堰：$2.5 < \dfrac{\delta}{H} < 10$

当 $2.5 < \dfrac{\delta}{H} < 10$ 时，过堰水流受到堰顶厚度 δ 的顶托与约束作用，在堰顶的进口处水面发生跌落。此后，由于堰顶对水流的顶托作用，有一段水面与堰顶近似平行。当下游水位较低时，在堰顶出口断面水面再次降落与下游水位衔接如图 8.4 所示。实验表明，宽顶堰过堰水流所产生的水头损失仍然主要为局部水头损失，沿程水头损失可以忽略不计。

当 $\dfrac{\delta}{H} > 10$ 时，过堰水流的沿程水头损失 h_f 已不能忽略，堰上水流已经不再属于堰流，而成为明渠流动了。

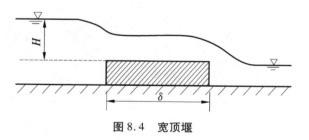

图 8.4 宽顶堰

影响堰流性质的因素除了 δ/H 以外，堰流与下游水位的衔接关系也是一个重要因素。当堰的下游水位比较低，过堰水流受下游水流的影响比较小，对堰的过流能力没有影响时，称为自由式堰流。当堰的下游水位比较高，超过堰顶时，过堰水流受到下游水流的顶托作用，使堰的过流能力降低，称为淹没式堰流。此外，当堰宽 b 等于上游渠道宽度 B 时，称为无侧向收缩堰。当堰宽 b 小于上游渠道宽度 B 时，称为有侧向收缩堰。

8.2 堰流基本公式

由于堰的边界条件不同，薄壁堰、实用堰和宽顶堰的水流特点有所差别。但是堰流的过流形式是相同的，来流都是缓流，经堰顶溢流，受力性质都相同，都是受重力作用，在能量损失上都是不计沿程水头损失，只考虑局部水头损失。因此，堰流具有相同的规律性，基本公式具有同一结构形式，其差别仅表现在某些系数的不同上。

现以自由溢流的无侧向收缩的薄壁堰为例,推导堰流基本公式,如图 8.5 所示。

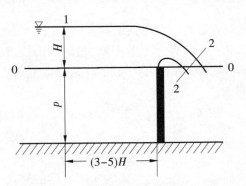

图 8.5 无侧收缩薄壁堰自由溢流

8.2.1 堰流基本公式推导

以通过堰顶的水平面 $0-0$ 为基准面,$1-1$ 断面取在离堰壁上游 $(3\sim5)H$ 处,$2-2$ 断面的中心点与堰顶同高。其中,$1-1$ 断面为渐变流过流断面;而 $2-2$ 断面处流线虽然接近平行,但断面内部各点压强不全等于大气压强,$2-2$ 过流断面上的测压管水头不为常数,用 $\left(\dfrac{p_2}{\rho g}\right)_m$ 表示 $2-2$ 断面上测压管水头的平均值。列 $1-1$ 断面、$2-2$ 断面之间的总流伯努利方程:

$$H + \frac{\alpha_0\, v_0^2}{2g} = \left(\frac{p_2}{\rho g}\right)_m + \frac{\alpha_2\, v^2}{2g} + \zeta\, \frac{v^2}{2g} \qquad (8.1)$$

式中　v_0——$1-1$ 断面的平均流速,即行近流速;

　　　v ——$2-2$ 断面的平均流速;

　　　α_0——$1-1$ 断面的动能修正系数;

　　　α_2——$2-2$ 断面的动能修正系数;

　　　ζ ——堰进口所引起的局部阻力系数;

　　　$\left(\dfrac{p_2}{\rho g}\right)_m$ ——$2-2$ 断面的平均压强水头。

令 $H_0 = H + \dfrac{\alpha_0\, v_0^2}{2g}$,其中 $\dfrac{\alpha_0\, v_0^2}{2g}$ 称为行近流速水头,H_0 称为包括行近流速水头在内的堰上水头。令 $\left(\dfrac{p_2}{\rho g}\right)_m = \xi H_0$,则式(8.1)可以改写为

$$H_0 - \xi H_0 = (\zeta + \alpha_2)\frac{v^2}{2g}$$

解得

$$v = \frac{1}{\sqrt{\zeta + \alpha_2}}\sqrt{1-\xi}\,\sqrt{2gH_0} = \varphi\sqrt{1-\xi}\,\sqrt{2gH_0}$$

式中　φ ——堰流的流速系数，$\varphi = \dfrac{1}{\sqrt{\zeta + \alpha_2}}$；

　　　ξ ——反映水股压强分布的一个修正系数。

因为堰顶过流断面面积一般为矩形，设堰顶的过流断面宽度为 b，2 - 2 断面的水舌厚度用 kH_0 表示，k 为反映堰顶水流竖向收缩的系数，则 2 - 2 断面的过流面积可以表示为 $A_2 = kH_0 b$，则通过流量为

$$Q = v A_2 = kH_0 b \varphi \sqrt{1 - \xi} \sqrt{2gH_0} = \varphi k \sqrt{1 - \xi} \, b \sqrt{2g} \, H_0^{3/2}$$

令

$$m = \varphi k \sqrt{1 - \xi} \qquad\qquad (8.2)$$

m 称为未考虑行近流速时的流量系数，与堰流的几何边界条件有关，则上式可以化简为

$$Q = mb \sqrt{2g} \, H_0^{3/2} \qquad\qquad (8.3)$$

由于堰顶水头 H 可以直接量测，为此，常改写上面的流量公式，把行近流速的影响包括在流量系数中。将 $H_0 = H + \dfrac{\alpha_0 v_0^2}{2g}$ 代入式（8.3）得到

$$Q = mb \sqrt{2g} \, H_0^{3/2} = mb \sqrt{2g} \left(H + \frac{\alpha_0 v_0^2}{2g} \right)^{3/2} = m \left(1 + \frac{\alpha_0 v_0^2}{2gH} \right)^{\frac{3}{2}} b \sqrt{2g} \, H^{3/2}$$

令 $m_0 = m \left(1 + \dfrac{\alpha_0 v_0^2}{2gH} \right)^{\frac{3}{2}}$，则有

$$Q = m_0 b \sqrt{2g} \, H^{3/2} \qquad\qquad (8.4)$$

式中　m_0 ——考虑行近流速时的流量系数。

式（8.3）和式（8.4）称为堰流基本公式，对堰顶过流断面为矩形的薄壁堰流、实用堰流和宽顶堰流都是适用的，只是不同类型的堰，各自有不同的流量系数 m 值。从堰流基本公式可以看出，过堰的流量与堰顶作用水头 H_0 的 3/2 次方成比例。

从上面的推导可以看出：影响流量系数 m 的主要因素是 φ，k，ξ，即 $m = f(\varphi, k, \xi)$。其中：φ 主要是反映局部水头损失的影响；k 是反映堰顶水流垂直收缩的程度；ξ 是代表堰顶断面的平均测压管水头与堰顶全水头之间的比例关系。

上述堰流基本公式只考虑了堰上水头和堰型对溢流量的作用，没有考虑其他因素的影响。下面讨论侧向收缩和淹没这两个重要因素对溢流量的影响。

8.2.2　侧向收缩与淹没影响

8.2.2.1　侧向收缩影响

当堰宽 b 小于上游渠道宽 B，即 $b < B$ 时，过堰水流流经堰口时，在侧边发生收缩，使堰流的过流断面宽度实际上小于堰宽 b，并且增加了局部水头损失，造成堰的过流能力有所降低，这就是侧向收缩的影响，如图 8.6 所示。

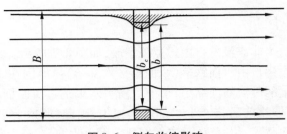

图8.6 侧向收缩影响

侧向收缩的影响用收缩系数 ε 表示,考虑侧向收缩的堰流流量公式为

$$Q = \varepsilon m b \sqrt{2g} \, H_0^{3/2} \tag{8.5}$$

$$Q = \varepsilon m_0 b \sqrt{2g} \, H^{3/2} \tag{8.6}$$

式中　ε——反映堰流因侧向收缩对过堰流量影响的系数,称为侧向收缩系数,$\varepsilon < 1$。

8.2.2.2　淹没影响

当堰下游水位较高,高过堰顶至某一范围时,过堰水流受到下游水位的顶托作用,会造成堰上水流性质发生变化,堰上水深由小于临界水深变为大于临界水深,水流由急流变为缓流,使堰的过流能力下降。

下游水位高出堰顶 $h_s = h - p' > 0$ 是形成淹没式堰流的必要条件,但不是充分条件。因为,在 $h > p'$ 的条件下,如果堰上、下游水位相差很大,堰上水流具有很大的动能,能够把下游水面推开一定的距离,使得收缩断面附近保持急流,堰流将不受下游水位的影响,仍是自由出流。由此可知,形成淹没式堰流的充分条件是下游水位影响足以使堰顶上的水流由急流变为缓流。

淹没的影响用淹没系数 σ_s 表示,考虑淹没影响的堰流流量公式为

$$Q = \sigma_s m b \sqrt{2g} \, H_0^{3/2} \tag{8.7}$$

$$Q = \sigma_s m_0 b \sqrt{2g} \, H^{3/2} \tag{8.8}$$

式中　σ_s——反映下游水位对过堰流量影响的系数,称为淹没系数,$\sigma_s < 1$。

同时考虑淹没影响和侧向收缩影响的堰流流量公式为

$$Q = \sigma_s \varepsilon m b \sqrt{2g} \, H_0^{3/2} \tag{8.9}$$

$$Q = \sigma_s \varepsilon m_0 b \sqrt{2g} \, H^{3/2} \tag{8.10}$$

8.3　宽顶堰溢流

宽顶堰溢流在工程中极为常见,水利和市政工程中许多水工建筑物的水流性质,从工程流体力学的观点来看,一般都属于宽顶堰溢流,例如小桥桥孔的过水、无压短涵管的过水等。宽顶堰理论与水工建筑物的设计有密切的关系。

8.3.1 宽顶堰流特点

当下游水位较低,为非淹没的自由式宽顶堰流,如图8.7所示。其流动特点是水流经堰坎进口后,在堰上发生自由水面跌落(水面第一次降落)。原因在于水流在垂向受到堰坎边界的约束,堰顶上的过流断面缩小,小于堰前引水渠的过流断面,使得堰顶水流速度增大、动能增大;同时堰坎前后将产生局部水头损失,因此,堰顶上水流的势能必然要减小,导致水流的第一次跌落。跌落的水流在堰顶上发生收缩,在最大跌落处形成收缩断面 $c' - c'$,收缩断面处的水深 $h_{c0} < h_c$ 临界水深。此后,堰顶水流始终保持急流状态,形成流线近似于平行于堰顶的流动,直至堰尾出口水面再次降落,形成第二次水面跌落。

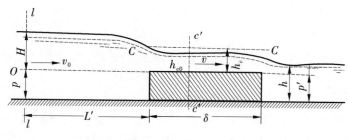

图8.7 宽顶堰溢流

8.3.2 流量公式及流量系数

对于宽顶堰,其流量公式仍为式(8.3),即

$$Q = mb\sqrt{2g}\, H_0^{3/2}$$

宽顶堰的流量系数 m 取决于堰的进口形式和堰的相对高度 p/H,其变化范围在 $0.32 \sim 0.385$。宽顶堰进口断面的剖面形式有直角形、圆弧形、斜角形等。不同的进口类型有不同的水流阻力,因而有不同的泄流能力,体现在公式中即为流量系数。

别列津斯基根据实验,提出流量系数 m 的经验公式

(1)矩形直角进口宽顶堰(图8.8a)

当 $0 \leqslant \dfrac{p}{H} \leqslant 3.0$ 时

$$m = 0.32 + 0.01 \frac{3 - \dfrac{p}{H}}{0.46 + 0.75 \dfrac{p}{H}} \tag{8.11}$$

当 $\dfrac{p}{H} > 3.0$ 时,按 $\dfrac{p}{H} = 3.0$ 计算

$$m = 0.32$$

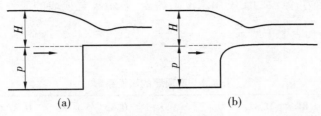

图 8.8　宽顶堰进口情况

（2）矩形圆角进口宽顶堰（图 8.8b）

当 $0 \leqslant \dfrac{p}{H} \leqslant 3.0$ 时

$$m = 0.36 + 0.01 \frac{3 - \dfrac{p}{H}}{1.2 + 1.5 \dfrac{p}{H}} \tag{8.12}$$

当 $\dfrac{p}{H} > 3.0$ 时，按 $\dfrac{p}{H} = 3.0$ 计算

$$m = 0.36$$

根据理论推导，宽顶堰流的流量系数 m 值最大不超过 0.385。

8.3.3　淹没影响

实验表明，宽顶堰淹没出流的充分条件近似为

$$h_s = h - p' \geqslant 0.8 H_0$$

式中　h_s ——下游水位超出堰顶的高度；

　　　h ——堰下游水深；

　　　p' ——堰下游坎高；

　　　H_0 ——堰前作用水头。

如图 8.9 所示。

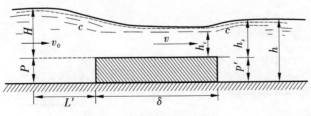

图 8.9　宽顶堰淹没溢流

对于宽顶堰的淹没溢流，由于堰顶水流流向下游时，过流断面增大，水流的部分动能转化为势能，因此下游水位要略高于堰顶水面。淹没溢流由于受到下游水位的顶托作用，

降低了堰的过流能力,淹没的影响用淹没系数 σ_s 表示。宽顶堰的淹没系数 σ_s 随淹没度 $\dfrac{h_s}{H_0}$ 的增大而减小,如表 8.1 所示。

表 8.1　宽顶堰的淹没系数

h_s/H_0	0.80	0.81	0.82	0.83	0.84	0.85	0.86	0.87	0.88	0.89
σ_s	1.00	0.995	0.99	0.98	0.97	0.96	0.95	0.93	0.90	0.87
h_s/H_0	0.90	0.91	0.92	0.93	0.94	0.95	0.96	0.97	0.98	
σ_s	0.84	0.82	0.78	0.74	0.70	0.65	0.59	0.50	0.40	

8.3.4　侧向收缩影响

影响侧向收缩的主要因素是闸墩和边墩的头部形状、数目和堰上水头等。对于单孔宽顶堰,侧向收缩系数 ε 可以采用下面的经验公式进行计算

$$\varepsilon = 1 - \frac{a}{\sqrt[3]{0.2 + \dfrac{p}{H}}}\sqrt[4]{\frac{b}{B}}\left(1 - \frac{b}{B}\right) \tag{8.13}$$

式中　a——墩头部的形状系数,矩形边墩 $a = 0.19$,圆形边墩 $a = 0.10$;

　　　b——溢流孔净宽;

　　　B——上游河渠宽度;

　　　H——堰上水头。

式(8.13)适用范围是:$\dfrac{b}{B} \geqslant 0.2$,$\dfrac{p}{H} \leqslant 3$。当 $\dfrac{b}{B} < 0.2$ 时,取 $\dfrac{b}{B} = 0.2$;当 $\dfrac{p}{H} > 3$ 时,取 $\dfrac{p}{H} = 3$。

【例 8.1】　宽顶堰坎高 $p = 0.8\ \text{m}$,$p' = 1.0\ \text{m}$,矩形修圆进口,无侧收缩,自由溢流,堰上水头 $H = 1.2\ \text{m}$,流量 $Q = 35\ \text{m}^3/\text{s}$。试求堰宽及下游最大水深。如图 8.10 所示。

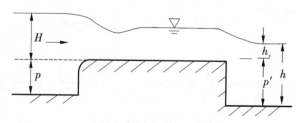

图 8.10　宽顶堰溢流算例

【解】　本题属于宽顶堰自由溢流问题。

(1)计算堰宽

由基本公式 $Q = mb\sqrt{2g}\, H_0^{3/2}$ 得到

$$b = \frac{Q}{m\sqrt{2g}\, H_0^{3/2}}$$

流量系数

$$m = 0.36 + 0.01\frac{3 - \dfrac{p}{H}}{1.2 + 1.5\dfrac{p}{H}} = 0.36 + 0.01 \times \frac{3 - \dfrac{0.8}{1.2}}{1.2 + 1.5 \times \dfrac{0.8}{1.2}} = 0.371$$

$$b = \frac{Q}{0.371\sqrt{2g}\, H_0^{3/2}} = \frac{35}{0.371 \times \sqrt{2 \times 9.8}\, H_0^{3/2}} = \frac{21.31}{H_0^{3/2}}$$

用迭代法计算堰宽

第一次近似：取 $H_{0(1)} = 1.2$ m，代入上式

$$b_{(1)} = \frac{21.31}{1.2^{1.5}} = 16.21 \text{ m}$$

$$v_{0(1)} = \frac{Q}{b_{(1)}(H + p)} = \frac{35}{16.21 \times (1.2 + 0.8)} = 1.08 \text{ m/s}$$

第二次近似：

$$H_{0(2)} = H + \frac{\alpha v_{0(1)}^2}{2g} = 1.2 + \frac{1.08^2}{2 \times 9.8} = 1.26 \text{ m}$$

$$b_{(2)} = \frac{21.31}{1.26^{1.5}} = 15.07 \text{ m}$$

$$v_{0(2)} = \frac{Q}{b_{(2)}(H + p)} = \frac{35}{15.07 \times (1.2 + 0.8)} = 1.16 \text{ m/s}$$

第三次近似：

$$H_{0(2)} = H + \frac{\alpha v_{0(2)}^2}{2g} = 1.2 + \frac{1.16^2}{2 \times 9.8} = 1.27 \text{ m}$$

$$b_{(3)} = \frac{21.31}{1.27^{1.5}} = 14.89 \text{ m}$$

取堰宽 $b = 14.89$ m

（2）下游最大水深

宽顶堰非淹没溢流需满足：$h_s = h - p' < 0.8H_0$

$$v_0 = \frac{Q}{b(H + p)} = \frac{35}{11.89 \times (1.2 + 0.8)} = 1.18 \text{ m/s}$$

$$H_0 = H + \frac{\alpha v_0^2}{2g} = 1.2 + \frac{1.18^2}{2 \times 9.8} = 1.271 \text{ m}$$

$$h = p' + 0.8H_0 = 1.0 + 0.8 \times 1.271 = 2.02 \text{ m}$$

8.4 薄壁堰溢流

薄壁堰溢流由于具有稳定的水头和流量关系，常作为水力模型实验或者野外测量中

一种有效的量水工具。薄壁堰按堰口形状的不同,可以分为矩形薄壁堰、三角形薄壁堰和梯形薄壁堰。三角形薄壁堰常用于量测较小的流量,矩形薄壁堰和梯形薄壁堰常用于量测较大的流量。

8.4.1　矩形薄壁堰

堰口形状为矩形的薄壁堰,称为矩形薄壁堰(图 8.11)。

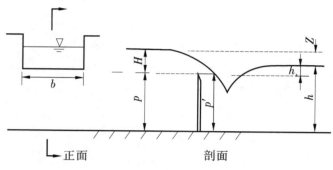

图 8.11　矩形薄壁堰

实验表明:当矩形薄壁堰溢流为无侧向收缩、自由出流时,水流最为稳定,测量精度也较高。用来量水的矩形薄壁堰应满足如下条件:①堰宽与上游明渠渠宽相同,保证薄壁堰溢流没有侧向收缩。②明渠下游水位低于堰顶。③堰上水头不宜过小,一般应使 $H>$ 2.5 cm。否则溢流水舌受到表面张力作用,使出流很不稳定。④水舌下面的空间应与大气相通。否则由于溢流水舌把空气带走,压强降低,水舌下面形成局部真空,这种出流也是不稳定的。

(1)没有侧向收缩矩形薄壁堰自由出流时的流量基本公式为

$$Q = m_0 b \sqrt{2g}\, H^{3/2}$$

流量系数 m_0 的数值大致为 0.42 ~ 0.50,一般采用巴赞(Bazin,1829 ~ 1917)公式

$$m_0 = \left(0.405 + \frac{0.002\,7}{H}\right)\left[1 + 0.55\left(\frac{H}{H+p}\right)^2\right] \tag{8.14}$$

式中　H——堰前水头,m;

　　　p——上游堰高,m。

公式适用范围是:0.05 m≤H≤1.24 m,0.24 m≤p≤1.13 m,0.2 m≤b≤2.0 m。

另一个较常用的经验公式是雷伯克(Rehbock,1864 ~ 1950)公式

$$m_0 = \frac{2}{3}\left(0.605 + \frac{0.001}{H} + 0.08\frac{H}{p}\right) \tag{8.15}$$

式中　H、p 均以 m 为单位。

公式适用范围为: 0.15 m < p < 1.22 m , H ≤ 2p , 0.025 m ≤ H ≤ 0.6 m。

(2)有侧向收缩的薄壁堰的流量计算公式为

$$Q = \varepsilon m_0 b \sqrt{2g}\, H^{3/2} = m_c b \sqrt{2g}\, H^{3/2}$$

式中　流量系数 m_c 采用修正的巴赞公式

$$m_c = \left(0.405 + \frac{0.0027}{H} - 0.03\frac{B-b}{H} \right) \left[1 + 0.55 \left(\frac{b}{B} \right)^2 \left(\frac{H}{H+p} \right)^2 \right] \qquad (8.16)$$

8.4.2　三角形薄壁堰

堰口形状为三角形的薄壁堰,称为三角形薄壁堰,简称三角堰(图 8.12)。矩形薄壁堰一般适宜量测较大的流量。当量测的流量较小,例如 $Q < 0.1 \ \mathrm{m^3/s}$ 时,采用矩形薄壁堰则因为水头过小,测量水头的相对误差增大,使其量测精度降低,此时,一般采用三角形薄壁堰。三角形薄壁堰的流量公式可以根据堰流的基本公式 $Q = m_0 b \sqrt{2g} \ H^{3/2}$ 得出。

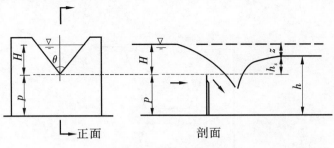

图 8.12　三角形薄壁堰

设三角形薄壁堰的夹角为 θ ,自堰口顶点算起的堰上水头为 H ,将通过微小堰宽 $\mathrm{d}b$ 的水流视为矩形薄壁堰溢流,则有

$$\mathrm{d}Q = m_0 \mathrm{d}b \sqrt{2g} \ h^{3/2}$$

式中　h —— $\mathrm{d}b$ 处的水头。

由几何关系 $b = (H - h)\tan\left(\dfrac{\theta}{2}\right)$,得到

$$\mathrm{d}b = -\tan\left(\frac{\theta}{2}\right) \cdot \mathrm{d}h$$

代入上式,得

$$\mathrm{d}Q = - m_0 \tan\left(\frac{\theta}{2}\right) \sqrt{2g} \ h^{3/2} \mathrm{d}h$$

将 m_0 视为常数,积分上式,得到三角堰的流量公式

$$Q = -2 m_0 \tan\left(\frac{\theta}{2}\right) \cdot \sqrt{2g} \int_H^0 h^{3/2} \mathrm{d}h$$

$$Q = \frac{4}{5} m_0 \tan\left(\frac{\theta}{2}\right) \sqrt{2g} \ H^{5/2} = m_s \sqrt{2g} \ H^{5/2} \qquad (8.17)$$

式中　$m_s = \dfrac{4}{5} m_0 \tan\left(\dfrac{\theta}{2}\right)$ 为三角形薄壁堰流量系数。

根据试验当 $\theta = 90°$, $H = 0.05 \sim 0.25 \ \mathrm{m}$ 时, $m_0 = 0.395$,得到直角三角形薄壁堰流量公式为

$$Q = 1.4 \, H^{5/2} \tag{8.18}$$

式中 H 为自堰口顶点算起的堰上水头,单位以 m 计,流量 Q 单位以 m^3/s 计。该式适用于 $H = 0.05 \sim 0.25$ m,$p \geqslant 2H$,$B \geqslant (3 \sim 4)H$。当 $Q < 0.1 \, m^3/s$ 时,上式具有足够高的精度。

当 $\theta = 90°$,$H = 0.25 \sim 0.55$ m 时,另有较为精确的经验公式

$$Q = 1.343 \, H^{2.47} \tag{8.19}$$

8.4.3 梯形薄壁堰

当测量的流量大于三角堰量程而又不能用无侧向收缩矩形堰时,常采用梯形薄壁堰。梯形薄壁堰可以看作是矩形薄壁堰(中间部分)与三角形薄壁堰(两侧部分合成)的组合堰,如图 8.13 所示。

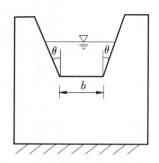

图 8.13 梯形薄壁堰

梯形薄壁堰的流量可以认为是矩形薄壁堰的流量与三角形薄壁堰流量的叠加,即

$$Q = m_0 b \sqrt{2g} \, H^{3/2} + m_s \sqrt{2g} \, H^{5/2} = \left(m_0 + \frac{H}{b} m_s \right) b \sqrt{2g} \, H^{3/2}$$

令 $m_t = m_0 + \dfrac{H}{b} m_s$,则有

$$Q = m_t b \sqrt{2g} \, H^{1.5} \tag{8.20}$$

式中 m_t 为梯形薄壁堰流量系数。

实验表明,当 $\theta = 14°$,$b > 3H$ 时,$\tan \theta = \dfrac{1}{4}$,梯形薄壁堰流量系数 m_t 不随 H 和 b 而变化,$m_t = 0.42$,则式(8.20)可以简化为

$$Q = 0.42 b \sqrt{2g} \, H^{3/2} = 1.86 b \, H^{3/2} \tag{8.21}$$

式中 Q 以 m^3/s 计;b、H 以 m 计。

【例 8.2】 一无侧向收缩的矩形薄壁堰,堰宽 $b = 0.5$ m,上游堰高 $p = 0.4$ m,堰为自由出流。今已测得堰顶水头 $H = 0.2$ m。试求通过堰的流量。

【解】 无侧向收缩的矩形薄壁堰流量按公式进行计算

$$Q = m_0 b \sqrt{2g} \, H^{3/2}$$

(1) m_0 按巴赞公式进行计算

$$m_0 = \left(0.405 + \frac{0.0027}{H}\right)\left[1 + 0.55\left(\frac{H}{H+p}\right)^2\right] = \left(0.405 + \frac{0.0027}{0.2}\right)\left[1 + 0.55\left(\frac{0.2}{0.2+0.4}\right)^2\right]$$

$$= 0.444$$

则通过的流量为

$$Q = m_0 b\sqrt{2g}\,H^{3/2} = 0.444 \times 0.5 \times \sqrt{2 \times 9.8} \times 0.2^{1.5} = 0.0879 \text{ m}^3/\text{s}$$

（2）m_0 按雷伯克公式进行计算

$$m_0 = \frac{2}{3}\left(0.605 + \frac{0.001}{H} + 0.08\,\frac{H}{p}\right) = \frac{2}{3}\left(0.605 + \frac{0.001}{0.2} + 0.08 \times \frac{0.2}{0.4}\right) = 0.433$$

则通过的流量为

$$Q = m_0 b\sqrt{2g}\,H^{3/2} = 0.433 \times 0.5 \times \sqrt{2 \times 9.8} \times 0.2^{1.5} = 0.0857 \text{ m}^3/\text{s}$$

8.5　实用堰溢流

实用堰是水利工程中用来挡水同时又能泄水的水工建筑物。水利工程中作为挡水和泄水建筑物的溢流坝就是实用堰的典型例子。

实用堰按剖面形状分为曲线型实用堰（图 8.14）和折线型实用堰（图 8.15）。曲线型实用堰根据堰的剖面曲线与薄壁堰水舌下缘外形是否相符，又可以分为真空堰［图8.14（a）］和非真空堰［图 8.14（b）］。

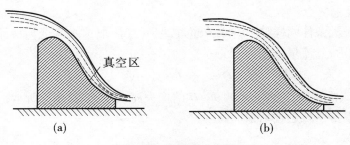

图 8.14　曲线型实用堰

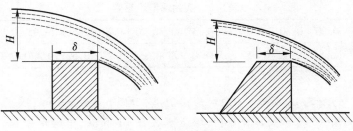

图 8.15　折线型实用堰

曲线型真空实用堰由于堰面上存在真空区，与管嘴的水力性质相似，增加了堰的过流能力，即增大了流量系数。但是，真空区的存在使得水流不稳定，将引起堰的振动，对堰的安全有很大的影响。

　　折线型实用堰常用于石料砌筑的中、小型溢流坝,就地取材,施工方便。

　　影响实用堰过流能力的主要因素有两个方面:其一是几何边界条件,包括堰的剖面形状和堰高 p 等,剖面形状的不同,直接影响着流量系数的大小。堰高 p 不同,使溢流水股垂向收缩的情况不同,直接影响着堰顶压强的大小和分布,也就影响着过流能力,即流量系数的大小。其二是堰流的水力要素,包括堰上水头 H 和下游水深等。

　　实用堰流量计算公式与公式(8.3)相同

$$Q = mb\sqrt{2g}\,H_0^{3/2}$$

　　实验研究表明:实用堰的流量系数 m 变化范围较大,初步估算时,曲线型实用堰可取 $m = 0.45$,折线形实用堰可取 $m = 0.35 \sim 0.42$。

　　当实用堰的堰宽小于上游渠道宽度时,过堰水流发生侧向收缩,使得实用堰过流能力降低。实用堰的侧向收缩影响用收缩系数 ε 表示,其流量公式为

$$Q = \varepsilon mb\sqrt{2g}\,H_0^{3/2}$$

式中　ε ——收缩系数,初步估算时可取 $\varepsilon = 0.85 \sim 0.95$。

　　实用堰的侧向收缩系数可以采用下列公式进行计算

$$\varepsilon = 1 - a\frac{H_0}{b + H_0} \tag{8.22}$$

式中　a ——考虑坝墩影响的系数,矩形坝墩 $a = 0.20$,半圆形或尖形坝墩 $a = 0.11$,曲线形坝墩 $a = 0.06$;

　　　b ——堰宽。

　　实用堰的淹没条件同样是下游水位超过堰顶,并使堰顶水流变为缓流。淹没影响用淹没系数 σ_s 表示,其流量公式为

$$Q = \sigma_s mb\sqrt{2g}\,H_0^{3/2}$$

式中　σ_s ——淹没系数,随淹没程度 h_s/H 的增大而减小,如表8.2所示;

　　　h_s ——下游水位超过堰顶的高度;

　　　H ——堰上水头。

表8.2　实用堰淹没系数

h_s/H	0.05	0.20	0.30	0.40	0.50	0.60	0.70	0.80	0.90	0.95	0.975	0.995	1.00
σ_s	0.997	0.985	0.972	0.957	0.935	0.906	0.856	0.776	0.621	0.470	0.319	0.100	0

　　【例8.3】　如图8.16所示,一曲线形实用堰,堰高 $p = p' = 3$ m,堰宽 $b = 12$ m,与上游引水渠宽度相同,流量系数 $m = 0.45$,堰上水头 $H = 1.5$ m,下游水深 $h = 3.3$ m,不计行近流速,试求溢流量。

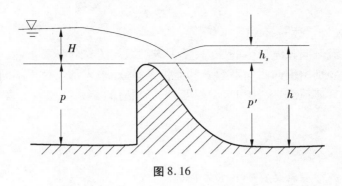

图 8.16

【解】　(1)判别出流形式

实用堰下游水位高出堰顶,属于淹没溢流,淹没系数与淹没程度 h_s/H 有关:

$$\frac{h_s}{H} = \frac{h - p'}{H} = \frac{0.3}{1.5} = 0.2$$

查表得到淹没系数 $\sigma_s = 0.985$。

(2)计算流量

因不计行近流速,堰上水头 $H_0 = H = 1.5$ m

$$Q = \sigma_s mb\sqrt{2g}\, H_0^{3/2} = 0.985 \times 0.45 \times 12 \times \sqrt{2 \times 9.8} \times 1.5^{1.5} = 43.29 \ \text{m}^3/\text{s}$$

📎 本章小结

堰流是在明渠缓流中,因流动边界条件急剧变化而发生的明渠急变流现象。堰是在水利和市政工程中常用来控制和调节水位和流量的、既能挡水又能泄水的水工建筑物。

1. 堰的分类

按堰顶厚度 δ 与堰上水头 H 的比值范围分为

(1)薄壁堰: $\dfrac{\delta}{H} < 0.67$

(2)实用堰: $0.67 < \dfrac{\delta}{H} < 2.5$

(3)宽顶堰: $2.5 < \dfrac{\delta}{H} < 10$

2. 堰流的水力特征

堰流虽然有多种形式,但它们具有共同的水力特征:水流趋近堰顶时,流股断面收缩,水面有明显降落;作用力主要是重力作用;堰顶属于急变流;能量损失主要是局部水头损失。

3. 堰流基本公式

堰流的主要问题是过流能力计算。因堰流的受力性质(重力作用、不计沿程阻力)与运动形式(缓流经障壁溢流)相同,各堰型的基本公式相同,即

$$Q = mb\sqrt{2g}\ H_0^{3/2}$$

不同堰型,流量系数 m 不同。

4.介绍了堰流侧向收缩产生的原因;发生淹没堰流的充分必要条件;堰流的侧向收缩影响和淹没影响分别由侧向收缩系数 ε 和淹没系数 σ_s 来表示。对于不同堰型,需要根据边界侧向收缩的具体情况、条件和淹没程度,选择相应的 ε 、σ_s 值。

思考题

1.什么是堰流? 堰流具有哪些水力特征?

2.堰有哪些类型? 它们各自有什么特点? 如何判别?

3.堰流流量公式中的流量系数 m 和 m_0 有什么区别? 影响流量系数的主要因素有哪些?

4.淹没溢流对堰流有何影响? 不同类型堰流的淹没条件是什么? 为什么说下游水位超过堰顶,即 $h_s > 0$,只是淹没出流的必要条件而不是充分条件?

习 题

一、单项选择题

1.根据堰顶厚度与堰上水头的比值,堰可分为_____ 。

A.宽顶堰、实用堰和薄壁堰　　　　　　B.自由溢流堰、淹没溢流堰和侧收缩堰

C.三角堰、梯形堰和矩形堰　　　　　　D.溢流堰、曲线型实用堰和折线型实用堰

2.符合以下条件的堰是宽顶堰:_____ 。

A. $\dfrac{\delta}{H} < 0.67$　　B. $0.67 < \dfrac{\delta}{H} < 2.5$　　C. $2.5 < \dfrac{\delta}{H} < 10$　　D. $\dfrac{\delta}{H} > 10$

3.从堰流的基本公式可以看出,过堰流量 Q 与堰上水头 H_0 的关系是_____ 。

A. $Q \propto H_0^{1.0}$　　　　B. $Q \propto H_0^{1.5}$　　　　C. $Q \propto H_0^{2.0}$　　　　D. $Q \propto H_0^{2.5}$

4.自由式宽顶堰的堰顶水深 h_{c0} 与临界水深 h_c 的关系为:_____ 。

A. $h_{c0} < h_c$　　　　B. $h_{c0} > h_c$　　　　C. $h_{c0} = h_c$　　　　D.不定

5.堰的淹没系数 σ_s :_____ 。

A. $\sigma_s < 1$　　　　B. $\sigma_s > 1$　　　　C. $\sigma_s = 1$　　　　D.都有可能

6.利用薄壁堰作为量水设备时,测量水头 H 的位置必须在堰板上游_____处或更远处。

A. $0.5H$　　　　B. $1.0H$　　　　C. $2.0H$　　　　D. $3.0H$

7.一般说来,宽顶堰侧收缩系数 ε 与_____ 有关。

A.相对堰高 $\dfrac{p}{H}$　　　　　　　　　　B.相对堰宽 $\dfrac{b}{B}$

C.墩头形状　　　　　　　　　　　　　D.相对堰高、相对堰宽、墩头形状

8.宽顶堰淹没溢流的条件是下游水深高出堰顶的高度 $h_s = h - p'$ _____ 。

A. ≤ 0　　　　　B. ≥ 0　　　　　C. $\geq 1.3H_0$　　　　　D. $\geq 0.8H_0$

（H_0——堰顶作用水头，p'——下游堰高，h——下游水深）

9. 宽顶堰的流量系数 m 与_____有关。

A. 堰的进口形式

B. 相对堰高 $\dfrac{p}{H}$

C. 相对堰宽 $\dfrac{b}{B}$

D. 堰的进口形式、相对堰高 $\dfrac{p}{H}$

10. 宽顶堰的淹没系数 σ_s 随淹没程度 $\dfrac{h_s}{H_0}$ 的增大而_____。

A. 减小

B. 增大

C. 先减小后增大

D. 先增大后减小

二、计算题

11. 一无侧向收缩矩形薄壁堰，已知堰宽 $b=0.50$ m，堰高 $p=p'=0.35$ m，堰上水头 $H=0.40$ m，当下游水深分别为 0.15 m、0.40 m 和 0.55 m 时，求通过的流量各为多少？

12. 无侧收缩矩形薄壁堰，堰宽 $b=0.5$ m，堰高 $p=p'=0.6$ m，下游水深 $h=0.55$ m，堰上水头 $H=0.6$ m，通过流量 $Q=0.47$ m^3/s。试求流量系数 m_0。

13. 无侧收缩矩形薄壁堰，堰高 $p=0.8$ m，当堰上水头 $H=0.42$ m 时，自由溢流，过堰流量 $Q=1.94$ m^3/s，试求堰宽 b。

14. 三角形薄壁堰，夹角 $\theta=90°$，堰宽 $B=1.0$ m，问通过流量 $Q=40\times10^{-3}$ m^3/s 时，堰上水头 H 应为多少？

15. 一直角进口无侧收缩宽顶堰，堰宽 $b=4.0$ m，堰高 $p=p'=0.6$ m，堰上水头 $H=1.2$ mm，堰下游水深 $h=0.8$ m，求通过的流量 Q。

16. 一直角进口宽顶堰，堰宽 $b=2$ m，堰高 $p=p'=1$ m，堰上水头 $H=2$ m，上游渠宽 $B=3$ m，边墩为矩形。下游水深 $h=2.8$ m，求通过的流量 Q。假定行近流速可忽略不计。

17. 设矩形渠道中有一宽顶堰，进口修圆，已知过堰流量 $Q=12$ m^3/s，堰高 $p=p'=0.8$ m，堰宽 $b=4.8$ m，无侧收缩，下游水深 $h=1.75$ m。求堰上水头。

18. 设无侧收缩进口修圆的宽顶堰堰高 $p=p'=3.4$ m，堰上水头 $H=0.86$ m，过堰流量 $Q=22.0$ m^3/s，求堰宽 b；若要保持为非淹没堰流，最大下游水深 h 为多少？

第 9 章　渗流

渗流理论研究流体在孔隙介质中的运动规律及其在实际中的应用。本章的要点是以地下水流动为对象,通过地下水在土壤或岩层中的流动,研究其运动规律,建立渗流的基本概念、渗流的阻力定律——达西定律以及运用渗流理论对普通的无压渗流和普通井进行水力计算的方法。

渗流是指流体在孔隙介质中的流动。流体包括水、石油和天然气等各种流体;孔隙介质包括土壤、岩层等各种多孔介质和裂隙介质。水在土壤孔隙中的流动,即地下水流动,是自然界中最常见的渗流现象。在土木工程中,地下水资源的开发,地下水位的降低,防止建筑物地基发生渗透变形等都需要应用有关的渗流理论。

要点提示

9.1　概述

9.1.1　水在土壤中的状态

土壤是孔隙介质的典型代表,水在土壤中的渗流现象是在水和土壤相互作用下形成的。水在土壤中存在的状态可以分为气态水、附着水、薄膜水、毛细水和重力水等不同状态(图 9.1)。

(1)气态水　气态水是以水蒸气的形式悬浮在土壤孔隙中的水,它只能在有压差存在的区域之间运动,数量很少,在渗流中可以不予考虑。

(2)附着水和薄膜水　附着水和薄膜水统称为结合水,附着水以最薄的分子层吸附在土壤颗粒表面,呈固态水的性质。薄膜水以厚度不超过分子作用半径的薄层包围土壤颗粒,其性质与液态水相似。结合水数量很少,并且很难移动,在渗流中一般也不予考虑。

(3)毛细水　毛细水是在地下自由水面以上,由于表面张力作用而保持在孔隙中的水。这种水可以随地下水面的变化而上下运动,除特殊情况外,在渗流中一般也不考虑。

(4)重力水　重力水是指在重力作用下能够在土壤孔隙中自由运动的水。重力水可以传递静水压力,是地下水渗流研究的主要对象。

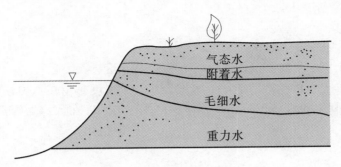

图9.1 水在土壤中的状态

9.1.2 土的渗流特性

土的性质对渗流有很大影响,疏松均匀的土,透水能力比密实非均匀土大得多。土的密实程度可以用土的孔隙率来表示。土的孔隙率是指在一定体积土中,孔隙体积 V_k 与土体总体积 V 的比值,即

$$n = \frac{V_k}{V} \tag{9.1}$$

n 值越小,则土壤越密实。对于砂质土,$n = 0.35 \sim 0.45$,天然黏土、淤泥,$n = 0.4 \sim 0.6$。

对于均质土壤,孔隙率 n 也等于孔隙面积与该断面总面积之比

$$n = \frac{A_k}{A} \tag{9.2}$$

土壤颗粒的均匀程度,通常用土壤的不均匀系数 η 表示,即

$$\eta = \frac{d_{60}}{d_{10}} \tag{9.3}$$

式中 d_{60} 表示按重量计有60%的土壤颗粒,其直径 $d \leqslant d_{60}$;d_{10} 表示按重量计有10%的土壤颗粒的直径 $\leqslant d_{10}$。不均匀系数 η 值越大,表示土壤颗粒越不均匀。由完全均匀颗粒组成的土壤,不均匀系数 $\eta = 1.0$。

(1)透水性 透水性是指土壤允许水透过本身的性能。土壤的透水性与土壤孔隙的大小、多少、形状、分布等有关,也与土壤颗粒的粒径、形状、均匀程度、排列方式等有关。所有土壤都具有一定的透水性,但不同的土壤透水性不同。通常用渗透系数 k 来衡量,k 值越大,表示透水性能越强。

(2)容水性 土壤的容水性能以容水度表示,即土壤能容纳水的最大体积和土壤总体积之比,数值上与土壤孔隙率相等。孔隙率越大,土壤容纳水的性能越好。

$$容水度 = \frac{V_a + V_w}{V} \tag{9.4}$$

式中 V_a ——土壤中气体的体积;

V_w ——土壤中水的体积。

(3)持水性 土壤的持水性能以持水度表示,即在重力作用下土壤所能保持的水体

积与土壤总体积之比。

$$持水度 = \frac{V_w}{V} \tag{9.5}$$

式中　　V_w——土壤中水的体积。土壤颗粒越细,持水度越大。

（4）给水性　土壤的给水性能用给水度表示。给水度是指在重力作用下,土壤所能释放出来的可以利用的水体积与土壤总体积之比。给水度在数值上等于容水度减去持水度。

$$给水度 = \frac{V_a}{V} \tag{9.6}$$

根据土的结构和渗流特性,将土壤分为均质土壤和非均质土壤。

（1）均质土壤　渗流性质各处相同,不随空间位置而变化的土壤。

1）各向同性土壤　各个方向渗流特性相同,渗流性质与渗流的方向无关,例如砂土。

2）各向异性土壤　各个方向渗流特性不同,渗流性质与渗流的方向有关,例如黄土、沉积岩等。

（2）非均质土壤　是渗流性质随空间位置而变化的土壤。

本章主要讨论均质各向同性土壤中的渗流问题。

9.1.3　渗流模型

因为土壤颗粒的性质具有随机性,导致孔隙的形状、大小和分布也具有随机性。因此要从微观上详细确定水在每个孔隙中的流动状况是非常困难的,从工程应用的角度来说也没有必要,工程中所关心的主要是渗流的宏观平均效果,而不是孔隙内的流动细节。因此,在研究渗流运动时,为了摆脱土壤孔隙结构的复杂性,将孔隙介质所占据的空间模型化,不去详细考察每一孔隙中水的流动状况,而是引用统计方法,以平均值描述渗流运动,即用简化的渗流模型来代替实际的渗流。

渗流模型认为流动和孔隙介质所占据的渗流区域,其边界形状和其他边界条件均保持不变,但略去渗流区域内的全部土颗粒,设想渗流区域全部都被流体所充满,渗流的运动要素可以作为渗流区域的连续函数来研究,如图9.2所示。

渗流模型的实质在于,把实际上并不充满全部空间的渗流运动,看作是连续空间内的连续介质运动。在渗流模型中不考虑渗流的实际路径,只考虑它的主要流向;不考虑土壤颗粒,认为孔隙和土壤颗粒所占空间之总和均为渗流所充满。

为了使假想的渗流模型在水力特征方面和真实渗流相一致,渗流模型必须满足下列条件:

（1）对于同一过流断面,渗流模型中的渗流量与通过该断面的真实渗流量相同;

（2）作用于渗流模型中某一作用面上的渗流压力等于真实渗流的渗流压力;

（3）渗流模型中任意体积内所受的流动阻力等于同体积内真实渗流的阻力,即两者水头损失相等。

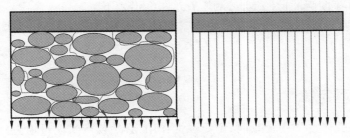

图9.2 渗流模型

根据渗流模型的概念,设 ΔA 是渗流模型的过流断面面积,ΔQ 为通过的流量,则渗流模型在 ΔA 上的断面平均流速为

$$v = \frac{\Delta Q}{\Delta A} \tag{9.7}$$

而实际的渗流只发生在 ΔA 面积内的孔隙中,设孔隙面积为 $\Delta A'$,$\Delta A' = n\Delta A$,n 为土壤的孔隙率,则实际渗流断面平均流速为

$$v' = \frac{\Delta Q}{\Delta A'} = \frac{\Delta Q}{n\Delta A} = \frac{v}{n} \tag{9.8}$$

因为孔隙率 $n < 1.0$,所以 $v < v'$,即渗流模型中的流速小于孔隙中渗流的真实流速。一般不加说明时,渗流流速是指渗流模型中的流速。

9.1.4 渗流分类

引入渗流模型后,把渗流视为连续介质的运动,其运动要素是空间位置和时间的连续函数,前面各章基于连续介质建立起来的描述流体运动的方法和概念均可直接应用于渗流,使得从理论上研究渗流问题成为可能。

根据渗流空间各点的运动要素是否随时间变化,渗流分为恒定渗流和非恒定渗流;根据运动要素是否沿流程变化,渗流分为均匀渗流与非均匀渗流,其中非均匀渗流又可以分为渐变渗流与急变渗流;根据运动要素与空间坐标的关系,渗流分为一维渗流、二维渗流(平面渗流)和三维渗流(空间渗流);根据有无自由水面,渗流分为有压渗流和无压渗流。在无压渗流中,重力水的自由水面称为浸润面,其水面线称为浸润线或地下水面线。

9.1.5 渗流水力特点

渗流的流速很小,流速水头 $\frac{\alpha v^2}{2g}$ 更小,在渗流中流速水头可以忽略不计,则渗流过流断面的总水头等于测压管水头,即

$$H = H_p = z + \frac{p}{\rho g}$$

因此,渗流过流断面的总水头等于测压管水头,两断面间的测压管水头差就是总水头差,等于水头损失,测压管水头线的坡度就是水力坡度,$J_p = J$。根据能量方程,渗流总是

从势能高的地方流向势能低的地方,测压管水头线沿程下降。

综上所述,渗流流速微小、流速水头忽略不计是渗流的水力特点,也是分析渗流运动规律的前提条件。

9.2　渗流达西定律

实际流体在孔隙介质中流动时,由于黏性作用,必然要产生能量损失。法国工程师达西在大量实验的基础上,总结出渗流水头损失与渗流速度之间的关系式,后人称为达西定律。它是渗流理论中最基本、最重要的关系式。

9.2.1　达西定律

达西定律是通过达西实验总结得出的,达西实验装置如图9.3所示。装置的主要部分是一个上端开口的直立圆筒,圆筒中装有均质的砂土。圆筒侧壁高差为 l 的上下断面装有两根测压管,筒底装一滤板 C ,滤板以上装入均质的砂土。水由上端注入圆筒,多余的水从溢水管 B 排出,以保证筒内水位恒定。水经过土壤渗到筒底,再从排水管流入量杯 V ,以便计算实际渗流量。

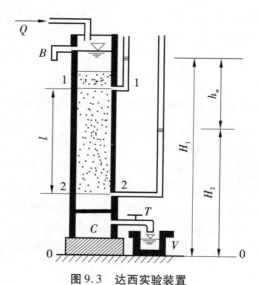

图9.3　达西实验装置

在时段 t 内,流入量杯中的水体体积为 V ,则渗流流量 Q 为

$$Q = \frac{V}{t}$$

同时,测读 1—1、2—2 两断面的测压管水头 $H_1 = z_1 + \dfrac{p_1}{\rho g}$ 和 $H_2 = z_2 + \dfrac{p_2}{\rho g}$ 。由于渗流的作用水头恒定不变,是恒定均匀渗流,另外渗流不考虑流速水头,实测的测压管水头差即为两断面间的水头损失

$$h_w = H_1 - H_2 = \left(z_1 + \frac{p_1}{\rho g} \right) - \left(z_2 + \frac{p_2}{\rho g} \right)$$

水力坡度

$$J = \frac{h_w}{l} = \frac{H_1 - H_2}{l}$$

达西通过大量实验得出:对于不同直径的圆筒和不同类型的土壤,通过的渗流量 Q 均与圆筒的横截面积 A 及水力坡度成正比,并和土的透水性能有关,基本关系式为

$$Q = kAJ \tag{9.9}$$

渗流的断面平均流速

$$v = \frac{Q}{A} = kJ \tag{9.10}$$

式中 k ——渗透系数,是反映土壤透水性能的一个综合系数,具有速度量纲;

v —— 渗流断面平均流速(指渗流模型中的),称为渗流速度。

达西实验是在等直径圆筒内均质砂土中进行的,属于均匀渗流,可以认为各点的运动状态相同,任一空间点处的渗流流速 u 都等于断面平均渗流流速 v,所以达西定律也可以表示为

$$u = kJ \tag{9.11}$$

式(9.10)和式(9.11)称为达西定律,它表明:在均质孔隙介质中,渗流的水力坡度,即单位距离上的水头损失与渗流速度的一次方成比例。

达西定律是根据恒定均匀渗流实验总结概括出来的,后人又做了大量研究,并将达西定律近似推广到非均质土壤和非恒定渗流等各种渗流运动中去。此时达西定律只能用式(9.11)来表示,该式中的 u 为点流速,J 为该点的水力坡度,它们都是随位置的改变而变化的,并可写成如下的形式

$$J = -\frac{\mathrm{d}H}{\mathrm{d}s}$$

$$u = kJ = -k\frac{\mathrm{d}H}{\mathrm{d}s} \tag{9.12}$$

9.2.2 达西定律的适用范围

达西实验是用均匀砂土在恒定渗流条件下进行的,由达西定律可知

$$h_w = \frac{l}{k}v \tag{9.13}$$

式(9.13)表明:渗流的水头损失与断面平均流速的一次方成正比,也就是说水头损失和断面平均流速呈线性关系。水头损失与断面平均流速的一次方成正比是流体作层流运动时所遵循的规律。由此可见达西定律只适用于层流渗流或者线性渗流。在水利工程中,绝大多数细颗粒土壤中的渗流都属于层流,达西定律都适用。但在卵石、砾石等大颗粒大孔隙介质中的渗流有可能出现紊流,属于非线性渗流,达西定律不适用。

渗流的流态,也可用雷诺数来判别:当 $Re < Re_k$ 时渗流为层流,Re 为渗流的实际雷诺

数，Re_k 为渗流的临界雷诺数。许多研究结果表明，由层流到紊流的临界雷诺数不是一个常数，而是随着颗粒直径、孔隙率等因素而变化。

巴甫洛夫斯基给出的渗流临界雷诺数 $Re_k = 7 \sim 9$，当 $Re < Re_k$ 时为层流渗流，他给出的渗流雷诺数计算公式，考虑了土壤孔隙的影响，可以表示为

$$Re = \frac{1}{0.75n + 0.23} \frac{v\, d_{10}}{v} \tag{9.14}$$

式中 n ——土的孔隙率；

     d_{10} ——筛分时占 10% 重量的土粒所能通过的筛孔直径，称为有效粒径，以 cm 计；

     v ——流体的运动黏度；

     v ——渗流断面平均流速。

如果不考虑孔隙率，则雷诺数可以表示为

$$Re = \frac{v\, d_{10}}{v} \tag{9.15}$$

式(9.15)计算的临界雷诺数值为 $Re_k = 1 \sim 10$，即当 $Re \leqslant 1 \sim 10$ 时为层流渗流。为了安全起见，通常把 $Re_k = 1$ 作为渗流线性定律适用范围的上限值。

对于非层流渗流，可以用下面的公式来表达其流动规律

$$v = k\, J^{\frac{1}{m}} \tag{9.16}$$

当 $m = 1$ 时为层流渗流；当 $m = 2$ 时，为紊流粗糙区渗流；当 $m = 1 \sim 2$ 时，则为从层流到紊流过渡区的渗流。

需要指出的是，上述层流或非层流渗流规律，都是针对土体结构不因渗流而遭到破坏而言的。当渗流的作用引起了土体颗粒的运动，即土在渗流作用下发生了变形，渗流水头损失将服从另外的规律。

9.2.3　渗透系数的确定

在运用达西定律进行渗流计算时，需要确定土壤的渗透系数 k 值，它综合反映了孔隙介质和流体两方面的相互作用对透水性能的影响，其数值的大小，一方面取决于孔隙介质的特性，另一方面也与渗透流体的物理性质有关。同一种流体，不同的孔隙介质，其渗透系数不一样，同一孔隙介质，不同的渗透流体，其渗透系数也不同。

目前，确定渗透系数 k 值的方法，大致分为以下三类。

9.2.3.1　实验室测定法

该方法采用类似图 9.3 所示的渗流实验设备，实测水头损失 h_w 和流量 Q，然后由式(9.9)求得 k 值，即

$$k = \frac{Ql}{Ah_w}$$

该方法简单可靠，但是因为实验用土样受到扰动，测得的 k 值与实际土壤还是有一定差别的。为了使被测定的土壤能够正确地反映现场土壤的真实情况，应尽量采用非扰动土样，并选取足够数量的有代表性的土样进行实验。

9.2.3.2 现场测定法

现场测定法是在现场钻井或者开挖试坑,然后做抽水或注水实验,测定其流量和水头等数值,再根据相应的理论公式反算求出渗透系数 k 值。

这种方法的优点在于不需要选取土样,土壤结构保持原状,可以取得大面积的平均渗透系数值。缺点在于这种方法规模较大,成本较高,一般多用于重要的大型工程。

9.2.3.3 经验法

该方法是根据土壤粒径的大小、形状、结构的孔隙率和水温等参数所组成的经验公式来估算渗透系数值,这种方法只作为粗略估算时用。现将各类土壤的渗透系数值的大致范围列于表 9.1 中,以供参考。

表 9.1　土壤的渗透系数参考值

土壤名称	渗透系数 k 值	
	m/d	cm/s
黏土	< 0.005	< 6×10^{-6}
亚黏土	0.005 ~ 0.1	6×10^{-6} ~ 1×10^{-4}
轻亚黏土	0.1 ~ 0.5	1×10^{-4} ~ 6×10^{-4}
黄土	0.25 ~ 0.5	3×10^{-4} ~ 6×10^{-4}
粉砂	0.5 ~ 1.0	6×10^{-4} ~ 1×10^{-3}
细砂	1.0 ~ 5.0	1×10^{-3} ~ 6×10^{-3}
中砂	5.0 ~ 20.0	6×10^{-3} ~ 2×10^{-2}
均质中砂	35 ~ 50	4×10^{-2} ~ 6×10^{-2}
粗砂	20 ~ 50	2×10^{-2} ~ 6×10^{-2}
均质粗砂	60 ~ 75	7×10^{-2} ~ 8×10^{-2}
圆砾	50 ~ 100	6×10^{-2} ~ 1×10^{-1}
卵石	100 ~ 500	1×10^{-1} ~ 6×10^{-1}
无填充物卵石	500 ~ 1 000	6×10^{-1} ~ 1×10^{1}
稍有裂隙岩石	20 ~ 60	2×10^{-2} ~ 7×10^{-2}
裂隙多的岩石	> 60	> 7×10^{-2}

【例 9.1】　如图 9.4 所示,上下游两水箱中间有一水管连接,管径 $d = 100$ mm,管内填装两种不同的土壤($k_1 = 0.001$ m/s , $k_2 = 0.003$ m/s)。求当两水箱水位差 $\Delta H = 1.2$ m 时的渗流流量。

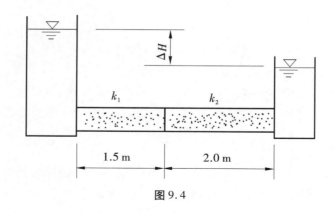

图9.4

【解】 根据水力坡度概念,有

$$\Delta H = J_1 l_1 + J_2 l_2$$

又根据连续性方程

$$v_1 A_1 = v_2 A_2$$

由于 $A_1 = A_2 = A$,则 $v_1 = v_2$,再由达西渗流定律 $v = kJ$,得到

$$k_1 J_1 = k_2 J_2$$

$$\begin{cases} 1.2 = 1.5 J_1 + 2.0 J_2 \\ 0.001 J_1 = 0.003 J_2 \end{cases}$$

解得

$$J_1 = 0.554$$

则

$$Q = A_1 v_1 = A k_1 J_1 = \frac{\pi}{4} \times 0.1^2 \times 0.001 \times 0.554 = 4.35 \times 10^{-6} \ \mathrm{m^3/s}$$

9.3 恒定渐变渗流

工程上常见的地下水运动,大多是在底宽很大的不透水层基底上的流动,流线簇接近于平行的直线,属于无压恒定渐变渗流,可以近似视为平面问题。为了研究其运动规律,还需要建立无压恒定渐变渗流的断面平均流速的计算公式。通过对渐变渗流的分析,可以得到某一地区地下水位的变化规律、地下水的动向和补给情况。

9.3.1 恒定渐变渗流的断面流速分布

对于非均匀渐变渗流,各过流断面的水深 h、断面平均流速 v 及水力坡度 J 是沿程变化的。在如图9.5所示的非均匀渐变渗流中,任取相距为 $\mathrm{d}s$ 的过流断面 $1-1$ 和 $2-2$。根据渐变流的性质,过流断面 $1-1$ 和 $2-2$ 近似为平面,断面上压强分布近似服从静水压强的分布规律,因此,$1-1$ 断面上各点的测压管水头都是 H_1,$2-2$ 断面上各点的测压管

水头均为 H_2。$1-1$ 断面与 $2-2$ 断面之间任一流线的水头损失相同,均为 $\mathrm{d}H$。

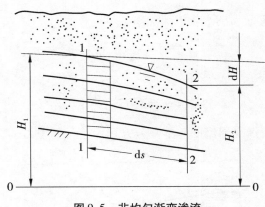

图 9.5　非均匀渐变渗流

因为渐变流的流线近似为平行直线,$1-1$ 断面和 $2-2$ 断面间的所有流线长度均近似为 $\mathrm{d}s$,故任一渐变渗流过流断面上各点的水力坡度相等

$$J = -\frac{\mathrm{d}H}{\mathrm{d}s} = 常数$$

根据达西定律,渐变流过流断面上各点的渗流流速 u 都相等,断面平均流速就等于点的渗流流速,流速分布图为矩形,即

$$u = v = kJ = -k\frac{\mathrm{d}H}{\mathrm{d}s} \tag{9.17}$$

式(9.17)即为恒定无压渐变渗流的基本公式,称为裘皮依公式。该公式虽然与达西公式具有相同的表达形式,但其意义却不同:达西公式适用于均匀渗流,表示均匀渗流中,任一点处的渗流速度均相等;裘皮依公式适用于渐变渗流,表示无压渐变渗流中,同一过流断面上各点的渗流流速相等,并等于断面平均流速,其流速分布呈矩形均匀分布,流速分布图为矩形。由于水力坡度 J 沿程变化,渐变渗流中,不同过流断面上的流速大小是不相等的。

9.3.2　渐变渗流基本微分方程

无压渐变渗流的基本微分方程可以通过裘皮依公式来推导。设含水层下有一不透水层,该不透水层的表面坡度为 i,如图 9.6 所示。任取过流断面 $1-1$ 和 $2-2$,两断面间相距为 $\mathrm{d}s$,设含水层中无压渐变渗流 $1-1$ 过流断面的水深为 h,$1-1$ 断面底部至基准面 $0-0$ 的位置高度为 z;$2-2$ 过流断面的水深为 $h+\mathrm{d}h$,$2-2$ 断面底部至基准面 $0-0$ 的位置高度为 $z+\mathrm{d}z$。

$1-1$ 过流断面的测压管水头 $H = z+h$,则 $1-1$ 过流断面的水力坡度

$$J = -\frac{\mathrm{d}H}{\mathrm{d}s} = -\frac{\mathrm{d}(z+h)}{\mathrm{d}s} = -\frac{\mathrm{d}z}{\mathrm{d}s} - \frac{\mathrm{d}h}{\mathrm{d}s}$$

因为渠底坡度 $i = -\dfrac{\mathrm{d}z}{\mathrm{d}s}$,所以

$$J = i - \frac{\mathrm{d}h}{\mathrm{d}s}$$

根据裴皮依公式，1－1断面的平均渗流速度为

$$v = kJ = k\left(i - \frac{\mathrm{d}h}{\mathrm{d}s} \right) \tag{9.18}$$

1－1断面的渗流流量为

$$Q = vA = kA\left(i - \frac{\mathrm{d}h}{\mathrm{d}s} \right) \tag{9.19}$$

式(9.19)称为无压渐变渗流的基本微分方程。

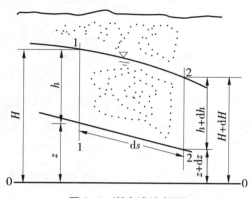

图9.6　渐变渗流断面

9.4　井的渗流

井是一种汲取地下水源和降低地下水位的集水构筑物，在实际当中应用非常广泛。许多地方打井开采地下水，以保证工农业生产和生活用水的需求；工程施工中用打井排水的方法降低地下水位，以保证工程顺利进行。所以，研究井的渗流有着重要的实际意义。

具有自由水面的地下水称为无压地下水或潜水。按汲取的是无压地下水还是有压地下水，井可以分为无压井和承压井。在具有自由水面的潜水含水层中所开凿的井称为无压井(潜水井、普通井)，用于汲取无压地下水。其中贯穿整个含水层，井底直达不透水层的井称为完全井，完全井中的水是由井壁渗入的。井底没有达到不透水层的井称为不完全井。

含水层位于两个不透水层之间，含水层顶面所受的压强大于大气压强，这样的含水层称为承压含水层或自流含水层。穿过一层或多层不透水层，在承压含水层中汲取有压地下水的井称为承压井或自流井。

9.4.1　无压完全井

如图9.7所示为一无压完全井，井底位于水平不透水层上。设含水层中地下水的天

然水面为 $A-A$，其含水层的厚度为 H，井的半径为 r_0。

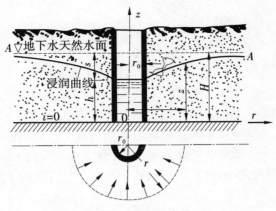

图 9.7　无压完全井

在井中抽水前，井中水位与含水层的水面齐平，从井中开始抽水后，井中水位下降，四周地下水向井内汇入，井周围地下水位也逐渐下降，形成一个对称于井轴的漏斗形浸润面。如果抽水流量保持不变，则井中水深 h 和漏斗形浸润面均保持不变。

如果含水层为均质各向同性土壤，不透水层为水平面，则渗流流速及浸润面对称于井的中心轴，过流断面是以井轴为中心轴，以 r 为半径的一系列圆柱面，圆柱面的高度 z 就是该断面浸润面的高度。

井的渗流，除井壁附近外，大部分地区的流线接近于平行直线，浸润曲线的曲率很小，可以看作是一维恒定渐变渗流，可以采用裘皮依公式进行分析和计算。

以不透水层表面为基准面，取距井轴为 r，浸润面高度为 z 的圆柱形过流断面，过流断面面积 $A=2\pi rz$，过流断面上各点的水力坡度 J 可以表示为

$$J=\frac{\mathrm{d}z}{\mathrm{d}r}$$

由裘皮依公式 $v=kJ$，得到

$$v=k\frac{\mathrm{d}z}{\mathrm{d}r}$$

流经此圆柱面的渗流量为

$$Q=vA=2\pi rzk\frac{\mathrm{d}z}{\mathrm{d}r}$$

分离变量，得

$$z\mathrm{d}z=\frac{Q}{2\pi k}\frac{\mathrm{d}r}{r}$$

两边积分，得

$$z^2=\frac{Q}{\pi k}\ln r+C \tag{9.20}$$

式中　C 为一积分常数，由边界条件确定。当 $r=r_0$ 时，$z=h$（井中水深），代入式(9.20)，

解得

$$C = h^2 - \frac{Q}{\pi k}\ln r_0$$

则有

$$z^2 - h^2 = \frac{Q}{\pi k}\ln \frac{r}{r_0} \tag{9.21}$$

式(9.21)即为无压完全井的浸润线方程。

从理论上讲,浸润曲线是以地下水的天然水面线为渐近线的,即当 $r \to \infty$ 时,$z = H$。但从工程实用角度,认为从井中抽水的影响是有限的,渗流区存在一个影响半径 R,在 R 范围以外的区域,天然地下水位不受抽水的影响,即当 $r = R$ 时,$z = H$。

将 $r = R$,$z = H$ 代入式(9.21),可以得到无压完全井的出水量公式

$$Q = 1.366 \frac{k(H^2 - h^2)}{\lg\left(\dfrac{R}{r_0}\right)} \tag{9.22}$$

式中　Q——井的出水量,m^3/s;

$\quad h$——井水深,m;

$\quad R$——影响半径,m;

$\quad r_0$——井半径,m。

对于一定的出水量 Q,地下水面的相应最大降落深度为

$$s = H - h \tag{9.23}$$

可以得到

$$H^2 - h^2 = (H + h)(H - h) = 2Hs\left(1 - \frac{s}{2H}\right) \tag{9.24}$$

将式(9.24)代入式(9.22)可以得到

$$Q = 1.366 \frac{k(H^2 - h^2)}{\lg\left(\dfrac{R}{r_0}\right)} = 2.73 \frac{kHs}{\lg\left(\dfrac{R}{r_0}\right)}\left(1 - \frac{s}{2H}\right) \tag{9.25}$$

当 $H \gg s$ 时,$\dfrac{s}{2H} \approx 0$,忽略 $\dfrac{s}{2H}$ 项,则式(9.25)可以简化为

$$Q = 2.73 \frac{kHs}{\lg\left(\dfrac{R}{r_0}\right)} \tag{9.26}$$

式中　s——抽水时水位降落深度,简称抽水降深。

从式(9.26)可以看出,无压完全井的出水量 Q 与渗透系数 k、含水层的厚度 H 和井中水位降深 s 成正比,这三个量对 Q 的影响较大,而影响半径 R 值的变化对 Q 的影响是比较小的。

井的影响半径 R 主要取决于土壤的性质。初步计算时,可以根据经验数值选取,对于细砂 $R = 100 \sim 200\text{ m}$,中等粒径砂 $R = 250 \sim 500\text{ m}$,粗砂 $R = 700 \sim 1\,000\text{ m}$。$R$ 也可以用下列经验公式估算:

$$R = 3\,000\ s\sqrt{k} \tag{9.27}$$

计算时 k 以 m/s 计，R、s 和 H 均以 m 计。

【例 9.2】　有一水平不透水层上的无压完全井，井的半径 $r_0 = 0.2$ m，含水层厚度 $H = 8.0$ m，渗流系数 $k = 0.000\,6$ m/s。抽水一段时间后，井中水深 $h = 4.0$ m。试计算井的渗流量。

【解】　井中水面降深值
$$s = H - h = 8.0 - 4.0 = 4.0 \text{ m}$$

井的影响半径
$$R = 3\,000 s\sqrt{k} = 3\,000 \times 4.0 \times \sqrt{0.000\,6} = 293.9 \text{ m}$$

则井的渗流量
$$Q = 1.366 \frac{k(H^2 - h^2)}{\lg\left(\dfrac{R}{r_0}\right)} = 1.366 \frac{0.000\,6 \times (8.0^2 - 4.0^2)}{\lg\left(\dfrac{293.9}{0.2}\right)} = 0.012\,4 \text{ m}^3/\text{s}$$

9.4.2　承压完全井

当含水层位于两个不透水层之间时，含水层中的地下水处于承压状态，其所受压强大于大气压。当井穿过上面的不透水层时，井中水位在不抽水的情况下也将自动上升到 H 高度，如图 9.8 虚线所示。

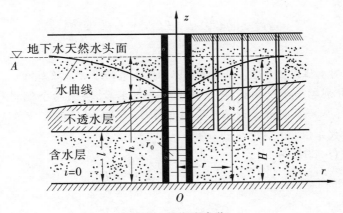

图 9.8　承压完全井

设承压含水层为具有同一厚度 t 的水平含水层。如果含水层的储水量比较丰富，从井中抽取的水量不大，当从井中抽水达到恒定状态时，井周围的测压管水头线将形成一个稳定的轴对称的漏斗形曲面。此时和无压完全井一样，可以按一维恒定渐变渗流来处理。根据裘皮依公式，过流断面上的平均流速为
$$v = kJ = k\frac{\mathrm{d}z}{\mathrm{d}r}$$

因为含水层厚度为 t，距井中心为 r 处的过流断面面积 $A = 2\pi r t$，又断面上各点的水力坡度为 $J = \dfrac{\mathrm{d}z}{\mathrm{d}r}$，则渗流量为

$$Q = vA = 2\pi rtk \frac{\mathrm{d}z}{\mathrm{d}r}$$

式中　z——相应于 r 的测压管水头。

分离变量得到

$$\mathrm{d}z = \frac{Q}{2\pi kt} \frac{\mathrm{d}r}{r}$$

两边积分得到

$$z = \frac{Q}{2\pi kt} \ln r + C \tag{9.28}$$

式中　C 为积分常数,由边界条件确定。当 $r = r_0$ 时, $z = h$,代入式(9.28)得到

$$C = h - \frac{Q}{2\pi kt} \ln r_0$$

将 C 值代入式(9.28),得到

$$z - h = \frac{Q}{2\pi kt} \ln \frac{r}{r_0} = 0.37 \frac{Q}{kt} \lg \frac{r}{r_0} \tag{9.29}$$

式(9.29)即为承压完全井的承压地下水的测压管水头线方程,用它可以确定承压地下水测压管水头线的位置和形状。

同理,引入影响半径 R 的概念,当 $r = R$ 时, $z = H$,可以得到承压完全井的出水量公式:

$$Q = 2.73 \frac{kt(H - h)}{\lg \frac{R}{r_0}} = 2.73 \frac{kts}{\lg \frac{R}{r_0}} \tag{9.30}$$

【例9.3】　对承压完全井进行抽水试验以确定土壤的渗透系数 k 值。在距井轴 $r_1 = 10$ m 和 $r_2 = 20$ m 处分别钻一个观测孔,当承压完全井抽水后,实测两个观测孔中水面的稳定降深 $s_1 = 2.0$ m 和 $s_2 = 0.8$ m 。设承压含水层厚度 $t = 6$ m ,稳定的抽水流量 $Q = 24$ L/s ,求土壤的渗透系数 k 值。

【解】　由式(9.29),可得

$$s_1 = H - h_1 = 0.37 \frac{Q}{kt} \lg \frac{R}{r_1}$$

$$s_2 = H - h_2 = 0.37 \frac{Q}{kt} \lg \frac{R}{r_2}$$

两式相减,得到:

$$s_1 - s_2 = 0.37 \frac{Q}{kt} (\lg r_2 - \lg r_1)$$

$$k = \frac{0.37Q}{t(s_1 - s_2)} (\lg r_2 - \lg r_1) = \frac{0.37 \times 0.024}{6 \times (2 - 0.8)} \times (\lg 20 - \lg 10) = 0.000\ 37 \ \text{m/s} = 32 \ \text{m/d}$$

9.4.3　井群

在实际工程中为了大量汲取地下水,或者为了更加有效地降低地下水位,需要在一定范围内开凿多口井共同工作,这种由多个单井组合成的抽水系统称为井群。

在井群中,各井之间的距离比较近,每一口井均处于其他井的影响范围之内,彼此间会产生干扰,而形成干扰井群。干扰现象表现在两个方面:一方面抽水井降深一定时,受干扰时井的出水量小于它不受干扰单独工作时的出水量;另一方面井的出水量一定时,则受干扰时井中的水位降深大于它不受干扰单独工作时的水位降深。这实质上是由于井的相互干扰作用,使各井出水能力降低的结果。干扰作用使井的出水量相应减小,对供水不利;另外,干扰作用使井的水位降深相应增大,对人工降低地下水位又是有利的。研究井群的目的就是设法控制它的不利方面,充分利用它的有利方面。

9.4.3.1 无压完全井的井群

设在水平不透水层上,由 n 个承压完全井组成的井群,如图9.9所示。在井影响范围内的某点 A ,它距各井的距离分别为 r_1 , r_2 , r_3 , $\cdots$, r_n ;各井的半径分别为 r_{01} , r_{02} , r_{03} , $\cdots$, r_{0n} ;各井单独抽水时,井中水深分别为 h_1 , h_2 , h_3 , $\cdots$, h_n ;在 A 点处的地下水位分别为 z_1 , z_2 , z_3 , $\cdots$, z_n 。

由式(9.21)可知各井的浸润线方程分别为

$$z_1^2 - h_1^2 = \frac{Q_1}{\pi k}\ln\frac{r_1}{r_{01}}$$

$$z_2^2 - h_2^2 = \frac{Q_2}{\pi k}\ln\frac{r_2}{r_{02}}$$

$$\cdots\cdots$$

$$z_n^2 - h_n^2 = \frac{Q_n}{\pi k}\ln\frac{r_n}{r_{0n}}$$

当 n 个井同时抽水,共同工作时,该井群必然形成一个公共的浸润面,在 A 点形成的共同浸润线的高度为 z ,根据势流叠加原理,井群所形成的渗流场,可以看成是由 n 个单独井所形成的渗流场的叠加,其方程可以写为

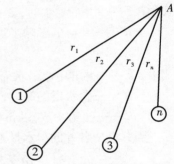

图9.9 无压完全井的井群

$$z^2 = \frac{Q_1}{\pi k}\ln\frac{r_1}{r_{01}} + \frac{Q_2}{\pi k}\ln\frac{r_2}{r_{02}} + \cdots + \frac{Q_n}{\pi k}\ln\frac{r_n}{r_{0n}} + C \tag{9.31}$$

式中 C 为常数,由边界条件确定。

当井群中各井的出水量相同时,即

$$Q_1 = Q_2 = \cdots = Q_n = Q = \frac{Q_0}{n}$$

式中 Q_0 为井群的总出水量,则式(9.31)可以写为

$$z^2 = \frac{Q_0}{\pi nk}\left[\ln(r_1 \cdot r_2 \cdots r_n) - \ln(r_{01} \cdot r_{02} \cdots r_{0n})\right] + C \tag{9.32}$$

设井群的影响半径为 R ,若 A 点处于影响半径处,因为该点离各井都比较远,则可以近似认为, A 点至各井的距离

$$r_1 \approx r_2 \approx \cdots \approx r_n \approx R$$

同时该处 $z = H$,代入式(9.32),可得

$$C = H^2 - \frac{Q_0}{\pi k}\Big[\ln R - \frac{1}{n}\ln(r_{01} \cdot r_{02} \cdot \cdots \cdot r_{0n})\Big]$$

将 C 值代入式(9.32),得到

$$z^2 = H^2 - \frac{Q_0}{\pi k}\Big[\ln R - \frac{1}{n}(r_1 \cdot r_2 \cdot \cdots \cdot r_n)\Big] \tag{9.33}$$

化为常用对数,则式(9.33)可以改写为

$$z^2 = H^2 - 0.73\frac{Q_0}{k}\Big[\lg R - \frac{1}{n}\lg(r_1 \cdot r_2 \cdot \cdots \cdot r_n)\Big] \tag{9.34}$$

式(9.33)和式(9.34)即为井群的浸润线方程,可以用来求井群中某点 A 的地下水位 z,也可以求得整个浸润线的位置和形状,或者反求井群的出水量 Q_0。

井群的总出水量为

$$Q_0 = 1.36 \frac{k(H^2 - z^2)}{\lg R - \frac{1}{n}\lg(r_1 \cdot r_2 \cdot r_3 \cdot \cdots \cdot r_n)} \tag{9.35}$$

式中　z——井群抽水时,含水层浸润面上某点 A 的水位;

　　　R——井群的影响半径,可以采用下列经验公式估算

$$R = 575s\sqrt{Hk} \tag{9.36}$$

式中　s——井群中心的水面降落深度(抽水稳定后水位降落深度),以 m 计;

　　　H——含水层的厚度,以 m 计;

　　　k——渗透系数,以 m/s 计。

当井群中各井的出水量不相等时,井群的浸润线方程为

$$z^2 = H^2 - \frac{0.73}{k}\Big(Q_1\lg\frac{R}{r_1} + Q_2\lg\frac{R}{r_2} + \cdots + Q_n\lg\frac{R}{r_n}\Big) \tag{9.37}$$

式中　$Q_1, Q_2, \cdots, Q_n$ 为各井的出水量,其余符号与前相同。

9.4.3.2　承压完全井的井群

对于含水层厚度为 t 的承压完全井的井群,可以采用类似无压完全井井群的分析方法,根据势流叠加原理,可以求得井群的浸润线方程为

$$z = H - \frac{0.37Q_0}{kt}\Big[\lg R - \frac{1}{n}\lg(r_1 \cdot r_2 \cdot \cdots \cdot r_n)\Big] \tag{9.38}$$

井群的总出水量为

$$Q = 2.73 \frac{kt(H - z)}{\lg R - \frac{1}{n}\lg(r_1 \cdot r_2 \cdot \cdots \cdot r_n)} \tag{9.39}$$

当承压完全井井群中各井的出水量不同时,则此时井群的浸润线方程可以表达为

$$z = H - \frac{0.37}{kt}\Big[Q_1\lg\frac{R}{r_1} + Q_2\lg\frac{R}{r_2} + \cdots + Q_n\lg\frac{R}{r_n}\Big] \tag{9.40}$$

【例9.4】　为了降低基坑的地下水位,在基坑周围设置了 8 个普通完全井,井的布置如图 9.10 所示。已知潜水层的厚度 $H = 12$ m,渗透系数 $k = 0.001$ m/s,井群的影响半径

$R = 500 \text{ m}$,井的半径$r_0 = 0.1 \text{ m}$,当 8 口井同时抽水时,每口井的出水量均为 $Q = 12 \text{ L/s}$。试问井群中心 0 点地下水位能降落多少?

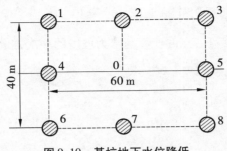

图9.10 基坑地下水位降低

【解】 各单井至 0 点的距离为

$$r_4 = r_5 = 30 \text{ m}, \quad r_2 = r_7 = 20 \text{ m}$$

$$r_1 = r_3 = r_6 = r_8 = \sqrt{30^2 + 20^2} = 36 \text{ m}$$

$$z^2 = H^2 - \frac{0.73Q_0}{k}\left[\lg R - \frac{1}{n}\lg(r_1 \cdot r_2 \cdots \cdot r_8)\right]$$

$$= 12^2 - \frac{0.73 \times 0.012 \times 8}{0.001}\left[\lg 500 - \frac{1}{8}\lg(30^2 \times 20^2 \times 36^4)\right]$$

$$= 58.06 \text{ m}^2$$

解得

$$z = 7.62 \text{ m}$$

则 0 点地下水位降深

$$s = H - z = 12 - 7.62 = 4.38 \text{ m}$$

本章小结

本章阐述了渗流的基本概念、渗流阻力定律。

1. 渗流的基本概念

(1)渗流模型

渗流模型是渗流区域边界条件保持不变,略去全部土颗粒,认为渗流区连续充满流体,而流量与实际渗流相同,压强、渗流阻力也与实际渗流相同的替代流场。渗流速度小于孔隙中的真实速度 $u < u'$。

(2)渗流的水力特点:流速很小,动能忽略不计,$H = H_p = z + \dfrac{p}{\rho g}$,$J = J_p$,是分析渗流运动规律的前提条件。

2. 渗流的阻力定律

（1）达西定律

均匀渗流：$u = v = kJ$，适用范围 $Re = \dfrac{v\,d_{10}}{\nu} \leqslant 1 \sim 10$。

达西定律表明，均匀渗流各点的速度与水力坡度的一次方成比例。

非均匀渗流点流速：$u = kJ = -k\dfrac{\mathrm{d}H}{\mathrm{d}s}$。

（2）裘皮依公式

渐变流过流断面上：$u = v = -k\dfrac{\mathrm{d}H}{\mathrm{d}s}$。

裘皮依公式 $v = kJ$ 表明，在无压渐变渗流中，过流断面上各点的流速相等，并等于断面平均流速，其流速分布呈矩形均匀分布。但不同过流断面上的流速大小是不相等的。

3. 井的渗流

具有轴对称性，忽略运动要素沿井轴线方向的变化，则可按一维渐变渗流处理，运用裘皮依公式，即可求出浸润线方程和出水量公式。

（1）无压完全井

浸润线方程

$$z^2 - h^2 = \frac{Q}{\pi k}\ln\frac{r}{r_0}$$

出水量公式

$$Q = 2.73\frac{kHs}{\lg\left(\dfrac{R}{r_0}\right)}$$

（2）承压完全井

承压水头线方程

$$z - h = 0.37\frac{Q}{kt}\lg\frac{r}{r_0}$$

出水量公式

$$Q = 2.73\frac{kt(H - h)}{\lg\dfrac{R}{r_0}} = 2.73\frac{kts}{\lg\dfrac{R}{r_0}}$$

（3）井群

根据势流叠加原理，井群所形成的渗流场，可以看成是由许多个单独井所形成的渗流场的叠加，据此可推求出井群的浸润线方程和出水总量的计算公式。

①无压完全井井群

浸润线方程

$$z^2 = H^2 - 0.73\frac{Q_0}{k}\left[\lg R - \frac{1}{n}\lg(r_1 \cdot r_2 \cdot \cdots \cdot r_n)\right]$$

出水总量公式

$$Q_0 = 1.36 \frac{k(H^2 - z^2)}{\lg R - \frac{1}{n}\lg(r_1 \cdot r_2 \cdot r_3 \cdots r_n)}$$

②承压完全井井群

浸润线方程

$$z = H - \frac{0.37Q_0}{kt}\left[\lg R - \frac{1}{n}\lg(r_1 \cdot r_2 \cdots r_n)\right]$$

出水总量公式

$$Q = 2.73 \frac{kt(H - z)}{\lg R - \frac{1}{n}\lg(r_1 \cdot r_2 \cdots r_n)}$$

思考题

1. 什么是渗流？

2. 什么是渗流模型？它与实际渗流有何区别？为什么要提出这一概念？

3. 什么是达西定律？达西定律的适用条件是什么？它与裘皮依公式的含义有何不同？

4. 什么是无压井？什么是承压井？什么是完全井？什么是非完全井？

习题

一、单项选择题

1. 流体在_____中的流动称为渗流。

A. 多孔介质　　　B. 地下河道　　　C. 集水廊道　　　D. 盲沟

2. 渗流力学主要研究_____在多孔介质中的运动规律。

A. 气态水　　　B. 毛细水　　　C. 重力水　　　D. 薄膜水

3. 下列关于渗流模型概念的说法中,不正确的是_____。

A. 渗流模型认为渗流是充满整个多孔介质区域的连续水流

B. 渗流模型的实质在于把实际并不充满全部空间的液体运动看成是连续空间内的连续介质运动

C. 通过渗流模型的流量必须和实际渗流的流量相等

D. 渗流模型的阻力可以与实际渗流不等,但对于某一确定的过流断面,由渗流模型所得出的动水压力,应当和实际渗流的动水压力相等

4. 渗流模型中,下列哪个参数在实际渗流和模型之间可以不相等?_____。

A. 渗流流量　　　　　　B. 渗透压力

C. 渗透阻力　　　　　　D. 层流流速

5. 在均质孔隙介质中,渗流流速与水力坡度的_____成正比。

A. 一次方　　　B. 平方　　　C. 0.5 次方　　　D. 立方

6. 地下水渐变渗流,过流断面上的渗流速度按_____。

A. 线性分布　　　　　　　　　　　　B. 抛物线分布

C. 均匀分布　　　　　　　　　　　　D. 对数曲线分布

7. 渐变渗流的水头损失与过水断面上的平均流速的_____成正比。

A. 零次方　　　　　　　　　　　　B. 一次方

C. 1.75～2 次方　　　　　　　　　　D. 二次方

8. 渐变渗流的总水头线_____测压管水头线。

A. 高于　　　　　　　　　　　　B. 低于

C. 重合于　　　　　　　　　　　　D. 可高于,也可低于

9. 裘皮依公式可应用于一元_____渗流。

A. 缓流　　　　　　　　　　　　B. 急流

C. 渐变　　　　　　　　　　　　D. 急变

二、计算题

10. 如题 10 图所示,圆柱形滤水器直径 $d=1.0$ m,滤层厚 1.2 m,渗透系数 $k=0.01$ cm/s。试求水深 $H=0.6$ m 时的渗流量。

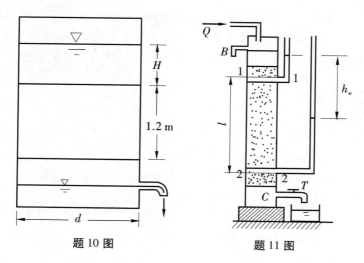

题 10 图　　　　　　　　　　　题 11 图

11. 如题 11 图所示,在实验室中用达西实验装置来测定土样的渗透系数。如圆筒直径为 $d=20$ cm,两测压管间距为 $l=40$ cm,测得的渗流量为 $Q=100$ mL/min,两测压管的水头差 $h_w=20$ cm,试求土样的渗透系数。

12. 在两个容器之间,连接一条水平放置的方管,如题 12 图所示,边长均为 $a=20$ cm,长度 $l=100$ cm,管中填满粗砂,其渗透系数 $k=0.05$ cm/s,如果容器水深 $H_1=80$ cm,$H_2=40$ cm,求通过管中的流量。若管中后一半换为细砂,渗透系数 $k=0.005$ cm/s,求通过管中的流量。

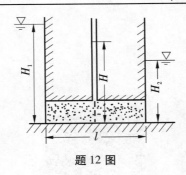

题 12 图

13. 已知渐变流浸润曲线在某一过水断面上的坡度为 $i = 0.005$，渗透系数 $k = 0.004$ m/s，试求过水断面上的点渗流流速及断面平均渗流流速。

14. 有一普通完全井，其直径 $d = 0.5$ m，含水层厚度 $H = 10$ m，土壤渗透系数 $k = 2.5$ m/h，抽水稳定后的井中水深 $h_0 = 7$ m，试估算井的出水量。

15. 在均质的潜水含水层中做抽水试验以测定渗透系数 k 值。含水层厚度 $H = 12$ m，井的直径 $d = 20$ cm，直达水平不透水层，距井轴 20 m 处钻一观测孔，当抽水稳定为 $Q = 2$ L/s 时，井中水位下降 2.5 m，观测孔水位下降 0.38 m，试求渗透系数 k 值。

16. 某工地以潜水为给水水源，钻探测知含水层为沙加卵石层，含水层厚度 $H = 6$ m，渗透系数 $k = 0.0012$ m/s，现打一完全井，井的半径 $r_0 = 0.15$ m，影响半径 $R = 300$ m，求井中水深降深 $s = 3$ m 时的产水量。

17. 一承压含水层，其厚度 $t = 15$ m，渗透系数 $k = 0.02$ cm/s，影响半径 $R = 500$ m，现打一井通过含水层直到不透水层，井半径 $r_0 = 0.1$ m，求当抽水量 $Q = 35$ m³/h 时井中水位降深 s。

18. 如题 18 图所示基坑排水，采用相同半径（$r_0 = 0.10$ m）的 6 个完全井，布置成圆形井群，圆的半径 $r = 30$ m。抽水前井中水深 $H = 10$ m，含水层的渗透系数 $k = 0.001$ m/s，为了使基坑中心水位降落 $s = 4$ m，试问总抽水量应为多少？（假定 6 个井抽水量相同）

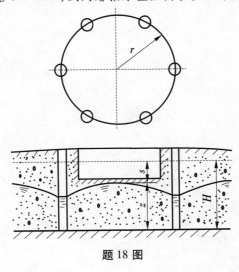

题 18 图

习题参考答案

主要专业词汇中英文对照

参考文献

[1]　刘鹤年. 流体力学. 2 版. 北京:中国建筑工业出版社,2004.

[2]　李玉柱,苑明顺. 流体力学. 3 版. 北京:高等教育出版社,2020.

[3]　李玉柱,贺五洲. 工程流体力学(上册). 北京:清华大学出版社,2006.

[4]　李玉柱,江春波. 工程流体力学(下册). 北京:清华大学出版社,2007.

[5]　陈长植. 工程流体力学. 武汉:华中科技大学出版社,2007.

[6]　禹华谦. 工程流体力学(水力学). 4 版. 成都:西南交通大学出版社,2018.

[7]　禹华谦. 工程流体力学. 3 版. 北京:高等教育出版社,2017.

[8]　王英,李诚. 工程流体力学. 长沙:中南大学出版社,2004.

[9]　高学平. 水力学. 2 版. 北京:中国建筑工业出版社,2018.

[10]　杜广生. 工程流体力学. 2 版. 北京:中国电力出版社,2014.

[11]　伍悦滨. 工程流体力学(水力学). 北京:中国建筑工业出版社,2006.

[12]　孔珑. 工程流体力学. 4 版. 北京:中国电力出版社,2014.

[13]　周云龙,洪文鹏. 工程流体力学. 3 版. 北京:中国电力出版社,2006.

[14]　周云龙,洪文鹏,张玲. 工程流体力学习题解析. 北京:中国电力出版社,2007.

[15]　严敬. 工程流体力学. 重庆:重庆大学出版社,2007.

[16]　王惠民,赵振兴. 工程流体力学. 南京:河海大学出版社,2005.

[17]　陈卓如. 工程流体力学. 3 版. 北京:高等教育出版社,2013.

[18]　施永生,徐向荣. 流体力学. 北京:科学出版社,2005.

[19]　夏泰淳. 工程流体力学. 上海:上海交通大学出版社,2006.

[20]　夏泰淳. 工程流体力学习题解析. 上海:上海交通大学出版社,2006.

[21]　闻德荪. 工程流体力学(水力学)上、下册. 2 版. 北京:高等教育出版社,2004.

[22]　杨永全,汝树勋,张道成,等. 工程水力学. 北京:中国环境科学出版社,2003.

[23]　吴持恭. 水力学(上、下册). 3 版. 北京:高等教育出版社,2003.

[24]　胡敏良. 流体力学. 2 版. 武汉:武汉理工大学出版社,2003.

[25]　张鸿雁,张志政,王元. 流体力学. 北京:科学出版社,2004.

[26]　肖明葵. 水力学. 重庆:重庆大学出版社,2001.

[27]　金建华,王烽. 水力学. 长沙:湖南大学出版社,2004.

[28]　Victor L. Streeter,E. Benjamin Wylie,Keith W. Bedford. 流体力学. 9 版. 北京:清华大学出版社,2003.

[29]　E. John Finnemore,Joseph B. Franzini. 流体力学及其工程应用. 10 版. 北京:清华大学出版社,2003.

[30]　Frank M. White. 流体力学. 5 版. 北京:清华大学出版社,2004.